科研论文配图

设计与制作一本通

罗磊 编著

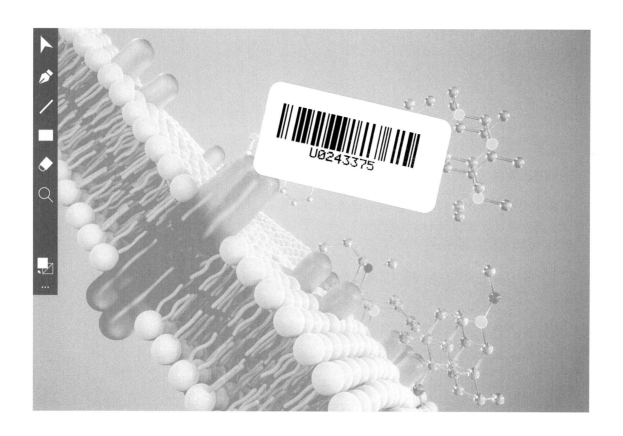

化学工业出版社

·北京·

内容简介

7大绘图软件、25个实战案例、300多分钟视频，教你轻松学会绘制科研配图。

全书分为入门基础篇、软件实战篇和案例实战篇三大部分，共十章内容。

入门基础篇： 介绍了科研论文的选题设计、实验设计、配图基础、制作软件、图片类型、配色技巧、文字标注、组图美化等内容，所有知识点都来源于读者的切实需求。

软件实战篇： 介绍了7款常用的论文制图软件——PowerPoint、Photoshop、Illustrator、3ds Max、Origin、ChemOffice、GraphPad Prism，对二维图形绘制、三维图形绘制、数据图形绘制、科研图形绘制、学术图表绘制以及图片美化等，进行了全面、深入的讲解。

案例实战篇： 从封面和插图两方面，分别举例对实操案例的制作进行说明，帮助大家搞定最难绘制和最常绘制的科研论文配图。

本书结构清晰，兼具美观性与实用性，适合各大研究机构和高校研究院所等科研单位的科研工作者；也适合参与职称评定的各行业工作人员，以及在读的研究生和准备考研的大学生；同时也适合需要进一步学习科研绘图设计思路和优化技巧的群体，可以帮助他们提高论文的配图质量，增强论文的表达效果。

图书在版编目（CIP）数据

科研论文配图设计与制作一本通/罗磊编著. —北京：化学工业出版社，2022.4（2024.11重印）
ISBN 978-7-122-40780-1

Ⅰ.①科… Ⅱ.①罗… Ⅲ.①科学技术-论文-绘图技术 Ⅳ.①TB232

中国版本图书馆CIP数据核字（2022）第021477号

责任编辑：陈 蕾 夏明慧　　　　　　　　装帧设计：溢思视觉设计／程超
E-mail: isstudio@126.com
责任校对：王 静

出版发行：化学工业出版社（北京市东城区青年湖南街13号　邮政编码100011）
印　　装：涿州市般润文化传播有限公司
787mm×1092mm　1/16　印张19¹⁄₂　字数472千字　2024年11月北京第1版第4次印刷

购书咨询：010-64518888　　　　　　售后服务：010-64518899
网　　址：http://www.cip.com.cn

凡购买本书，如有缺损质量问题，本社销售中心负责调换。

定　　价：98.00元

如今，我们正处于一个"图像信息爆炸"的时代，科研绘图这个新领域的机遇也将会越来越多，如果你具有一定的科研和艺术背景，不妨一试。

对于绘制科研论文图片的专业人才来说，不仅需要具备大学程度的科研背景，而且还要有插图或设计的美术能力。

作为一名科研人员或设计师，想要在竞争激烈、日新月异的科研行业中脱颖而出，广泛的知识面和与众不同的设计能力将变得越来越重要。

本书对科研论文配图的7大主流制作软件——PowerPoint、Photoshop、Illustrator、3ds Max、Origin、ChemOffice、GraphPad Prism的使用方法，进行了全方位的介绍和讲解，可以帮助读者掌握科研论文配图的基础知识，从而制作出质量更高的论文图片。

本书的主要特色如下。

一是软件讲解多、细：本书介绍了7款最常见的科研论文图形绘制软件，从入门到实战，帮助读者精通各软件的操作技能。

二是案例更加全、精：书中安排了25个实战范例，通过生动的讲解、鲜活的案例，铺平你科研论文配图的高手之路。

作者以自己多年的从业经验，从使用者的角度带领读者理解各个软件的使用方法。同时，本书还将软件功能介绍与科研图像设计方法融为一体，便于读者一边理解科研论文配图的制作，一边学习软件的功能。

因笔者水平有限，书中内容如有不足之处，欢迎指正，多多沟通，联系微信：2633228153。

编著者

第一篇　入门基础篇

第1章　科研论文：从选题到配图

第2章　配图设计：掌握实用技巧

第二篇 软件实战篇

第3章 用PowerPoint绘制简单科研图形

第4章 用Photoshop制作科研图像

第5章　用Illustrator绘制二维图形

第6章　用3ds Max制作三维图形

第7章 用Origin绘制数据图形

第8章 用ChemOffice绘制科研图形

第9章　用GraphPad Prism绘制学术图表

第三篇　案例实战篇

第10章　封面和插图的制作与美化

1

第一篇

入门基础篇

第1章

科研论文：从选题到配图

在现代科研领域中，每个导师都希望自己的学生写出高水平的论文，而论文的配图质量尤为重要，直接决定了论文的优劣，甚至体现了作者研究水平的高低。因此，想要让你的论文能够脱颖而出，就必须做出高质量的论文配图。本章主要介绍科研论文的选题设计、实验设计和配图基础等内容，帮助大家打好科研论文的基础。

本章重点

➤ 科研论文的选题设计

➤ 科研论文的实验设计

➤ 科研论文的配图基础

1.1 ／ 科研论文的选题设计

通常情况下，学生的论文选题是由导师拟定的。本节主要对学生自主拟题的情况进行分析，来介绍科研论文选题设计的基本流程。

1.1.1　了解选题的重要性

在撰写论文之前，选题是必要的前提，主要用来解决"论文写什么内容"的问题，或者也可以用来确定论文的研究方向和范围。如果你连自己的论文要写什么都不清楚，那么也就不用谈如何去写了。

对于一般论文来说，选题的关键在于解决某个问题，这个问题可能是需要在论文中回答或解释的题目，也可能是需要研究或解决的矛盾。而对于科研论文来说，选题的关键在于解决某个科学问题，即科研人员在科学认识和实践中发现并提出的问题。当然，这个问题提出的深度和广度越大，价值也就越大。如图 1-1 所示，为一篇护理科研论文的选题及撰写方案。

科研论文的选题结构包括以下 3 个部分。

> **护理科研论文的选题及撰写**
>
> 护理科研论文是护理科研成果或临床护理经验的文字表达形式，它是护理研究的重要组成部分。通过护理论文的撰写，从大量的实践中发现规律、总结成果；从理论上阐述自己的观点，充实和发展新的护理理论，反过来再指导临床。因此，撰写护理论文的过程也是理论与实践相结合的不断深化过程，对完善护理体系和护理学科的发展起着十分重要的作用。

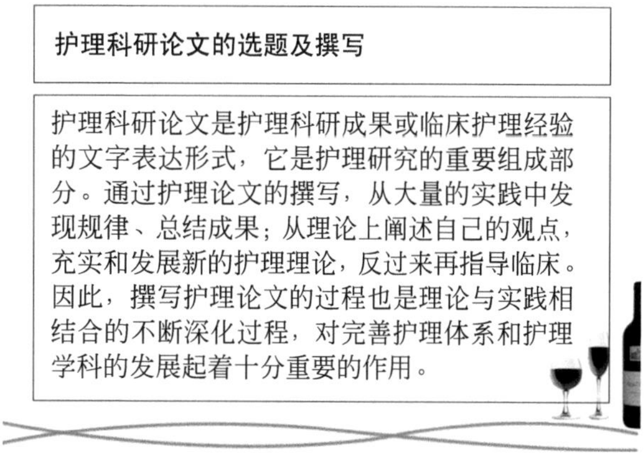

图 1-1　一篇护理科研论文的选题及撰写方案

（1）问题的指向：是指哪个方面的问题。

（2）研究的目标：是用来解决什么问题。

（3）求解的应答：在解决问题时所确定的范围。

科研论文的选题是科研人员对某种学术问题，在理论认识和实验手段方面的一种概括。因此，科研论文选题不仅是选定某个科研题目，而且还是一个接受科学技术实践检验的过程。需要注意的是，选题并不是论文的最终题目，而是一个前期的规划和预想。

专家指点

每个人都应遵循科研论文选题的基本原则（需求性、创新性、科学性、可行性、优势性、发展性、经济性、效益、学术价值、远近结合），快速把选题的方向确定下来。

1.1.2　科研论题的来源渠道

对于科研人员来说，研究是最重要的工作，凡事都需要研究才会明白，同时也需要通过论文来展示自己的研究成果。因此,科研人员所发表论文的数量与质量,通常被认为是衡量其科研水平与创造才能的极其重要的指标。那么,高质量的科研论题从哪里来呢? 下面介绍一些常见的科研论题来源渠道,如图1-2所示。

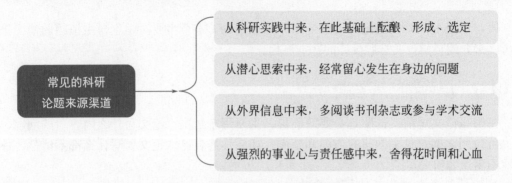

图 1-2 常见的科研论题来源渠道

总的来说,科研论文的选题范围非常宽广,可谓是"量大面广",其论题的来源方向主要包括以下几个方面:现实生活中、理论研究中、学科交叉中、学术争论中、文献空白处、发展规划中、课题延伸中、研究要素中、意外发现中。

1.1.3 选择什么样的题目

阿尔伯特·爱因斯坦(Albert Einstein)和英费尔德(L.Infeld)在他们合著的《物理学的进化》一书中曾提到"提出一个问题往往比解决一个问题更重要。"由此可见,他们更强调发现和提出问题的重要性,其实这也是科研选题重要性的一种体现。当然,要提出一个科学问题,首先我们需要了解它有哪些种类。如图1-3所示,为科学问题的基本分类。

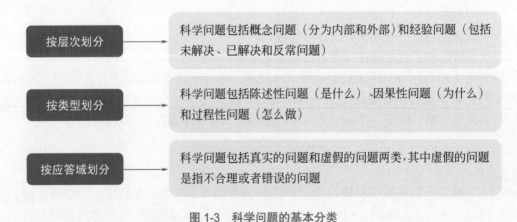

图 1-3 科学问题的基本分类

总的来说,科研论文的选题包括以下两个方面。

(1)确定研究方向:即科研论文和相关活动的主攻方向。

(2)选择研究课题:即选择或寻找进攻的突破口。

如图1-4所示,为科研论文选题的基本分类。科研论题要有一定的理论性,在形式或内容上与工作总结、调查报告等要有区别。同时,研究人员要尽量选择具有现实意义的题目,能够运用自己所学的理论知识对其进行研究，并提出自己的见解和解决问题的方法，这样的科研论题更有意义。

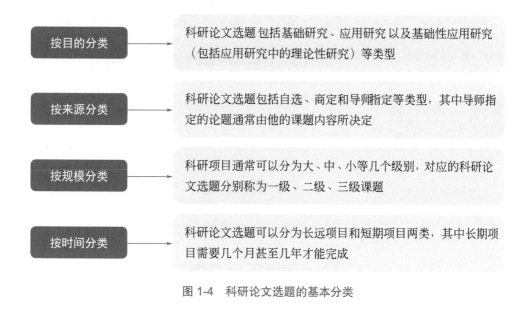

图 1-4　科研论文选题的基本分类

1.1.4　具体如何选题

在科研论文中，选题的恰当与否，对科研论文的研究成果的大与小、成与败，起着决定性的作用。科研人员需要根据相应的选题任务，来制定科研论文的计划和步骤，以及需要采取的方法和途径。下面介绍一些科研论文的相关选题技巧，如图 1-5 所示。

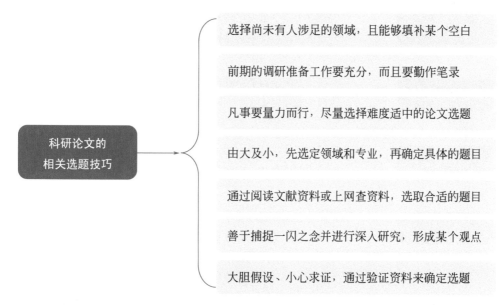

图 1-5　科研论文的相关选题技巧

在实际选题的过程中，还需要注意一些事项，如图 1-6 所示。

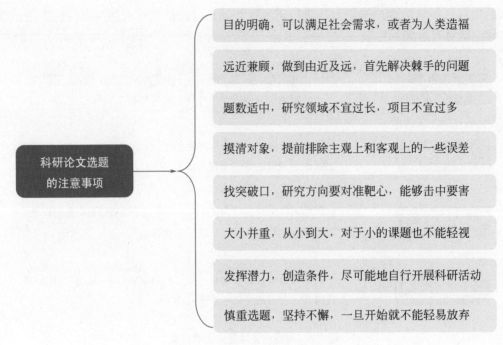

图 1-6　科研论文选题的注意事项

1.1.5　题目如何撰写

学习的目的只是解答问题，而研究的目的则是发现和提出问题，因此撰写科研论文其实是一个寻求未知答案的过程。撰写科研论文题目也需要相关的技巧，如图1-7所示。

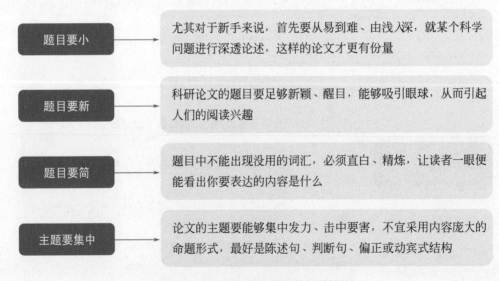

图 1-7　撰写科研论文题目的相关技巧

另外，在撰写科研论文前，用户还需要搜集和整理大量的科研文献或资料，如具有学术价值的文字资料、专业图书、专业论文或专利文本等，以及具有一定理性认识价值和学科内容的音像资料、网络资料或实物资料等。

用户可以利用图书馆中的检索工具，如书目、文摘或索引等，搜集相关资料；也可以利用SCI（Science Citation Index，科学引文索引）、EI（The Engineering Index，工程索引）、ISTP（Index to Scientific & Technical Proceedings，科技会议录索引）、ISI（Institute for Scientific Information，科学信息研究所）等科技类文献数据库查阅资料。

在阅读相关资料时，首先，要带有目的性，即明确需要获得哪些信息；其次，要按照一定的顺序进行阅读，如从阅读著作、论文、摘要、方法到全文的顺序；最后，还要做好阅读笔记，如写批语、做记号、做摘录、做提要、做扎记等。

1.2 ／ 科研论文的实验设计

实验是一种认识和发现自然现象、自然性质、自然规律的有计划的活动。科研论文的实验设计，包括从提出问题、形成假说、选择变量，到分析结果、撰写论文等一系列内容。本节主要介绍科研论文中实验设计部分的相关技巧和注意事项，来帮助大家提升效率，达到事半而功倍的效果。

1.2.1 实验设计的常用方法

通常情况下，实验设计的理论基础包括概率论、数理统计和线性代数等，实验者需要选择合理的实验设计方案，从而科学地安排实验，并对实验结果进行正确的分析。如图1-8所示，为实验设计的常用方法，实验者可以根据需要进行适当选择。

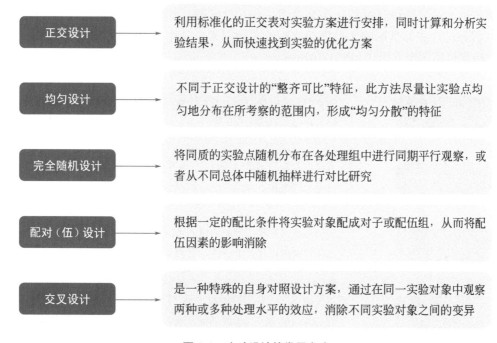

正交设计	利用标准化的正交表对实验方案进行安排，同时计算和分析实验结果，从而快速找到实验的优化方案
均匀设计	不同于正交设计的"整齐可比"特征，此方法尽量让实验点均匀地分布在所考察的范围内，形成"均匀分散"的特征
完全随机设计	将同质的实验点随机分布在各处理组中进行同期平行观察，或者从不同总体中随机抽样进行对比研究
配对（伍）设计	根据一定的配比条件将实验对象配成对子或配伍组，从而将配伍因素的影响消除
交叉设计	是一种特殊的自身对照设计方案，通过在同一实验对象中观察两种或多种处理水平的效应，消除不同实验对象之间的变异

图 1-8 实验设计的常用方法

1.2.2 实验设计的常规部分

科研论文的实验设计部分，通常包括摘要、绪论、文献综述、研究假设、论证过程、研究结论、研究不足与展望等几个常规部分，如图1-9所示。

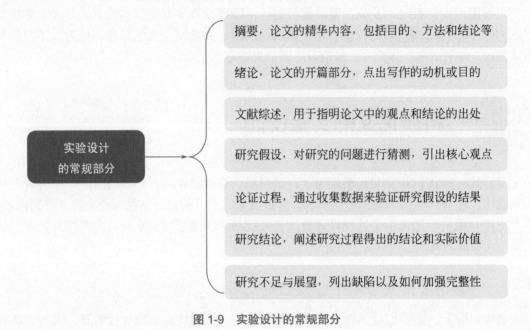

图 1-9　实验设计的常规部分

1.2.3 实验设计的共性问题

科研论文的实验设计过程还需要考虑一些共性问题，如构思实验基础内容和分析实验结果数据等，这些都是影响实验能否成功的关键因素。其中，对实验基础内容的构思，主要共性问题包括四个方面，如图1-10所示。

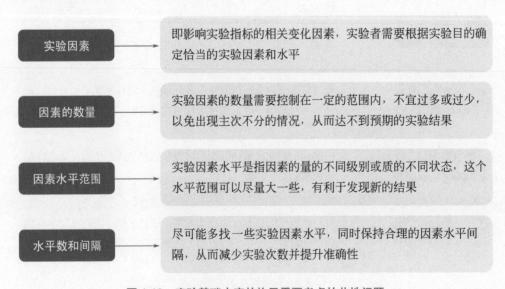

图 1-10　实验基础内容的构思需要考虑的共性问题

1.2.4　论文实验的写作框架

论文实验的写作框架整体来说包括3个部分：明确是什么实验（引言），为什么要做这个实验方案（正文），做这个实验能得到什么（结语），如图1-11所示。

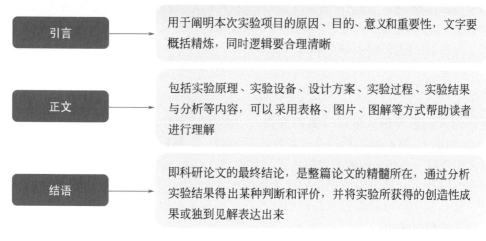

引言　用于阐明本次实验项目的原因、目的、意义和重要性，文字要概括精炼，同时逻辑要合理清晰

正文　包括实验原理、实验设备、设计方案、实验过程、实验结果与分析等内容，可以采用表格、图片、图解等方式帮助读者进行理解

结语　即科研论文的最终结论，是整篇论文的精髓所在，通过分析实验结果得出某种判断和评价，并将实验所获得的创造性成果或独到见解表达出来

图 1-11　论文实验的写作框架

1.2.5　实验设计的注意事项

在科研论文的实验设计过程中，我们应该注意哪些细节呢？怎样才能做得更好呢？下面，我们就来讲一讲实验设计的注意事项，希望可以给予大家帮助，如图1-12所示。

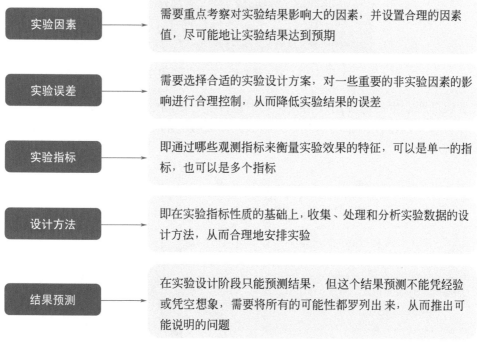

实验因素　需要重点考察对实验结果影响大的因素，并设置合理的因素值，尽可能地让实验结果达到预期

实验误差　需要选择合适的实验设计方案，对一些重要的非实验因素的影响进行合理控制，从而降低实验结果的误差

实验指标　即通过哪些观测指标来衡量实验效果的特征，可以是单一的指标，也可以是多个指标

设计方法　即在实验指标性质的基础上，收集、处理和分析实验数据的设计方法，从而合理地安排实验

结果预测　在实验设计阶段只能预测结果，但这个结果预测不能凭经验或凭空想象，需要将所有的可能性都罗列出来，从而推出可能说明的问题

图 1-12　实验设计的注意事项

1.3 ／ 科研论文的配图基础

如今可以说是一个"读图"的时代，图片在科研论文写作中占了很大的比重，一个没有图片佐证的论点很难让人信服。本节将介绍一些科研论文配图设计的基础知识，包括图片格式、分辨率、配图规划和布局等内容。

1.3.1 科研论文的图片格式

科研论文的图片格式可以分为两大类，一类是矢量图，另一类是位图。所谓矢量图（graphic，图形），是根据图形的几何特性进行绘制，主要用线段和曲线来描述图形。矢量可以是一个点或一条线，只能靠软件生成。

如图 1-13 所示，是一张由矢量软件绘制的风景图片，可以看出图中的建筑和树木都比较生硬，虽然其中的形状表面有一些明暗变化，甚至天空也做得非常逼真，但整体感觉就是这个图片是画出来的。

图 1-13　由矢量软件绘制的风景图片

矢量软件所产生的这种图片格式，其中包含了一系列的算法，通过算法来描述图形，有一个非常重要的特性，那就是可以无限放大，而且它的分辨率或者清晰程度仍然不变，如图 1-14 所示。

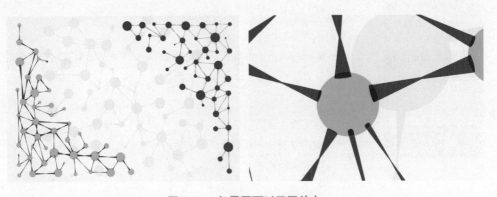

图 1-14　矢量图可以无限放大

位图又称为点阵图（image，图像），由许多不同颜色的像素点组成，这些点被称为像素（pixel）。位图上的每一个像素点都有各自的位置和颜色等数据信息，从而可以精确、自然地表现出丰富的图像色彩感。如图1-15所示，就是一张典型的位图，放大后可以看到它是由一个个的小方格组成的。

图 1-15 位图和放大后的效果

常见的矢量图格式有 Adobe Illustrator 的 *.ai、*.eps 和 svg，Corel DRAW 的 *.cdr，AutoCAD 的 *.dwg 和 dxf，以及 Windows 标准图元文件 *.wmf 等。常见的位图格式有 *.tif、*.jpg、*.bmp、*.pcx、*.gif，Photoshop 的 *.psd，Kodak Photo CD 的 *.pcd，以及 Corel Photo Paint 的 *.cpt 等。

矢量图和位图的主要区别有以下4点。

（1）缩放。矢量图可以任意缩放大小，同时能够保持图形的清晰度；而位图在高倍率放大的时候将会产生锯齿，使影像失真。

（2）精细度。对于大多数矢量图而言，虽然它可以画出一些特别逼真的图片，但无论是颜色的变化，还是轮廓、形状的变化，都显得比较僵硬，不可能像自然界一样那么真实、自然，如图1-16所示。位图则可以非常精细地去表现光线、明暗、颜色、深浅的变换，能够将这些细节表现得淋漓尽致，如图1-17所示。

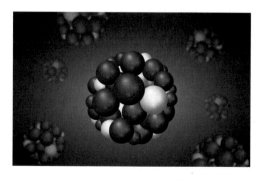 

图 1-16 矢量图比较僵硬 　　　　　图 1-17 位图比较真实、自然

（3）空间大小。位图表现得色彩越丰富，颜色信息越多，则占用的空间就会越大，图像也越清晰。由于位图的颜色信息或者图片细节都是通过像素点来展示的，因此所表现的信息越丰富，则使用的像素点也就会越多，最终占用的空间就会越大。矢量图表现的图形颜色比较单一，其形状、颜色都是通过一些非常简洁的算法来描述的，因此占用的空间较小。

（4）转换。通过矢量软件可以非常轻松地把矢量图转化为位图，但是位图要转化为矢量图，就必须经过复杂而庞大的数据处理，而且生成的矢量图的质量也会有很大的出入，效果跟原来的位图相比较会有一定的失真。

1.3.2 科研论文的图片分辨率

分辨率是指单位长度上像素的数目，其单位通常用dpi（dots per inch，每英寸点数）、"像素/英寸"或"像素/厘米"来表示。从捕获图像到电脑查看再到打印，这个过程涉及的分辨率有3大类。第1类分辨率叫做图片分辨率，这个分辨率的描述方式有很多种，如手机前置摄像头是5000万像素，单反相机是8000万像素，这种多少万像素其实就是对图片分辨率的一个简单描述，即图片的长和宽的像素相乘。

什么叫长和宽的像素相乘呢？位图是由像素点所组成的，其中组成长的像素有多少个点，组成宽的像素有多少个点，把这两个像素点乘到一起，最后这个数值就是多少万像素的一个描述方式了。另外，还可以用图片生成的大小来进行描述，如5MB、20MB等，这种图片大小其实也是图片分辨率的一种描述方式。

图片分辨率的高低直接影响着画面的质量：分辨率越高，则文件也就越大，图像也越清晰，但处理图片的速度会较慢；反之，分辨率越小，则文件也就越小，图片越模糊，但处理图片的速度会较快，如图1-18所示。

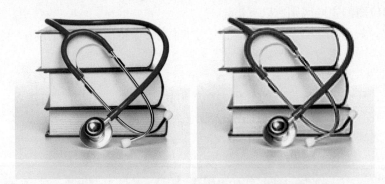

图 1-18　分辨率高和分辨率低的图像效果对比

在相机中，通常所说的8000万像素其实是一个最大像素，也就是说这个相机最大可以拍出8000万像素的照片。但是，由于感光元件或其他条件的限制，不可能每一张照片都能拍出8000万有效像素，因此最终拍出来的图片可能比这个最大像素的体积要小。

相机本来可以最大拍出50MB的图片，但是用户通过在相机中设置图片大小，可以只拍出5MB或10MB的图片，这就是相机在其最大的物理成像像素的基础上进行一些选择或者运算的结果，让图片裁剪掉一些相似或相近的点，使得图片的体积变小，这也是对分辨率或者图像大小的一个描述。

当用户拍完图片后，拷贝到电脑上进行查看时，还要对它进行一些设计，把其中需要的区域选定出来，做成一张符合投稿要求的图片。在电脑显示器上查看图片时，显示器本身也是有分辨率的，如普通显示器的分辨率是1080×720像素，高清显示器的分辨率是1080P像素，还有更高清的4K屏和8K屏等。如图1-19所示，为相关显示器的分辨率介绍。

图 1-19 显示器的分辨率介绍

第 2 类分辨率指的是显示器的物理分辨率，也就是说显示器的长和宽上面有多少个像素点。这些像素点是一些电子元器件，在电流刺激它的时候，就会发出各种光，然后展示出相应的图形或者图像。很显然，长或者宽的像素点越多，展示出来的图像画面也就会越真实、越细腻。

最后一类是打印分辨率，又称为输出分辨率，是指在打印输出时横向和纵向两个方向上每英寸最多能够打印的点数，通常以"点/英寸"即 dpi（dot per inch）来表示。而所谓的最高分辨率是指打印机所能打印的最大分辨率，也就是所说的打印输出的极限分辨率。

用户在所提交的图片当中输入一道指令，这道指令将被打印机所识别，然后按照这个指令进行打印。例如，用户输入 600 dpi 的指令，那么打印机将按照每英寸打印 600 个点的方式，将图片打印到纸上。因此，在打印分辨率的长和宽中，要安排足够多的像素点，也就是说要有足够大的分辨率，打印的图像才会看得清楚。

1.3.3 科研论文的配图规划

很多用户在制作科研论文配图时总会遇到下面这些问题。

- 想提升画面效果却无从下手。
- 版面过于拥挤但还需要增加内容。
- 许多微小的设计细节被忽略，从而导致整体效果受到影响。

为了避免这些问题的产生，并提升科研论文配图的美观度，很多专业的设计师往往会在排版或者做图之前，对版面和图片进行提前规划。提前规划通常包括两个步骤，如图 1-20 所示。

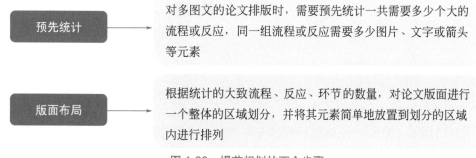

图 1-20 提前规划的两个步骤

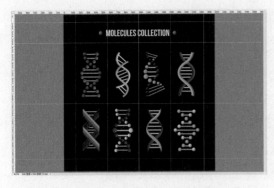

图 1-21 对版面和图片进行提前规划的示例

提前规划的主要目的是检查版面布局是否合理，能否很好地将所有图片元素规划到科研论文当中，避免出现图片过于拥挤或放不开的情况。

用户可以根据期刊的要求，将论文配图的尺寸预先计划好，然后根据实验设计的需求，分为几个步骤，并将这几个步骤在版面上提前进行规划。规划好之后再把相应的元素简单地放置到版面当中，并且一定要对齐，同时保证每个区域的间距和分布是相同的。

用户可以利用绘图软件中的参考线或标尺功能来辅助设计，将更多的内容放到版面中，然后进一步丰富配图，如图 1-21 所示。当主要的元素都摆放好之后，再对图片进行一些修饰，如添加适当的箭头或文字标注等。

提前规划并不需要花费很多的时间，而且还可以及早发现一些排版不合理的问题。因此，用户在绘制论文插图的时候，一定要养成提前规划的习惯。无论是用电脑或者手绘的方式，都可以进行提前规划。

1.3.4 科研论文的配图布局

科研论文配图的版面布局方式有很多，下面列出了一些常用的方式，如图 1-22 所示。当然，用户在设计论文配图时不一定要严格按照这几种布局方式进行排列，可以根据自己的需要对某种布局方式进行一些调整或改变。

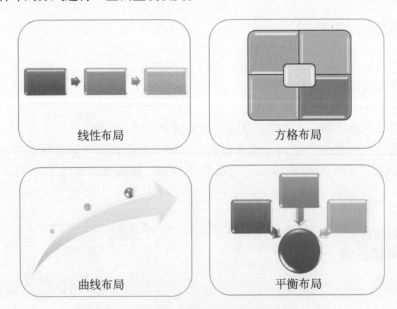

图 1-22 科研论文配图的版面布局方式

如图 1-23 所示，就是一个简单的线性布局方式。线性布局可以简单理解为从某一个方向沿直线根据不同的反应步骤进行改变的布局方式，如从左到右或从上到下，适合步骤不多的流程图或反应图，能够很好地演示材料或化学现象的演化过程。线性布局给人的感觉非常直观，同时画面也很好排版，只要注意相同元素的对齐和间距关系即可。

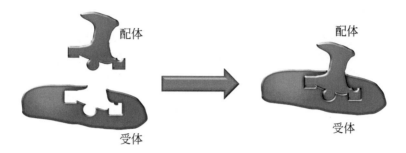

图 1-23 线性布局示例

当反应过程比较多，或者用线性布局排列比较长的时候，由于版面宽度有限，如果图片的长度很长，则整个图片就会相应地缩小，这样图片在版面中就会显得非常小，导致看不清楚。针对这种情况，可以考虑将一排元素变成两排或更多，尽可能保证宽度不变的情况下增加高度尺寸。例如，将画面分成4个格子，把不同的反应图放到这些格子内，然后添加一些箭头或文字描述，来增强画面的逻辑性，这样就形成了方格布局，如图1-24所示。

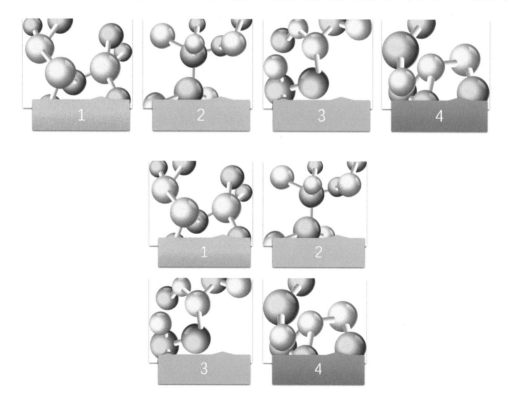

图 1-24 方格布局示例

曲线布局拥有更好的立体感，可以很明显地看出由小到大、由远到近的变化过程，而且非常适合展示分支结构。其实，曲线布局本质上也是线性布局的一种衍化方式，就是将直线变成了曲线。当反应过程中有分支出现的时候，就特别适用曲线布局，用户可以根据自己的插图来调整曲线的变化趋势，相关示例如图1-25所示。

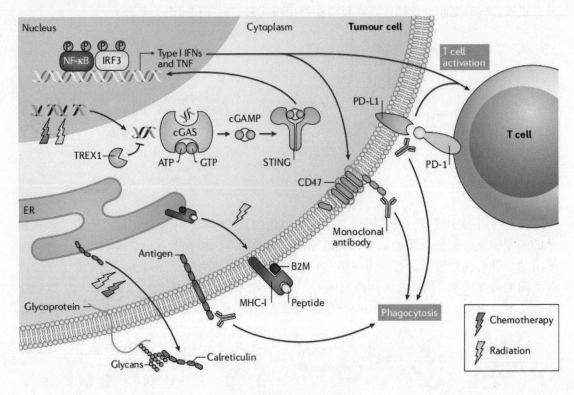

图 1-25　曲线布局示例

　　在曲线布局中，箭头是必不可少的元素，需要通过箭头来给反应过程提供一个明确的指示。而线性布局由于更符合人类本身的视觉浏览习惯，即使不添加箭头，也可以很自然地看出是一个从左到右或从上到下的变化。

　　平衡布局可以看成是以上3种布局的整合方式，当用户将多种布局方式的图片整合到一张完整的科研插图上时，就需要尽可能地让版面平均、整齐、干净，不要出现过于拥挤或参差不齐的情况。论文配图布局的主要目的是提升画面的逻辑性，使画面更清晰、易懂。

第2章

配图设计：掌握实用技巧

写科研论文要先做图，图做得好，文章就成功了一半。对于一篇完整的科研论文来说，科学的统计图或插图是必不可缺的，通过配图能够更加直观、清晰地理清论文的思路，便于展示结果。本章主要介绍科研论文的配图设计技巧，包括制作软件、图片类型、配色技巧、文字标注和组图美化等内容。

> 科研论文配图的制作软件
> 科研论文配图的图片类型
> 科研论文配图的配色技巧
> 科研论文配图的文字标注
> 科研论文配图的组图美化

2.1 / 科研论文配图的制作软件

科研论文配图的制作软件非常多，如PowerPoint、Photoshop、Illustrator、3ds Max、Origin、ChemOffice、GraphPad Prism等。当然，不同软件的功能侧重点和做出来的图片效果都不同，没有绝对的好或不好。本节将对这些绘图软件进行简单介绍，用户可以对比一下哪款软件的出图效果更符合自己的需求，同时综合考虑每个软件的上手难度再进行选择。

2.1.1 PowerPoint制作示意图

【精美程度】：★★★★★
【上手难度】：★★☆☆☆

PowerPoint（简称PPT）是Microsoft推出的一款演示文稿软件，集成在Office中。PowerPoint可以十分方便地制作各种科研图片，尤其善于制作示意图，如图2-1所示。

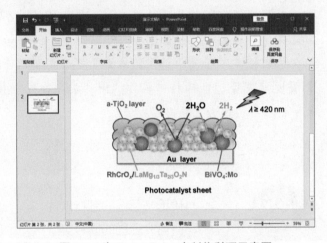

图 2-1　在 PowerPoint 中制作科研示意图

相较于Illustrator和Photoshop等软件，PowerPoint的操作更加简单、易上手，而且做出的图片分辨率和专业程度不亚于其他的专业绘图软件。相比于专业的大型绘图软件，PowerPoint有自己独特的优势，具体如下。

● PowerPoint的入门门槛极低，用户可以轻松学会。
● PowerPoint不仅能够制做简单的3D建模，而且还可以绘制2D矢量图。
● PowerPoint提供了海量的免费素材。
● 利用软件自带的动画功能，PowerPoint能够帮助用户快速将静态图片转换为科研原理动图。

2.1.2 Photoshop制作位图

【精美程度】：★★★★★
【上手难度】：★★★★☆

Photoshop（简称PS）由Adobe系统公司开发，是一款针对由像素构成的数字图像的处理软件，拥有众多的编辑与绘图工具。

Photoshop和Illustrator都是Adobe旗下的软件，Photoshop制作的图片主要是位图，而Illustrator制作的图片主要是矢量图。换句话说，Photoshop更侧重于修图，而Illustrator则更侧重于绘图。例如，用户拍摄的实验图可以非常方便地使用Photoshop进行后期处理，如裁剪、调色、调整清晰度、抠图合成等，如图2-2所示。

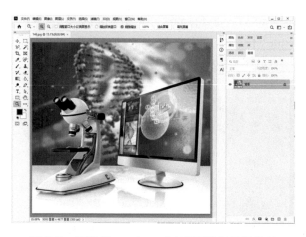

图 2-2 使用 Photoshop 对实验图进行后期处理

2.1.3 Illustrator制作矢量图

【精美程度】：★★★★★
【上手难度】：★★★★☆

Illustrator（全称为Adobe Illustrator，简称AI）是一款非常好用的矢量图形处理软件，不仅具有矢量绘图功能，而且还集成了文字处理和上色等功能。如图2-3所示，为使用Illustrator绘制的科研矢量图片。

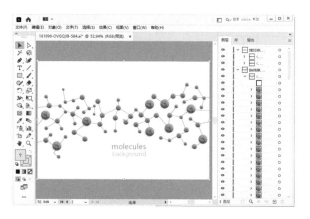

图 2-3 使用 Illustrator 绘制的科研矢量图片

整体来说，Illustrator的难度不是特别大，因为并没有涉及到代码和程序，用户只需要在功能面板上进行操作，即可做出各种精彩的矢量图片效果。Illustrator的主要难度在于对软件基本功能的学习，以及钢笔工具等绘图功能的运用，用户需要多进行练习才能熟练掌握。

2.1.4　3ds Max制作三维动画

【精美程度】：★★★★★

【上手难度】：★★★★★

3D Studio Max简称为3d Max或3ds Max，是由Autodesk公司开发的基于PC系统的三维动画渲染和制作软件。3ds Max是一款拥有强大的动画和建模制作功能的软件，能够让你的科研论文配图更加形象生动，如图2-4所示。

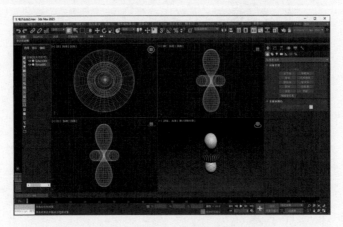

图2-4　使用3ds Max创建的三维科研图片

2.1.5　Origin制作电子数据表

【精美程度】：★★★★★

【上手难度】：★★★☆☆

Origin是由OriginLab公司开发的一款科学绘图与数据分析软件，能够轻松绘制各种各样的2D/3D图形，用户只需导入数据并点点鼠标即可轻松出图，如图2-5所示。

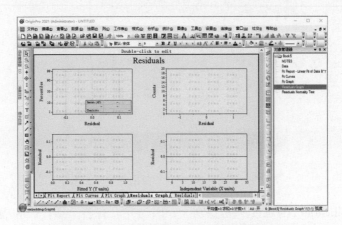

图2-5　在Origin中导入数据后即可轻松出图

Origin拥有强大的数据导入功能，支持ASCII、Excel、NI TDM、DIADem、NetCDF、SPC等多种格式的数据。当然，要想使Origin做出的图片效果更加美观，还需要用户具备一定的审美能力。如图2-6所示，为使用Origin绘制的瀑布图。

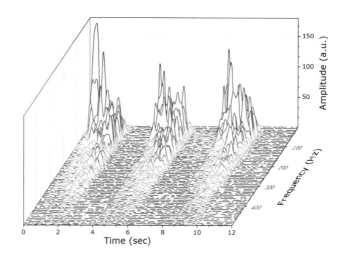

图 2-6　使用 Origin 绘制的瀑布图

2.1.6　ChemOffice 绘制化学结构图

【精美程度】：★★★★★
【上手难度】：★★★☆☆

ChemOffice是由CambridgeSoft推出的一款综合性科学应用软件包，其中包括ChemDraw（化学结构绘图）、Chem3D（分子模型及仿真）和ChemFinder（化学信息搜寻整合系统）等模块，非常适用于广大从事化学、生物研究领域的科研人员。

其中，ChemDraw是一款广受全球用户欢迎的化学结构绘图软件，并且还是各大论文期刊指定的图形格式，为科学家提供了一套完整易用的绘图解决方案，如图2-7所示。

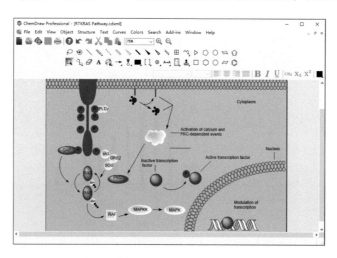

图 2-7　使用 ChemDraw 绘制的图形

Chem3D 则是从 ChemDraw 中提取的 3D 绘图工具，是一款专为化学行业的从业者打造的化学分子构建模型软件，其制作的图片效果如图 2-8 所示。

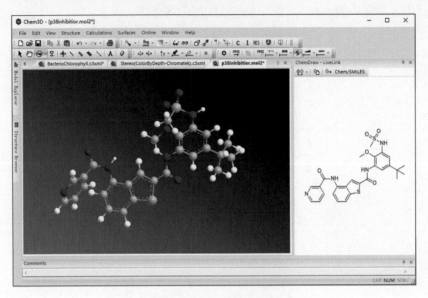

图 2-8　使用 Chem3D 绘制的 3D 图

2.1.7　GraphPad Prism 绘制数据图表

【精美程度】：★★★★★
【上手难度】：★★☆☆☆

GraphPad Prism 是由 GraphPad Software 公司推出的一款数据处理与图形绘制软件，能够胜任大部分的统计与绘图工作。同时，GraphPad Prism 采用的是类似 PPT 的面板操作方式，上手难度较低，而且其自带的图片样式也很不错，能够制作出各种极简主义风格的图片，如图 2-9 所示。

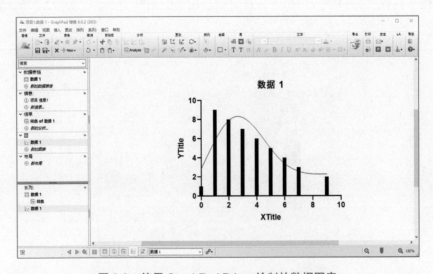

图 2-9　使用 GraphPad Prism 绘制的数据图表

2.2 / 科研论文配图的图片类型

作为科研论文的重要组成部分，配图的制作也有一定的规范要求。在科研论文中，所有非表格的图示都可以被称为配图，常见的图片类型包括统计图、照片、染色图、条带图、示意图等，本节将对其进行简单介绍。

2.2.1 统计图

常见的统计图包括条形图、箱线图、区间图、直方图、面积图、分布图、金字塔图、散点图、小提琴图、蜂群图、桥图等。不同类型的统计图都有很多细节需要注意，包括编号、标签、标题、纵坐标轴、横坐标轴、误差线以及显著性符号等。

如图2-10所示，为一张带数字标签的直方图，用户能够更容易理解，同时还可以更直观地分析其中的数据。如图2-11所示，为桥图，又可以称为阶梯图或者瀑布图，它是一种特殊的柱状图，能够很好地描述数值之间的数量变化关系。

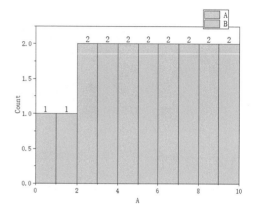

图 2-10　直方图

2.2.2 照片

在科研论文中，照片这种图片类型也比较常见，尤其是在临床研究中使用频率颇高。图2-12就是通过照片来如实地展现现实中的反应。

在选择科研论文的照片时，应遵循真实性原则，同时主体和背景的反差要尽量大一些，可以用PS对画面的亮度、对比度和色彩等进行适当调整。

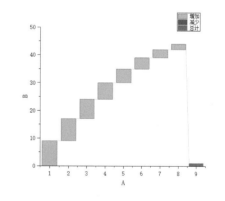

图 2-11　桥图

2.2.3 染色图

染色图包括切片染色图和荧光染色图等，非常有助于科研论文观点的表达。其中，切片染色图由各种化学试剂与抗体组合而成，是一种用于诊断疾病的标准，同时也是科研论文最终结论的重要辅证，如图2-13所示。拍摄切片

图 2-12　反应照片

染色图时，需要注意调节合适的曝光度、饱和度和平衡度，保留画面中的重要细节，并避免画面偏色。

　　荧光染色图主要用于展示相同视野下多种分子的表达情况，看上去比较漂亮，如图2-14所示。但需要对每种颜色代表的分子进行标记，让图片信息更加直观。

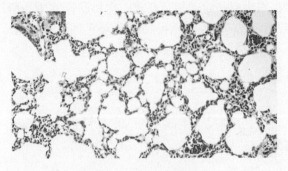

图 2-13　切片染色图

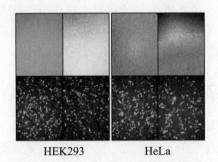

HEK293　　　HeLa

图 2-14　荧光染色图

2.2.4　条带图

　　在Western Blot（蛋白质印迹法）、半定量PCR（Polymerase Chain Reaction，聚合酶链式反应）、SDS-PAGE（Sodium Dodecyl Sulfate Polyacrylamide Gel Electrophoresis，十二烷基硫酸钠聚丙烯酰胺凝胶电泳）、免疫共沉淀等实验中，最为常见的就是条带图了，其中包含了分子名称、分子量以及分组情况等信息，如图2-15所示。

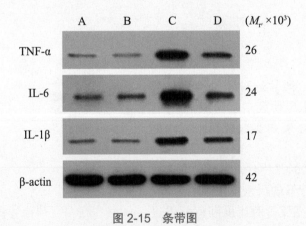

图 2-15　条带图

　　在绘制条带图时需要注意，不仅要对条带进行分组，而且在组合多个条带时要保留一定的空白区域，同时在进行后期调色或调节亮度时画面细节不能有损失。

2.2.5　示意图

　　示意图不仅可以非常直观、明确地展现抽象的概念，同时也可以用于描述肉眼无法观察到的事物和原理，如图2-16所示。在绘制示意图时，用户要对不同的图形元素所代表的含义进行了解，这样可以节省更多的时间。

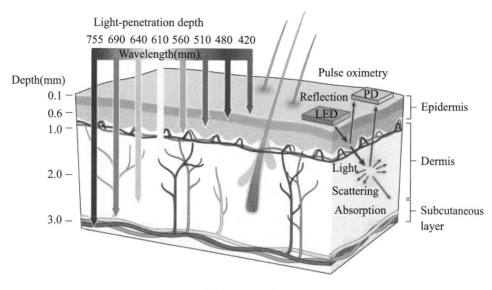

图 2-16　示意图

2.3 / 科研论文配图的配色技巧

在科研论文的配图中，好的配色方案，更容易打动读者，因为漂亮的图片不仅给人以美感，而且还会让人感觉到作者的用心程度。如今，几乎所有的期刊都是以彩色图为主，而且更注重图片的视觉效果，尤其是那些高影响因子的期刊。本节将介绍科研论文配图的配色技巧，来帮助大家提升配图的审美度。

2.3.1　配图颜色的演变过程

如图 2-17 所示，为科研论文配图的大致演变过程。

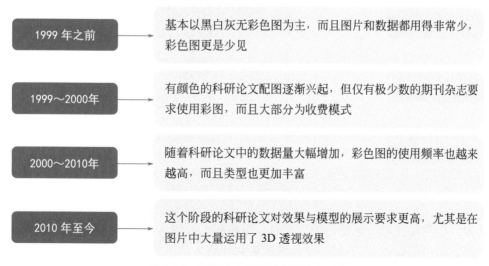

图 2-17　科研论文配图的大致演变过程

如图2-18所示，为带有3D透视效果的彩色科研论文配图，它能够更好地展示数据模型，让你的论文更加形象生动。

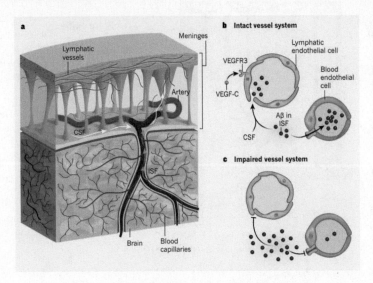

图 2-18　带有 3D 透视效果的彩色科研论文配图

2.3.2　图片配色的基本原则

在科研论文中，图片是最为关键的元素，不仅能够更好地展现数据，而且还可以将数据和数据之间、数据和结论之间的逻辑关系更好地表达出来。因此，科研论文中图片配色的基本原则就是突出重点数据、描述逻辑关系。

同时，用户需要控制好科研配图的主色调，并在色调中把握好主导色与其他次要色的关系，如图2-19所示。除了要分清色调的主次外，科研配图还应尽量选择柔和的颜色，而避免使用高亮的纯色。

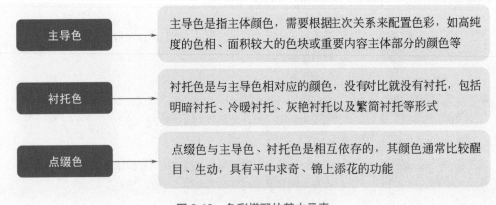

图 2-19　色彩搭配的基本元素

例如，当两种色彩的色相相差较大时，则面积也要增大，可以让面积大的色彩成为主导色（如下图中的蓝色），而另一种色彩成为衬托色（如下图中的深红色），来缓解色彩之间的冲突，从而使画面达到调和的效果，如图2-20所示。

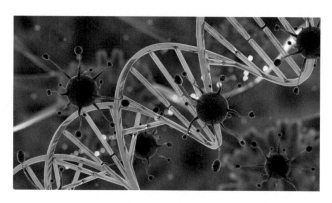

图 2-20　色彩搭配示例

2.3.3　论文配图的色彩类型

在设计科研论文配图的色彩时，需要用户用心去感受和理解，这样才能更好地把握自己对色彩最初的感觉。用户只有在现实生活和工作中用心去感受，并随时留意各种色彩的变化和规律，才能更好地了解和认识色彩。不同的色彩就像是不同的调料，将其正确地组合在一起，才能够赋予画面更多的味道，让人觉得秀色可餐。

色彩具体包括无彩色和有彩色两大类，如图 2-21 所示。

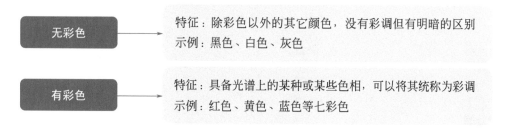

图 2-21　色彩的分类

有彩色的表现比无彩色要更加复杂，可以从以下 3 个维度对有彩色进行确定，如图 2-22 所示。

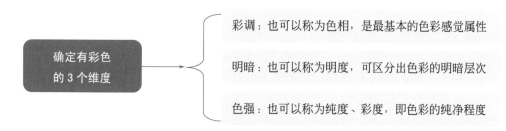

图 2-22　确定有彩色的 3 个维度

例如，在 Illustrator 软件的"色板库"菜单中选择"科学"选项，就可以看到相关的颜色分类，包括"三色组合""互补色""分裂互补色""四色组合"和"近似色"等类型，如图 2-23 所示。

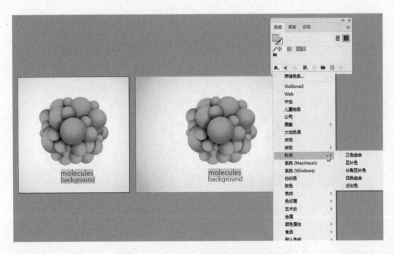

图 2-23 "科学"相关的颜色分类

其中,"近似色"又称为类比色,是指在色相环上任意相邻的3种颜色,又或者是同一色相的3种不同明暗度,如图2-24所示。"互补色"是指在色相环中完全对立的颜色,具有极强的排斥性,甚至会形成残像或色晕现象,如图2-25所示。"组合色"包括"三色组合"和"四色组合"等,将多种色相有规律地进行调和,可以得到色彩丰富、结构一致且变化有序的整体画面效果,如图2-26所示。

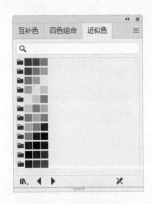

图 2-24 "近似色"类型

图 2-25 "互补色"类型

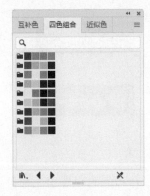

图 2-26 "四色组合"类型

2.3.4 了解色彩现象的原理

人之所以能够感知和区分各种不同的颜色,主要是因为每种颜色在视觉上会产生不同的感受,其中包括以下3种因素。

(1)光线的反射。光线反射是指光线照射到物体表面时产生的反射现象,包括吸光体、反光体和透明体等物体,其颜色取决于物体表面的化学结构、物理与几何特性。例如,衣服、食品、水果和木制品等物体大都是吸光体,比较明显的特点就是它们的表面粗糙不光滑,颜色非常稳定和统一,视觉层次感比较强。

(2)光源的颜色。由于各种光源的波长构成特性不同,使用不同类型的光源进行照明时,产生的色温效果也不一样。

（3）眼睛的感色能力。人眼的感色能力主要由视网膜上的视神经系统决定，其功能包括光线感受能力，以及处理与传送光刺激的能力，如图2-27所示。

从上面3个因素来讲，色彩的来源主要是光线，如果这个世界没有光线，那么也就无法产生视觉，从而没有任何色彩。颜色是由光线形成的，有光才能有色，人眼中的视网膜才能对光的刺激作出反应，从而在大脑中形成某种特定的感觉。因此，颜色的先决条件就是光线，而光色感觉就是光线反映到人的视觉中的色彩，如图2-28所示。

光线的明亮程度同样会影响人眼对颜色的视觉感受，包括颜色的亮度、色相和纯度。例如，明亮的光线可以让物体的颜色看上去更清晰鲜艳；微弱的光线则会让物体看上去模糊暗淡。

光色是一种物理现象。例如，雨过天晴后的彩虹就是一种光色现象。英国著名的物理学家艾萨克·牛顿（Isaac Newton）曾做过一个实验，他将太阳光从一个小缝引进暗室，然后让光束穿过一个三棱镜，最终在屏幕上产生了一条由红、橙、黄、绿、青、蓝、紫7色光组成的美丽彩带，这就是光的色散形成的，如图2-29所示。

光的色散也称为光谱（全称为光学频谱）现象，也就是说太阳光是由光谱中的颜色构成的。以PPT的"颜色"对话框为例，在"自定义"选项卡的"颜色"选项区中即可看到类似光谱的颜色条，越往上颜色的纯度越高，越往下颜色则越趋近于灰色，如图2-30所示。

在物理学上，光其实是一种电磁波，也可以理解为一种能量（电磁辐射能）形式。下面将对光与色之间的关系进行分析，如图2-31所示。

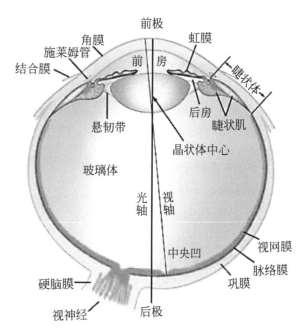

图 2-27　眼睛结构图

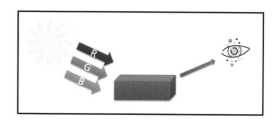

图 2-28　光、色彩与视觉

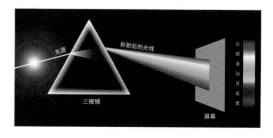

图 2-29　光的色散

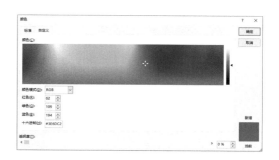

图 2-30　PPT 的"颜色"对话框

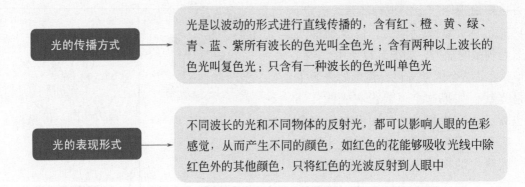

图 2-31　光与色之间的关系

因为各种受光体吸收光和反射光的能力不同，自然界中便出现了丰富多彩的颜色，同时带来了一系列的色彩学问题，如颜色的分类（彩色和非彩色两大类）、特性（色相、纯度、明度）和混合方式（色光混合、色料混合、视觉混合）等。

2.3.5　科研配图的配色注意事项

不同类型的科研论文配图，其配色方法也不一样，这一点用户要尤为注意。例如，多条数据线采用组合配色的方式时，各数据线的颜色差别尽量大一些，可巧妙利用配色来突出图片中的关键信息，如图 2-32 所示。

整体来说，成组数据的配色有纯色组合、彩虹色渐变、近似色渐变、双色渐变、深浅渐变和多色组合渐变等方式。如图 2-33 所示，采用蓝色到红色的双色渐变配色方式，模拟出一种类似 3D 画面的视觉效果。

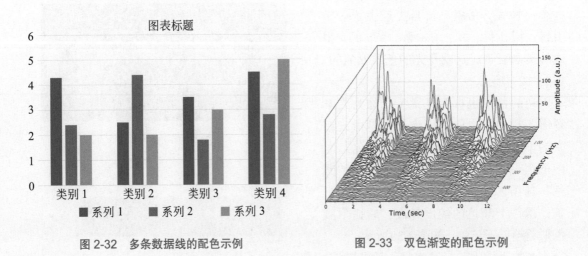

图 2-32　多条数据线的配色示例　　　　　图 2-33　双色渐变的配色示例

对科研论文配图进行色彩搭配时，色相、明度和纯度这 3 大属性会互相制约和影响，因此需要用户注意一些相关的搭配法则，如图 2-34 所示。

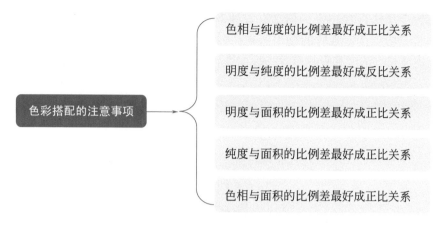

图 2-34　色彩搭配的注意事项

2.4 ／ 科研论文配图的文字标注

在科研论文的配图设计中，文字的表现与图片的展示同等重要，它可以对图中的各种元素和信息进行及时的说明和指引，并通过合理的设计和编排，让信息的传递更加准确。本节主要介绍文字标注的设计技巧，让你的科研论文配图如虎添翼。

2.4.1　字体在科研论文配图中的应用

字体在科研论文的配图中随处可见，不同的字体类型可以传达出不同层次的信息，能让读者快速抓住要点，从而掌握图片要传达的内容。字体在科研论文配图中的应用类型，通常包括字母、数字和符号等。

英文字母是科研论文配图中最常见的字体类型，大多用作辅助说明的文字。如图 2-35所示，通过多个英文字母对钙离子通道的示意图进行说明。

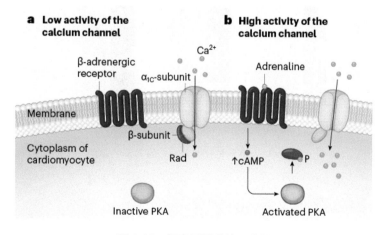

图 2-35　钙离子通道的示意图

阿拉伯数字虽然只有10个，但却有着神奇的魔力，几乎所有人都认识它们，而且漂亮的数字字体也是吸引读者观看的动力所在。如图2-36所示，各个坐标轴上就采用了大量的数字，来描述波长、浓度和吸收度等指标的变化趋势，可以让人一目了然。

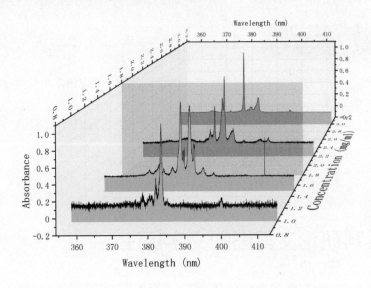

图 2-36　采用大量数字描述各指标的变化趋势

在设计科研论文的配图时，借用特殊的符号可以向读者传达最佳的视觉效果。简洁的图形符号语言，即可以方便读者记忆，还可以提高读者的认可度。如图2-37所示，采用符号"*"来表示显著性差异的星级，不但让图形更加精美，而且让信息的表达也更加准确。

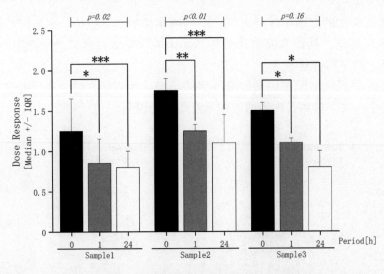

图 2-37　采用符号表示显著性差异的星级

2.4.2　科研论文配图的文字标注规律

文字在科研论文的配图中非常重要，不管是字体还是排版，用户都需要遵循一定的规律，这样才能让做出来的科研插图看起来更有美感。

（1）文字内容要易于识别

文字不但是用户传达信息的载体，也是配图中的重要元素，因此，在设计科研论文配图中的文字时，必须保证文字的可读性，以严谨的设计态度实现新的突破。

在科研论文配图中，文字是影响读者阅读体验的关键元素，因此用户必须让图中的文字准确地被读者识别到。另外，还要避免使用不常见的字体，这些缺乏识别度的字体可能会让读者难以理解其中的文字信息，甚至不能正确地显示文字内容，如图2-38所示。

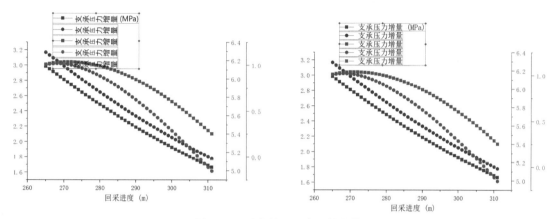

图 2-38 避免使用不常见的字体

（2）文字的层次感要强烈

在设计以英文字母为主的科研论文配图时，用户可以巧用字母的大小写变化，这不但可以使图中的文字更加具有层次感，而且可以使文字信息在造型上富有乐趣感，同时给读者带来一定的视觉舒适度，让他们更加快捷地接受图中的文字信息。

如图2-39所示，采用传统首字母大写的文字组合穿插方式，同时对相同的文字标注填充同样的颜色，使整个信息的表达都非常清晰明了。

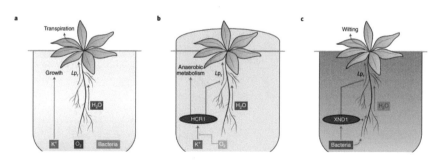

图 2-39 文字层次感强烈的配图示例

当图中的文字全部为大写或小写字母时，整体上会显得十分呆板，给读者带来的阅读体验也十分差；而采用传统首字母大写的文字组合穿插方式，能让图中的文字信息变得更加灵活，不但可以突出重点，还可以便于读者阅读。

另外，用户在设计科研论文配图中的文字时，还可以通过不同粗细或不同类型的字体，打造出不同的视觉效果，如图2-40所示。

（3）清晰地表达文字信息

在设计科研论文配图中的文字效果时，除了英文字母的大小写外，文字的字体以及大小的设置也是影响效果表达的重要因素。

如图2-41所示，不同大小和字体的文字不仅可以更清晰地表达文字信息，让读者快速抓住文字的重点，还可以达到更加吸引眼球的效果。

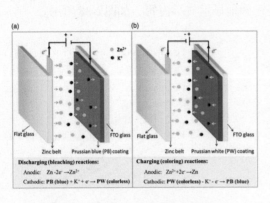

图 2-40　文字加粗后更加明显和突出　　　　图 2-41　不同大小和字体的文字

（4）把握好文字之间的间距

读者阅读科研论文配图中的文字时，不同的文字间距也会带来不一样的阅读感受。例如，文字之间过于紧密的间距可能会带给读者更多的紧迫感，而过于稀疏的文字间距则会使文字显得断断续续，缺少连贯性。

因此，在进行科研论文配图的文字设计时，一定要把握好文字之间的间距，这样才能给读者带来流畅的阅读体验。图2-42中的文字显得十分拥挤，读者在浏览这些文字时容易会产生疲劳感，因此需要对行距和字符间距进行适当的调整。而图2-43中的文字间距则比较合适，浏览效果也会非常舒适。

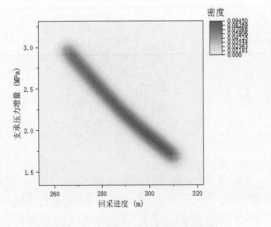
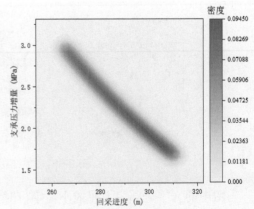

图 2-42　间距不合适的文字效果　　　　　图 2-43　间距合适的文字效果

（5）适当设置文字的色彩

过去的科研论文配图设计大大低估了色彩的作用，它其实是一个了不起的工具，应该被充分利用，尤其是文字的色彩设置。

适当地设置科研论文配图中的文字色彩，可以提高文字的可读性。通常的手法是给文字内容穿插不同的颜色，或者增强文字与背景色彩之间的对比，使图中的文字有更强的表达能力，从而帮助读者更快地理解文字信息。

如图2-44所示，图中的文字虽然有大小和间距的区别，但色彩比较单一，用户无法快速获取其中的重点信息。

如图2-45所示，通过改变不同区域的文字色彩，可以使这两个部分的文字区别更加明显。我们可以明显发现粉色底纹部分的文字比黑色部分的文字更加突出和醒目，用户可以利用此方法去突出科研论文配图中的重点信息。

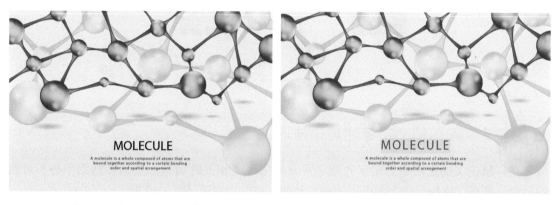

图2-44 标题和正文都是黑色　　　　　　图2-45 不同的文字颜色搭配效果

另外，用户还可以通过调整文字色彩与背景色彩的对比关系来改变读者的阅读体验。如图2-46所示，文字颜色与背景颜色对比过强，不适用于需要长时间阅读的大段文字，容易使读者产生疲倦的阅读感。如图2-47所示，文字颜色与背景颜色对比过弱，读者不易识别图上的文字内容，同样无法获得良好的阅读体验。

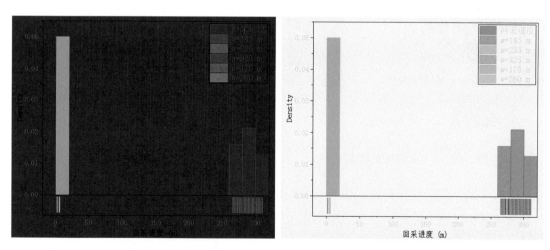

图2-46 文字颜色与背景颜色对比过强　　　　图2-47 文字颜色与背景颜色对比过弱

如图2-48所示，采用双色渐变的文字和图形设计的科研论文图片，不仅能够清晰地呈现文字，而且还可以表达出信息的变化趋势，同时适用于长时间阅读，可以让读者阅读起来更加流畅与舒适。

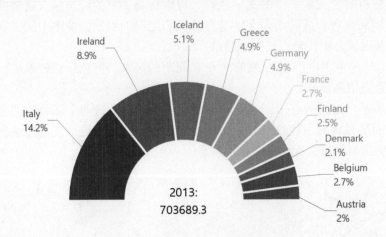

图 2-48　双色渐变的文字和图形效果

2.4.3　论文配图的文字标注美化技巧

在科研论文的配图中，文字和数字常常用来说明相关的信息，是很多插图中必不可缺的元素。那么，这些标注文字可以随意设计吗？

答案是否定的，科研论文配图中的标注文字和指示线也需要有一定的美观度。图 2-49 中不管是文字还是图形元素，都显得比较拥挤，很容易让读者忽略图形元素本身的设计感。而图 2-50 中尽管添加了很多文字标注，但都是围绕图形元素排列的，而且疏密有致，这样更能表现出精美的图形细节。

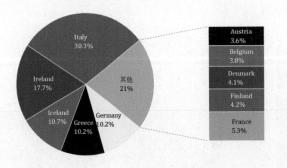

图 2-49　文字和图形比较拥挤

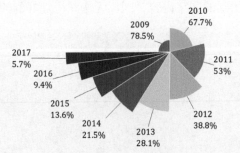

图 2-50　美观的文字设计

由此可见，文字标注和指示线的重要性也是非同小可的，这些元素同样都是画面构图的重要部分。好的文字标注和指示线，不仅能够填补图片中的空白区域，而且还可以使画面构图更加协调、美观。

那么，如何设计才能让文字标注更加美观呢？首先，画面需要采用一定的构图手法，将图形元素和文字标注的空间划分好，让画面做到主体突出、主次分明。其次，文字的字体格式等要合适，并不是说文字越大越好，虽然这样能够让读者看得更清楚，但不一定会让读者看得很舒适。

如图2-51所示，通过这种剪影图的对比，我们能很清楚地看到孰优孰劣。在右下图中，文字设置得特别大，并使用非常粗的指示线将其引到图形上，这样图形的地位就会变得很弱，表达能力也会变差。而在左下图中，图形像是舞台中间的歌手，而文字则像是她身边的舞伴，簇拥在她的周围，让画面看上去更加协调、舒适。

最后，图形和文字之间的距离要合适，不能太小也不能太大，距离太小会显得画面很拥挤，距离太大则会造成空间的浪费。总之，科研论文配图中的图文内容一定要协调、美观，这样才能给读者带来舒适的阅读体验。

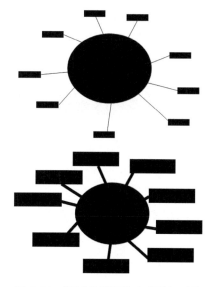

图 2-51 通过剪影图的方式进行对比

2.5 / 科研论文配图的组图美化

组图是指科研论文中图片的排列组合方式。当存在一系列的图片时，由于这些图片都经过了一定的后期处理，大小可能不太一样，因此需要用户进行一些调整，将其组合成一张大图，这就是组图处理。本节主要介绍组图的相关概念和组合技巧，以及科研论文配图的美化处理和排版修饰技巧。

2.5.1 组图的概念、结构和实例

什么是组图呢？下面通过一个案例来对组图的概念进行说明。如图2-52所示，是由6张图片组成的一张大图，横向上是3张图，竖向上是2张图，同时每张图片的大小一致。

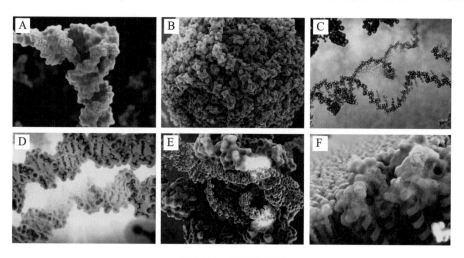

图 2-52 组图的示例

因此，组图就是指将 $m \times n$ 张大小相同的原始图片按照一定的顺序进行 $m \times n$ 排列，形成一张新图，其基本结构如图2-53所示。组图主要用于科研中实验组和对照组的成组比较。

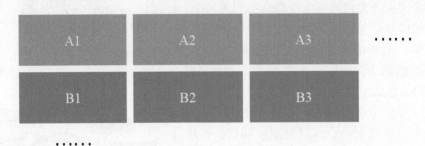

图 2-53　组图的结构

2.5.2　使用 PowerPoint 进行组图

使用PowerPoint进行组图操作时，用户需要提前对图片进行整理，如按顺序分组和重命名素材图片等，然后利用PowerPoint自带的对齐排列、智能参考线和组合对象等功能进行组图，并添加相应的文字标注，最后输出为PNG格式的图片，效果如图2-54所示。

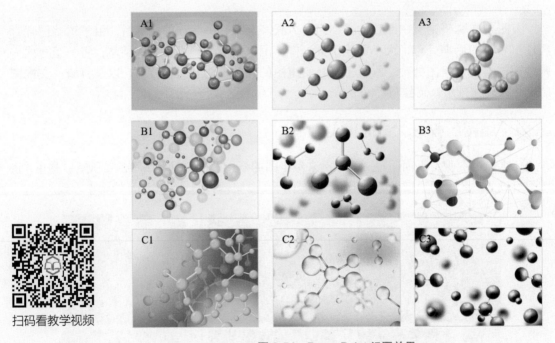

扫码看教学视频

图 2-54　PowerPoint 组图效果

下面介绍使用PowerPoint进行组图的具体操作方法。

> **步骤01** 打开素材图片所在的文件夹，全选所有图片，然后按【Ctrl＋C】组合键复制图片，如图2-55所示。

> **步骤02** 在PowerPoint中新建一个空白演示文稿，按【Ctrl＋V】组合键粘贴复制的图片，如图2-56所示。

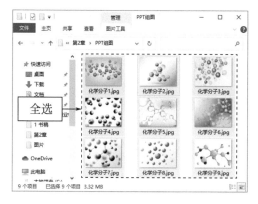

图 2-55　复制图片

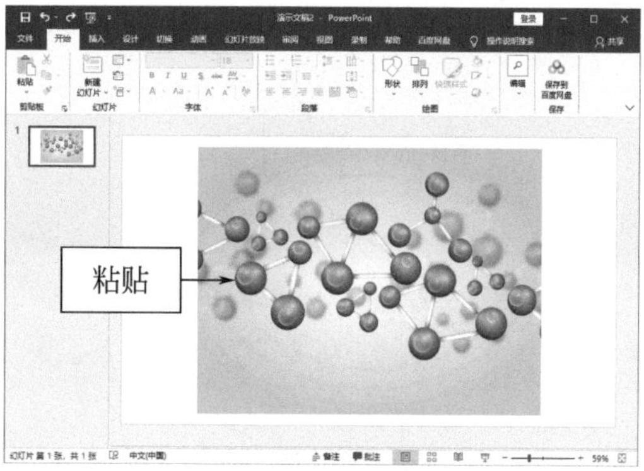

图 2-56　粘贴复制的图片

步骤03 选择编辑区中的所有图片素材，如图 2-57 所示。

步骤04 在"图片工具-图片格式"面板的"大小"选项板中，设置"高度" 为"5 厘米"，如图 2-58 所示。

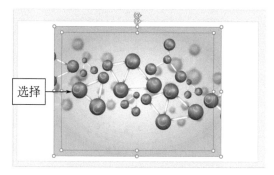

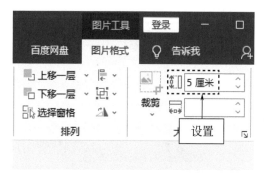

图 2-57　选择所有图片素材

图 2-58　设置"高度"参数

步骤05 在编辑区中借助智能参考线适当调整各图片的位置，如图 2-59 所示。

步骤06 在相应图片左上角插入一个文本框，输入图片序号，并设置"字体"为"Times New Roman"、"字号"为"16"，效果如图 2-60 所示。

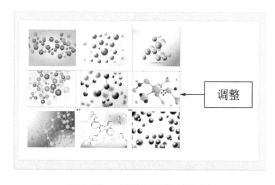

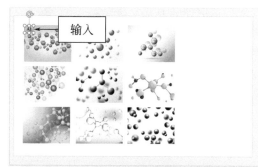

图 2-59　调整各图片的位置

图 2-60　输入图片序号

步骤07 选中文本框，按住【Ctrl】键的同时拖曳至其他图片的左上角，即可复制文本框并修改文字内容，效果如图 2-61 所示。

步骤08 使用相同的操作方法，复制多个文本框并适当修改其内容，效果如图2-62所示。

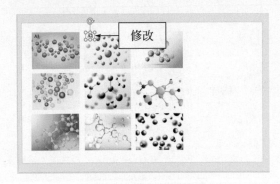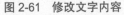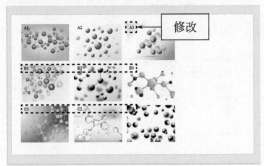

图 2-61　修改文字内容　　　　　　　　图 2-62　复制多个文本框并修改内容

步骤09 ❶同时选中所有图文元素；❷在"绘图工具-形状格式"面板中的"排列"选项板中单击"组合"按钮；❸在弹出的列表框中选择"组合"选项，如图2-63所示。

步骤10 执行操作后，即可组合所有图文元素，效果如图2-64所示。

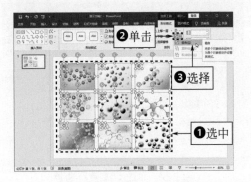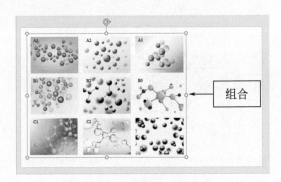

图 2-63　选择"组合"选项　　　　　　　图 2-64　组合所有图文元素

步骤11 在组图上单击鼠标右键，在弹出的快捷菜单中选择"另存为图片"选项，如图2-65所示。

步骤12 弹出"另存为图片"对话框，❶设置"文件名"为"PPT组图"、"保存类型"为"PNG可移植网络图形格式"；❷单击"保存"按钮即可，如图2-66所示。

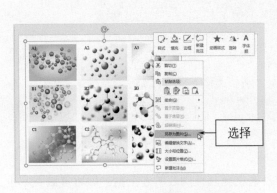

图 2-65　选择"另存为图片"选项　　　　图 2-66　单击"保存"按钮

2.5.3　使用 Photoshop 进行组图

使用 Photoshop 进行组图操作时，同样需要先整理图片，按顺序对图片进行分组，并重命名原始图片；然后根据原始图片的大小和数目，分别建立 PSD 文件，并将原始图片导入到 PSD 文件中；接下来进行对齐和平均分布图片的操作；最后添加文字标注，效果如图 2-67 所示。

基因 A 组

基因 B 组

基因 C 组

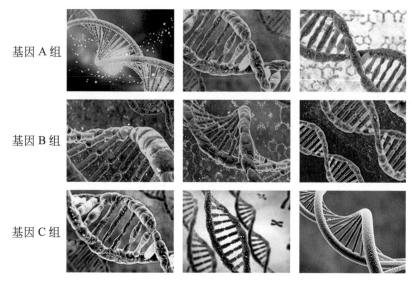

扫码看教学视频

图 2-67　Photoshop 组图效果

下面介绍使用 Photoshop 进行组图的具体操作方法。

步骤01　单击"文件"|"新建"命令，弹出"新建文档"对话框，设置"宽度"为"800"像素、"高度"为"600"像素、"分辨率"为"300"像素/英寸，如图 2-68 所示。

步骤02　单击"创建"按钮，新建一个空白图像文件，如图 2-69 所示。

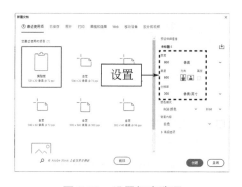

图 2-68　设置相应选项　　　　　　图 2-69　新建一个空白图像文件

步骤03　单击"文件"|"打开"命令，打开 A1.jpg 素材图像，按【Ctrl＋A】组合键全选图像，然后按【Ctrl＋C】组合键复制图像，如图 2-70 所示。

步骤04　切换至背景图像编辑窗口中，按【Ctrl＋V】组合键粘贴图像，并使用移动工具 ✛ 将其调整至合适位置处，如图 2-71 所示。

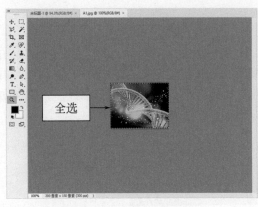

图 2-70　全选并复制图像

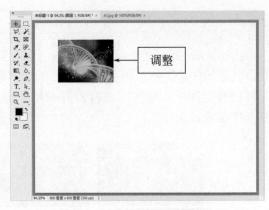

图 2-71　粘贴并调整图像位置

💧 **步骤05** 使用相同的操作方法，导入其他的图像素材并调整位置，如图2-72所示。

💧 **步骤06** ❶同时选中"图层1"至"图层3"；❷在工具属性栏中单击"对齐并分布"按钮•••；❸在弹出的面板中依次单击"垂直居中分布"按钮🔲和"水平居中分布"按钮🔲，如图2-73所示。

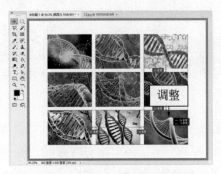

图 2-72　导入其他图像并调整位置

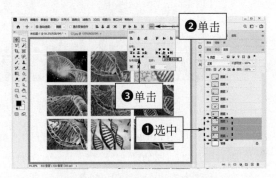

图 2-73　单击相应的分布按钮

💧 **步骤07** 使用相同的操作方法，对其他图像素材进行排列并调整位置，如图2-74所示。

💧 **步骤08** ❶使用横排文字工具 **T** 输入相应的文字内容；❷在"字符"面板中设置"字体"为"黑体"、"字体大小"为"6"点、"颜色"为黑色（RGB参数值均为"0"）；❸复制文字并适当修改其内容，如图2-75所示。

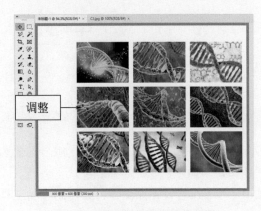

图 2-74　排列并调整各图像位置

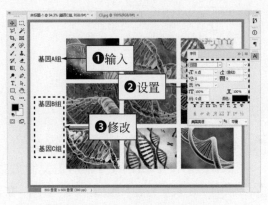

图 2-75　输入相应的文字内容

2.5.4 科研论文配图的美化技巧

对于科研论文配图来说，可以美化处理的地方包括元素、配色、排版和字体4个部分，具体的美化原则如下。

● 元素是指配图中出现的所有图形、图像、文字等，用户可以分析其中的元素是否符合文章的整体内容，以及是否具有一定的美观度。

● 配色通常是由大元素到小元素来决定的，尽量调整容易处理的元素色彩，使图片整体的色调达到和谐、舒适。

● 排版要保证各元素的逻辑性和整齐度。

● 字体要保持统一的字号和颜色，不要添加过多的效果，保持字体的清晰度即可。

对科研论文配图进行美化，用户可以按照以下几个思路进行分析和处理。

（1）审视图像。当用户做出一幅完整的科研论文配图后，如果想继续美化或者提升图片的表达效果，首先要找出图中的不足之处或需要改进的地方。例如，当图片很模糊时，用户可以使用PS的"锐化"功能来提升其清晰度，如图2-76所示。

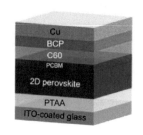

（2）审视元素。对图片中的点、线、面、箭头、形状、文字和渲染等元素进行分析，寻找能够提升的地方，使各元素的效果达到精益求精。

（3）审视配色。图片配色会直接影响读者的视觉感受，因此用户需要检查图片中的配色在视觉上是否协调、合理。

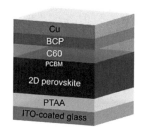

（4）审视排版。用户可以借助绘图软件的辅助线功能，来查看各元素是否对齐，以及间距是否一致，然后对达不到要求的元素进行调整，使画面整体的排版效果整齐、干净。图2-77就是利用PPT的标尺和参考线来对画面中的各元素进行辅助排版。

图 2-76　提升图片清晰度的对比效果

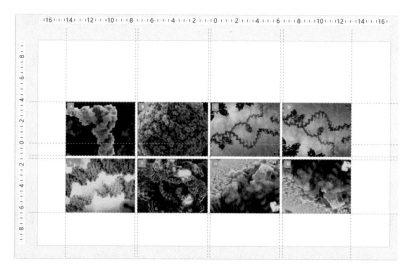

图 2-77　利用 PPT 的标尺和参考线对画面中的各元素进行辅助排版

（5）审视字体。用户需要仔细检查图片中字体的样式、字号和颜色等属性，相同类型的字体必须保持统一的格式。

2.5.5 科研论文配图的排版修饰

要对科研论文配图进行修饰，用户首先需要清楚它的排版原则，具体如图2-78所示。

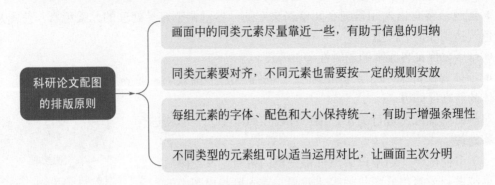

图 2-78　科研论文配图的排版原则

如图2-79所示，右上角是一个大的元素，其周围分布了一些小的元素组，形成了大小对比；同时各个小的元素组之间还运用了颜色对比。通过这种对比的修饰手法，可以让主体对象更为突出，能够更好地传达有效信息，帮助读者快速抓住重点内容。

其次，用户在设计图片时还可以采用留白的方式，如增加行间距、边距和段落空间等，来增强图片的美感和档次，同时还可以给读者带来更好的阅读体验，如图2-80所示。

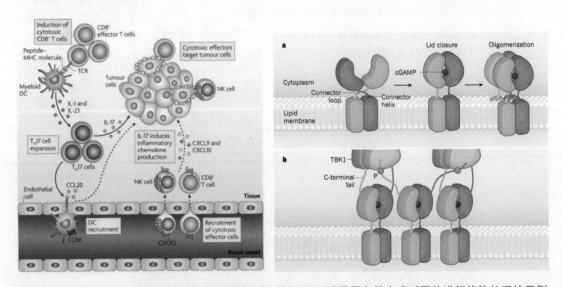

图 2-79　运用对比手法对图片进行修饰处理的示例　图 2-80　采用留白的方式对图片进行修饰处理的示例

总之，当用户对科研论文配图进行修饰时，应该先看整体，找出一眼就能看出的问题；再看细节，寻找细节中的不足；最后再回到整体，直到画面变得完美为止。另外，各种绘图软件是相互协作使用的，用户可以针对不同的需求，选择不同的软件来进行操作。

2

第二篇

软件实战篇

第3章

用 PowerPoint 绘制简单科研图形

在很多科研论文中，插图和动画都是通过 PowerPoint 来制作的。PowerPoint 具有强大的图形绘制功能，不仅作图速度快，而且还有超强的作图插件和动画功能，基本可以媲美 AI 和 CorelDraw，甚至还可以取代 3ds Max 或 C4D 等软件。本章主要向读者介绍使用 PowerPoint 绘制简单科研图形的操作方法。

➢ 绘制案例1：WB 电泳图
➢ 绘制案例2：免疫组化放大效果
➢ 绘制案例3：DNA 三维结构图

3.1 ╱ 绘制案例1：WB电泳图

在生命科学实验中，Western Blot（简称WB，蛋白质印迹法）电泳图是一种非常常见的结果图片，用于检测细胞或组织提取物中蛋白质的表达水平。不过，很多时候，直接从成像仪中获取的原始WB电泳图会存在不少问题，如条带倾斜或者显示区域多余部分太多等。本节主要介绍使用PPT处理WB电泳图的操作方法，来帮助大家获得一张符合SCI（Science Citation Index，科学引文索引）论文发表要求的图片，最终效果如图3-1所示。

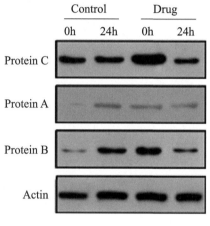

扫码看教学视频

图 3-1　WB 电泳图

3.1.1　调出水平和垂直参考线

下面主要利用PPT的"参考线"功能，在画面中调出水平参考线和垂直参考线，以便裁剪素材图片时进行角度矫正，具体操作方法如下。

🔘**步骤01**　在 PowerPoint 中，新建一个空白演示文稿，如图3-2所示。

🔘**步骤02**　在"设计"面板中，❶单击"自定义"选项板中的"幻灯片大小"按钮；❷在弹出的列表框中选择"自定义幻灯片大小"选项，如图3-3所示。

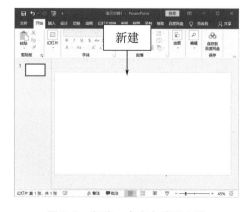

图 3-2　新建一个空白演示文稿

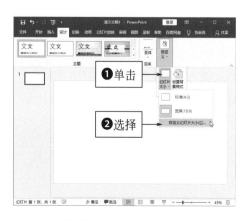

图 3-3　选择"自定义幻灯片大小"选项

步骤03 弹出"幻灯片大小"对话框，设置"宽度"为"8.6厘米"、"高度"为"10厘米"，如图3-4所示。

步骤04 单击"确定"按钮，弹出信息提示框，单击"确保适合"按钮，如图3-5所示。

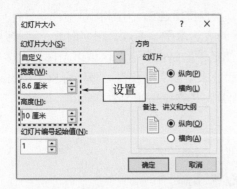

图 3-4 设置"幻灯片大小"参数

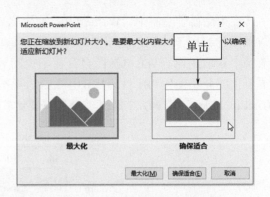

图 3-5 单击"确保适合"按钮

步骤05 执行操作后，即可调整幻灯片的大小，如图3-6所示。

步骤06 在"插入"面板中，❶单击"图像"选项板中的"图片"按钮；❷在弹出的列表框中选择"此设备"选项，如图3-7所示。

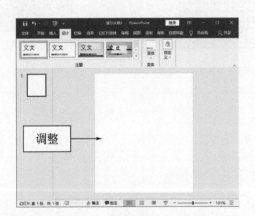

图 3-6 调整幻灯片的大小

图 3-7 选择"此设备"选项

步骤07 弹出"插入图片"对话框，选择相应的图片素材，如图3-8所示。

步骤08 单击"插入"按钮，即可将图片插入到幻灯片中，如图3-9所示。

步骤09 选择所有图片，适当等比例缩小，如图3-10所示。

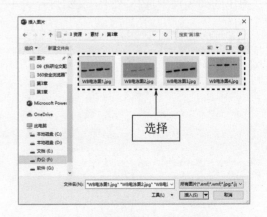

图 3-8 选择相应的图片素材

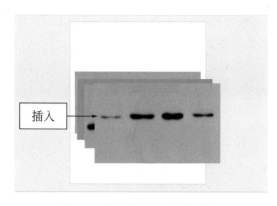

图 3-9　将图片插入到幻灯片中　　　　　　图 3-10　等比例缩小图片

步骤10　在编辑区中，适当调整各图片的位置，如图 3-11 所示。

步骤11　在空白位置处单击鼠标右键，在弹出的快捷菜单中选择"网格和参考线"|"参考线"选项，如图 3-12 所示。

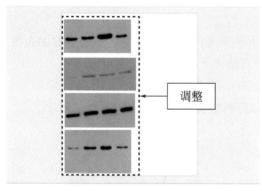

图 3-11　调整各图片的位置　　　　　　图 3-12　选择"参考线"选项

步骤12　执行操作后，即可调出水平参考线和垂直参考线，如图 3-13 所示。

步骤13　按住【Ctrl】键的同时，按住水平参考线并拖曳，如图 3-14 所示。

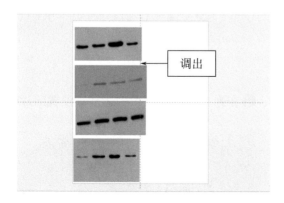
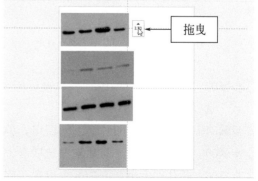

图 3-13　调出水平参考线和垂直参考线　　　　图 3-14　拖曳水平参考线

步骤14 执行操作后，即可在相应位置生成一条新的水平参考线，如图3-15所示。

步骤15 使用相同的操作方法，调出其他的水平参考线，如图3-16所示。

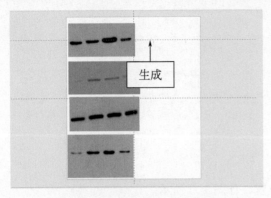 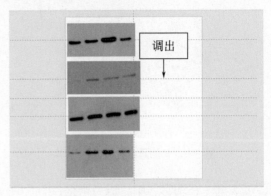

图 3-15　生成一条新的水平参考线　　　　图 3-16　调出其他的水平参考线

3.1.2　用参考线矫正图片的角度

调出水平参考线和垂直参考线后，可先以水平参考线为基准，对电泳图素材的角度进行调整，使其中的电泳条带保持水平，具体操作方法如下。

步骤01 在编辑区中，选择相应的图片，如图3-17所示。

步骤02 按住图片上方的旋转图标并拖曳，即可调整图片的角度，如图3-18所示。

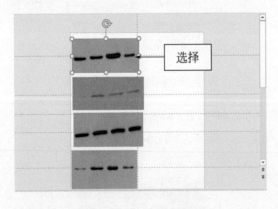 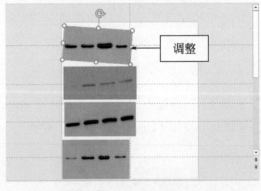

图 3-17　选择相应的图片　　　　　　　图 3-18　调整图片的角度

步骤03 ❶选择相应的图片，单击鼠标右键；❷在弹出的快捷菜单中选择"设置图片格式"选项，如图3-19所示。

步骤04 弹出"设置图片格式"窗口，单击"大小与属性"按钮，如图3-20所示。

步骤05 切换至"大小与属性"选项卡，选择"大小"选项，如图3-21所示。

步骤06 展开"大小"选项区，设置"旋转"为"6°"，如图3-22所示。

步骤07 使用相同的操作方法，调整其他图片的旋转角度，如图3-23所示。

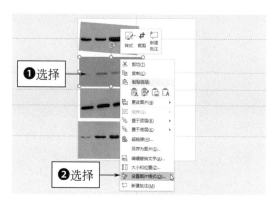

图 3-19　选择"设置图片格式"选项

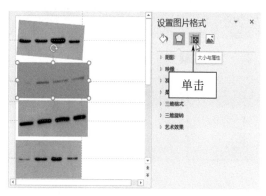

图 3-20　单击"大小与属性"按钮

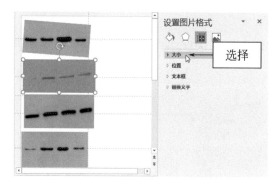

图 3-21　选择"大小"选项

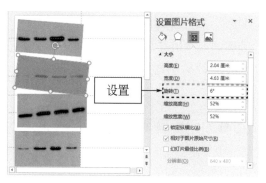

图 3-22　设置"旋转"参数

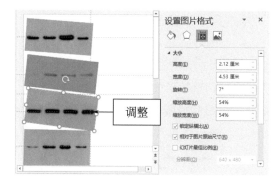

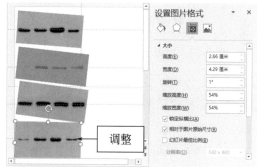

图 3-23　调整其他图片的旋转角度

3.1.3　利用"相交"功能裁剪图片

下面主要利用 PPT 的"相交"合并形状功能，对图片素材进行适当裁剪，从而选取所需要的区域进行展现，具体操作方法如下。

步骤01　在"插入"面板中，❶单击"插图"选项板中的"形状"按钮；❷在弹出的列表框中选择"矩形"形状□，如图 3-24 所示。

步骤02　在幻灯片中插入一个合适大小的矩形形状，如图 3-25 所示。

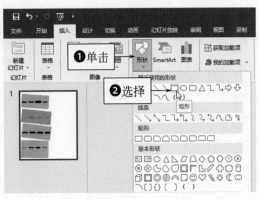

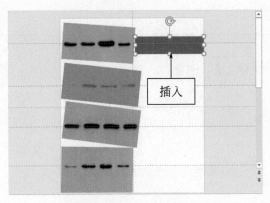

图 3-24 选择"矩形"形状　　　　　　　　图 3-25 插入矩形形状

（步骤03）❶选择矩形形状，单击鼠标右键；❷在弹出的快捷菜单中选择"设置形状格式"选项，如图3-26所示。

（步骤04）弹出"设置形状格式"窗口，在"填充"选项区中选中"无填充"单选按钮，如图3-27所示。

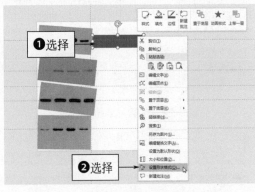

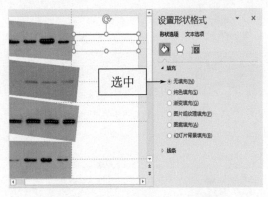

图 3-26 选择"设置形状格式"选项　　　　图 3-27 选中"无填充"单选按钮

（步骤05）将矩形形状拖曳至图片上，并根据条带适当调整矩形的大小，如图3-28所示。

（步骤06）复制矩形形状，将其拖曳至其他图片上，如图3-29所示。

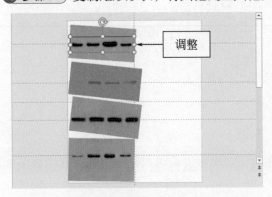

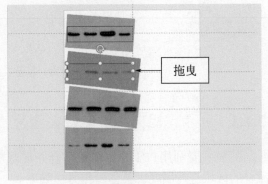

图 3-28 调整矩形的大小　　　　　　　　图 3-29 复制矩形形状

（步骤07）适当调整图片的大小，使条带刚好位于矩形框中，如图3-30所示。

（步骤08）使用相同的操作方法，继续复制矩形形状，并适当调整其位置和各图片素材的大小，如图3-31所示。

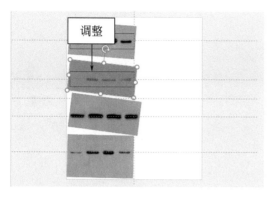

图 3-30 调整图片的大小

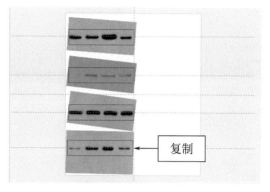

图 3-31 复制多个矩形形状

步骤09 在编辑区中，选择相应的图片，如图3-32所示。

步骤10 按住【Shift】键的同时，单击图片上方的矩形形状边框，同时选中图片和矩形框，如图3-33所示。

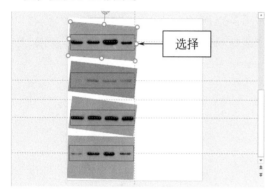

图 3-32 选择相应的图片

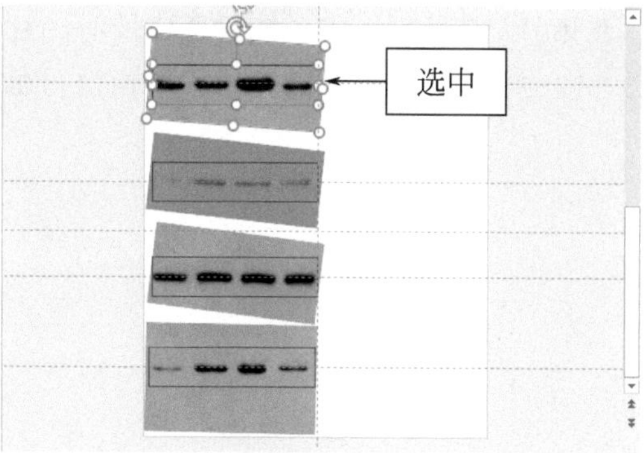

图 3-33 同时选中图片和矩形框

步骤11 在"绘图工具-形状格式"面板的"插入形状"选项板中，❶单击"合并形状"按钮；❷在弹出的列表框中选择"相交"选项，如图3-34所示。

步骤12 执行操作后，即可裁剪图片，如图3-35所示。

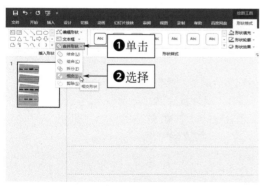

图 3-34 选择"相交"选项

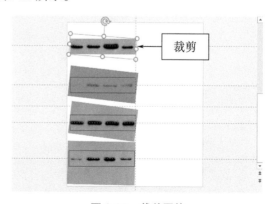

图 3-35 裁剪图片

步骤13 使用相同的操作方法，裁剪其他图片，如图3-36所示。

步骤14 在编辑区中，适当调整各图片的位置，如图3-37所示。

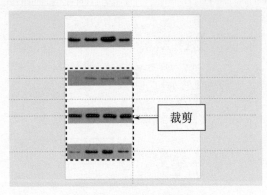

图 3-36 裁剪其他图片

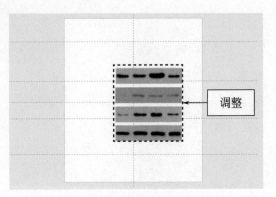

图 3-37 调整各图片的位置

3.1.4 转换图片格式并进行排版操作

下面对图片进行排版和添加描边等操作，让图片版式更加规整，具体操作方法如下。

步骤01 在编辑区中，同时选中所有图片，如图3-38所示。

步骤02 调出"设置图片格式"窗口，单击"填充与线条"按钮，如图3-39所示。

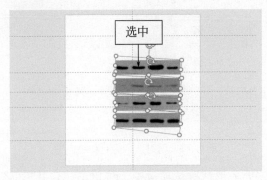

图 3-38 同时选中所有图片

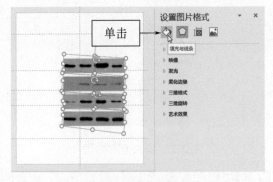

图 3-39 单击"填充与线条"按钮

步骤03 切换至"填充与线条"选项卡，选择"线条"选项，如图3-40所示。

步骤04 展开"线条"选项区，选中"实线"单选按钮，如图3-41所示。

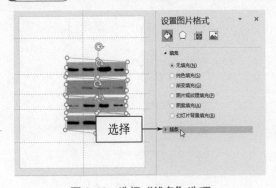

图 3-40 选择"线条"选项

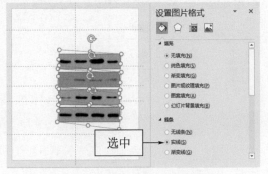

图 3-41 选中"实线"单选按钮

步骤05 ❶单击"颜色"右侧的"轮廓颜色"按钮；❷在弹出的调色板中选择"黑色，

文字 1"选项，如图 3-42 所示。

步骤 06　在"线条"选项区中，设置"宽度"为"1.5 磅"，如图 3-43 所示。

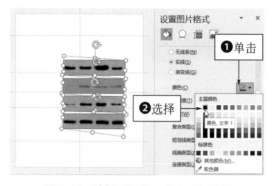

图 3-42　选择"黑色，文字 1"选项

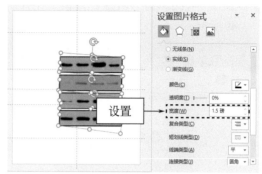

图 3-43　设置"宽度"参数

步骤 07　❶选择相应图片，单击鼠标右键；❷在弹出的快捷菜单中选择"剪切"选项，如图 3-44 所示。

步骤 08　剪切图片后，再次在空白位置处单击鼠标右键，在弹出的快捷菜单中选择"粘贴选项-图片"选项，如图 3-45 所示。

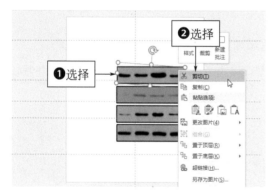

图 3-44　选择"剪切"选项

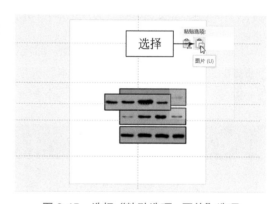

图 3-45　选择"粘贴选项 - 图片"选项

步骤 09　执行操作后，即可将形状转换为图片格式，如图 3-46 所示。

步骤 10　使用相同的操作方法，将其他形状转换为图片格式，如图 3-47 所示。

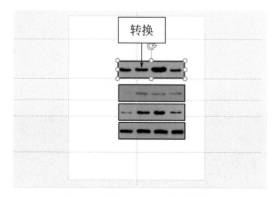

图 3-46　将形状转换为图片格式

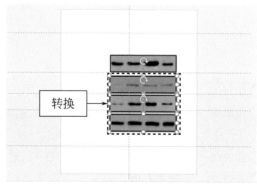

图 3-47　将其他形状转换为图片格式

步骤11 同时选中所有图片，在"图片工具-图片格式"面板的"排列"选项板中，❶单击"对齐"按钮；❷在弹出的列表框中选择"左对齐"选项，如图3-48所示。

步骤12 再次单击"对齐"按钮，在弹出的列表框中选择"纵向分布"选项，效果如图3-49所示。

图 3-48　选择"左对齐"选项

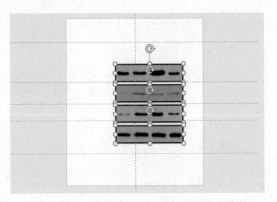

图 3-49　纵向分布图片效果

3.1.5　利用"文本框"功能添加标注

下面利用PPT的"文本框"功能，给电泳图添加文字标注，具体操作方法如下。

步骤01 在"插入"面板的"文本"选项板中，单击"文本框"按钮，如图3-50所示。

步骤02 在相应图片的左侧插入一个文本框，如图3-51所示。

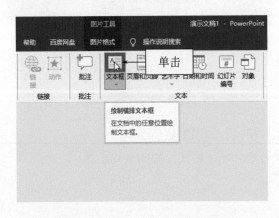

图 3-50　单击"文本框"按钮

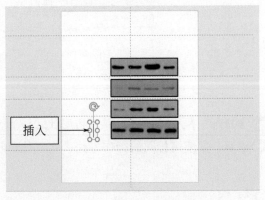

图 3-51　插入一个文本框

步骤03 在文本框中，输入相应的文字内容，如图3-52所示。

步骤04 在"开始"面板的"字体"选项板中，设置"字体"为"Times New Roman"、"字号"为"10.5"，如图3-53所示。

步骤05 执行操作后，即可改变文字的效果，如图3-54所示。

步骤06 复制文本框，修改其中的文字内容，并适当调整其位置，如图3-55所示。

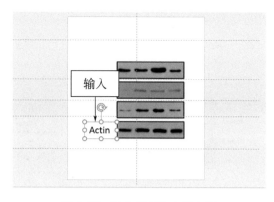

图 3-52　输入相应的文字内容

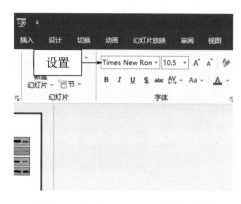

图 3-53　设置"字体"和"字号"参数

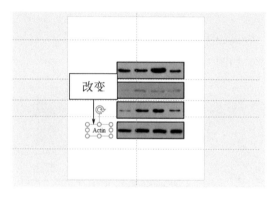

图 3-54　改变文字的效果

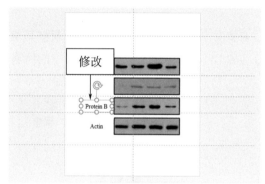

图 3-55　复制文本框并修改内容

步骤07 使用相同的操作方法，复制多个文本框，修改文字内容并适当调整其位置，如图 3-56 所示。

步骤08 在"插入"面板中，❶单击"插图"选项板中的"形状"按钮；❷在弹出的列表框中选择"直线"形状＼，如图 3-57 所示。

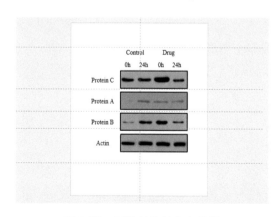

图 3-56　制作其他的文字效果

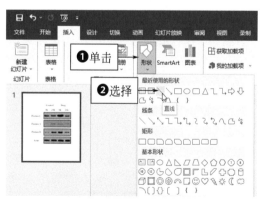

图 3-57　选择"直线"形状

步骤09 隐藏参考线，在相应位置处绘制一条直线形状，如图 3-58 所示。

步骤10 调出"设置形状格式"窗口，设置"颜色"为"黑色，文字1"、"宽度"为

"1.5磅",如图3-59所示。

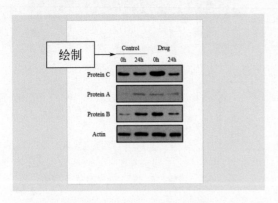

图 3-58　绘制一条直线形状　　　　　　图 3-59　设置"直线"形状格式

步骤11 复制直线形状,并适当调整其位置,效果如图3-60所示。

步骤12 在编辑区中,框选页面中的所有元素,如图3-61所示。

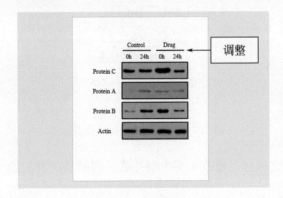

图 3-60　复制直线形状　　　　　　图 3-61　框选页面中的所有元素

步骤13 全选所有元素后,单击鼠标右键,在弹出的快捷菜单中选择"组合"|"组合"选项,如图3-62所示。

步骤14 执行操作后,即可将所选元素组合成一个图形,如图3-63所示。

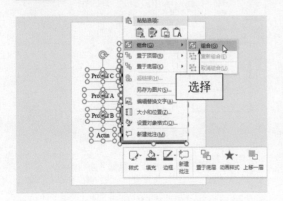
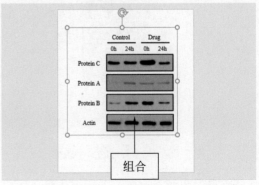

图 3-62　选择"组合"选项　　　　　　图 3-63　组合成一个图形

步骤15　在"图片工具-图片格式"面板的"排列"选项板中，❶单击"对齐"按钮；❷在弹出的列表框中依次选择"水平居中"选项和"垂直居中"选项，如图3-64所示。

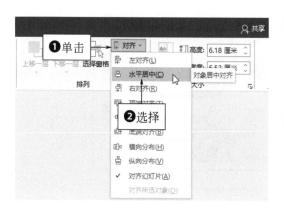

图 3-64　选择"水平居中"选项和"垂直居中"选项

步骤16　执行操作后，即可将图形排列到画布的正中央，效果如图3-65所示。

步骤17　适当调整幻灯片的大小（"宽度"和"高度"均为"7厘米"），使图形在画布中的比例更大一些，效果如图3-66所示。

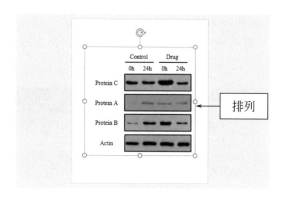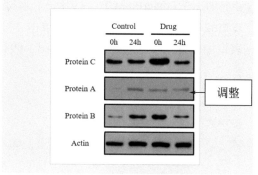

图 3-65　图形排列效果　　　　　　　　图 3-66　调整幻灯片的大小

3.2 ／绘制案例2：免疫组化放大效果

本节主要介绍使用PPT来制作免疫组化放大效果的操作方法，首先，在免疫组化的大视野图中对某个角落进行特写拍摄；然后，通过镜头拉近来展现这个重要的区域；最后，将大视野的全景图和小视野的局部特写图放到一起，形成画中画的效果，如图3-67所示。

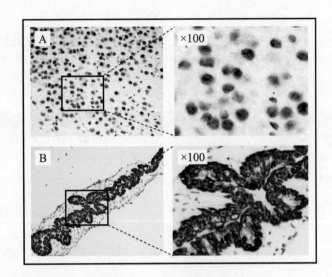

图 3-67　免疫组化放大效果

3.2.1　有大小视野两张图的放大效果

第一种情况是手头上有两张免疫组化图片，分别为大视野和小视野，大视野图片中看到的细胞数目很多，小视野图片则是大视野图片的局部特写，此时只需要找到小视野图在大视野图中所在的区域，并用PPT将其标记出来即可，具体的操作方法如下。

步骤01　在 PowerPoint 中，打开一个素材文件，如图 3-68 所示。

步骤02　在"插入"面板中，❶单击"插图"选项板中的"形状"按钮；❷在弹出的列表框中选择"矩形"形状□，如图 3-69 所示。

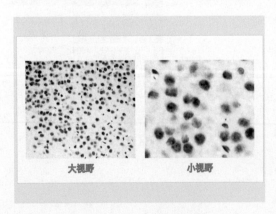

图 3-68　打开一个素材文件

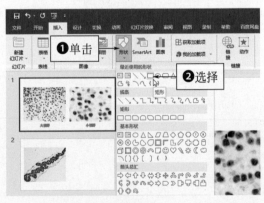

图 3-69　选择"矩形"形状

步骤03　在小视野图上绘制一个矩形形状，其大小与小视野图一致，如图 3-70 所示。

步骤04　将矩形形状调整到画面右侧的空白位置上，如图 3-71 所示。

步骤05　❶选择小视野图，单击鼠标右键；❷在弹出的快捷菜单中选择"剪切"选项，如图 3-72 所示。

步骤06　执行操作后，即可剪切小视野图，如图 3-73 所示。

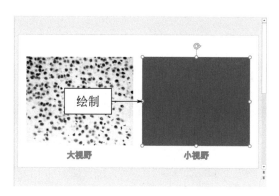

图 3-70　绘制一个矩形形状

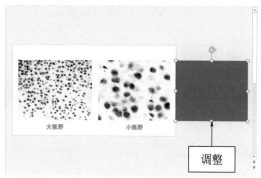

图 3-71　调整矩形形状的位置

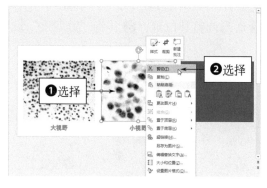

图 3-72　选择"剪切"选项

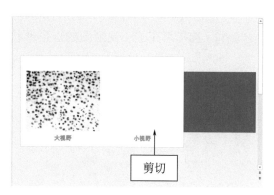

图 3-73　剪切小视野图

步骤07　将矩形形状调整到原小视野图所在的位置处，如图3-74所示。

步骤08　❶选择矩形形状，单击鼠标右键；❷在弹出的快捷菜单中选择"设置形状格式"选项，如图3-75所示。

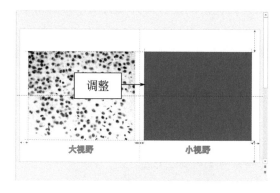

图 3-74　调整矩形形状的位置

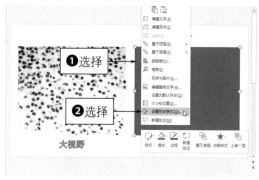

图 3-75　选择"设置形状格式"选项

步骤09　调出"设置形状格式"窗口，在"填充"选项区中选中"图片或纹理填充"单选按钮，如图3-76所示。

步骤10　执行操作后，窗口名称会变为"设置图片格式"，❶单击"剪贴板"按钮；❷将剪切的图片粘贴到矩形形状内部，如图3-77所示。

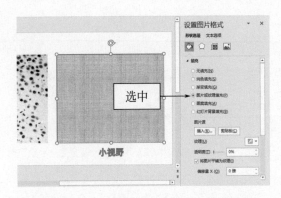

图 3-76 选中"图片或纹理填充"单选按钮

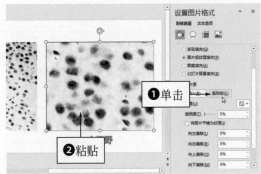

图 3-77 粘贴剪切的图片

步骤11 按【Ctrl＋V】组合键，再次将剪贴板中的图片粘贴到幻灯片中，如图3-78所示。

步骤12 选择填充了小视野图的矩形形状，❶适当调整其位置；❷并将"透明度"设置为"60%"，如图3-79所示。

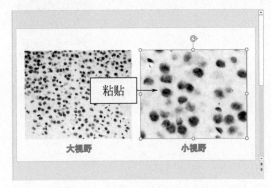

图 3-78 粘贴剪贴板中的图片

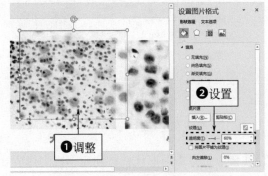

图 3-79 设置"透明度"参数

步骤13 适当缩小填充了小视野图的矩形形状并调整其位置，在大视野图中找到所对应的区域，如图3-80所示。

步骤14 调出"设置形状格式"窗口，在"填充"选项区中选中"无填充"单选按钮，如图3-81所示。

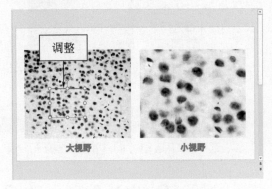

图 3-80 调整矩形形状的位置

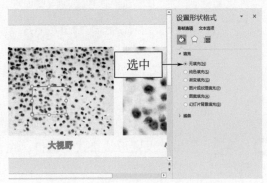

图 3-81 选中"无填充"单选按钮

步骤15 在"线条"选项区中，选中"实线"单选按钮，如图3-82所示。

步骤16 ❶单击"颜色"右侧的"轮廓颜色"按钮 ，❷在弹出的调色板中选择"黑色，文字1"选项，如图3-83所示。

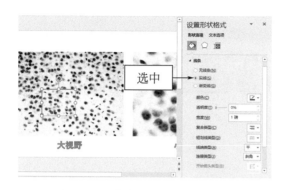

图 3-82 选中"实线"单选按钮

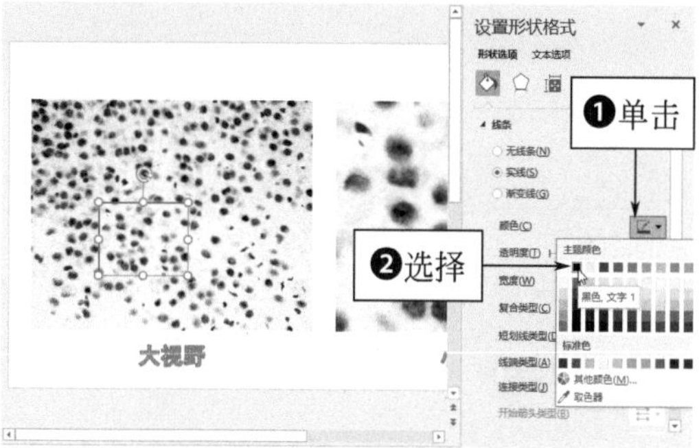

图 3-83 选择"黑色，文字 1"选项

步骤17 在"线条"选项区中，设置"宽度"为"2磅"，如图3-84所示。

步骤18 在"插入"面板中，❶单击"插图"选项板中的"形状"按钮，❷在弹出的列表框中选择"直线"形状 ，如图3-85所示。

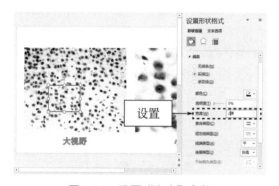
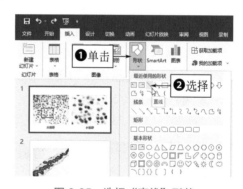

图 3-84 设置"宽度"参数

图 3-85 选择"直线"形状

步骤19 绘制一条直线形状，用来连接两张图，如图3-86所示。

步骤20 调出"设置形状格式"窗口，在"线条"选项区中设置"颜色"为"黑色，文字1"、"宽度"为"1磅"，如图3-87所示。

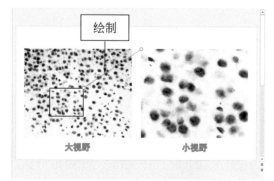
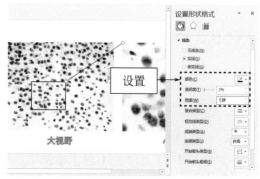

图 3-86 绘制一条直线形状

图 3-87 设置"颜色"和"宽度"参数

步骤21 使用相同的操作方法，绘制另一条直线形状，如图3-88所示。

步骤22 选择上面的直线，在"开始"面板的"剪贴板"选项板中单击"格式刷"按钮，单击下面的直线，即可复制格式，效果如图3-89所示。

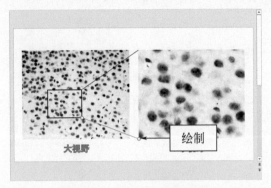

图 3-88 绘制另一条直线形状

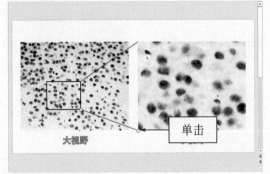

图 3-89 复制直线格式效果

3.2.2 只有一张免疫组化图的放大效果

第二种情况是手头上只有一张免疫组化图，但其中的某个区域非常重要，此时可以使用PPT截取这个局部区域并放大展示出来，前提是这张图本身的分辨率足够大，否则放大后的效果会比较模糊，质量也比较差。

下面介绍制作只有一张免疫组化图放大效果的具体操作方法。

步骤01 在PowerPoint中，切换至第二个幻灯片页面，如图3-90所示。

步骤02 ❶绘制一个矩形形状；❷在"绘图工具-形状格式"面板的"大小"选项板中设置"高度"▯为"3.15厘米"、"宽度"▭为"4厘米"，如图3-91所示。

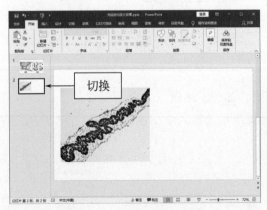

图 3-90 切换至第二个页面

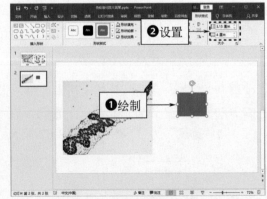

图 3-91 绘制一个矩形形状

专家指点

在PowerPoint中，通常会进行很多重复的操作，不过在执行了一个操作后，只要按下【Ctrl + D】组合键即可重复这个操作。例如，首先绘制一个矩形形状，接下来只要按【Ctrl + D】组合键，就可以重复插入多个矩形形状。

步骤03 调出"设置形状格式"窗口，在"填充"选项区中选中"无填充"单选按钮，如图3-92所示。

步骤04 将矩形形状拖曳至图中需要放大展示的位置处，如图3-93所示。

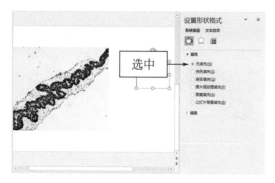

图3-92 选中"无填充"单选按钮

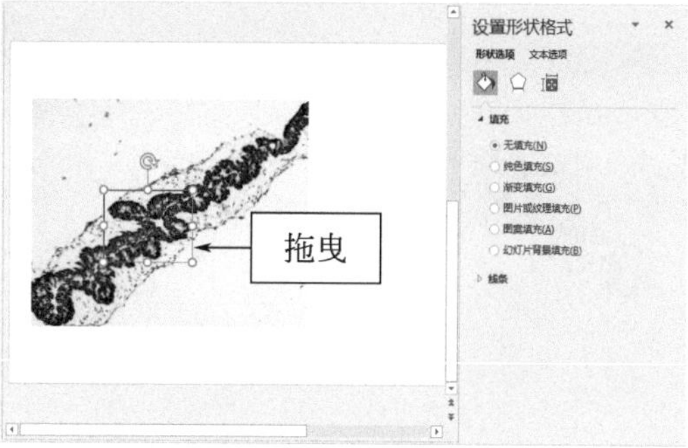

图3-93 拖曳矩形形状

步骤05 在"线条"选项区中，设置"颜色"为"黑色，文字1"、"宽度"为"2磅"，效果如图3-94所示。

步骤06 同时选中矩形形状和图片，按【Ctrl＋C】复制所选的元素，如图3-95所示。

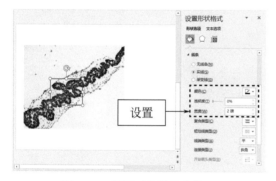

图3-94 设置形状的线条效果

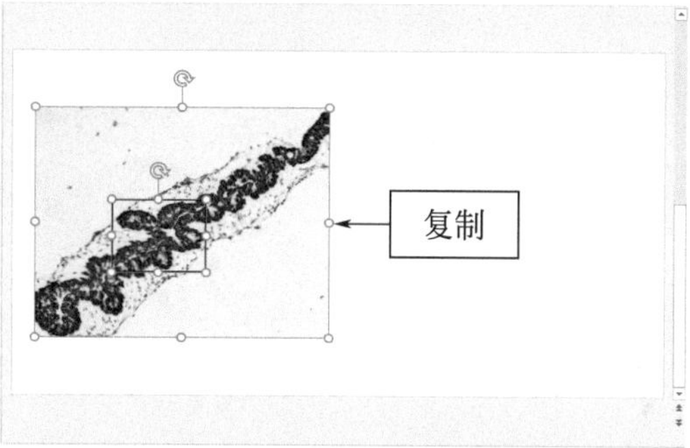

图3-95 复制矩形形状和图片

步骤07 按【Ctrl＋V】粘贴所选的元素，并适当调整其位置，如图3-96所示。

步骤08 在"绘图工具-形状格式"面板的"插入形状"选项板中，❶单击"合并形状"按钮；❷在弹出的列表框中选择"相交"选项，如图3-97所示。

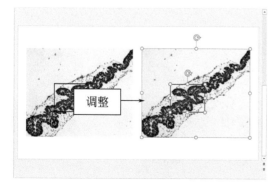
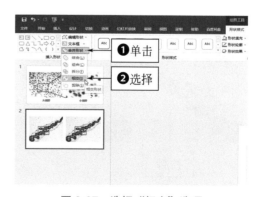

图3-96 粘贴所选的元素

图3-97 选择"相交"选项

步骤09 执行操作后，即可裁剪所复制的图片，如图3-98所示。

步骤10 放大局部特写图片，并适当调整其位置，如图3-99所示。

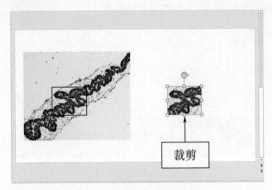

图 3-98 裁剪所复制的图片

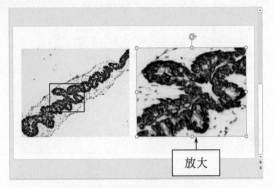

图 3-99 放大局部特写图片

步骤11 绘制一条直线形状，用来连接两张图，如图3-100所示。

步骤12 调出"设置形状格式"窗口，在"线条"选项区中设置"颜色"为"黑色，文字1"、"宽度"为"1磅"，效果如图3-101所示。

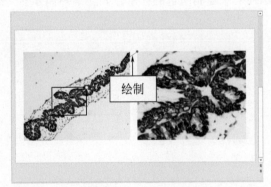

图 3-100 绘制一条直线形状

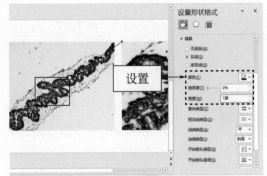

图 3-101 设置直线形状的样式效果

步骤13 使用相同的操作方法，绘制另一条直线形状，如图3-102所示。

步骤14 选择上面的直线，在"开始"面板的"剪贴板"选项板中单击"格式刷"按钮，单击下面的直线，即可复制格式，效果如图3-103所示。

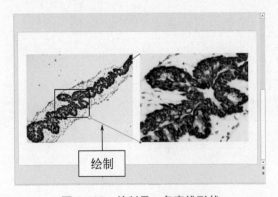

图 3-102 绘制另一条直线形状

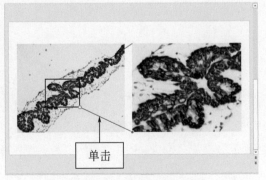

图 3-103 复制直线格式效果

3.2.3　对图片进行组图排版与添加标注

下面将做好的两张图片进行组图操作，同时对图片进行排版和添加标注，使其满足科研论文的配图需求，具体操作方法如下。

步骤01 在 PowerPoint 中，切换至第一个幻灯片页面，如图 3-104 所示。

步骤02 ❶ 选择页面中的相应图形和图片元素，单击鼠标右键；❷ 在弹出的快捷菜单中选择"组合"|"组合"选项，如图 3-105 所示。

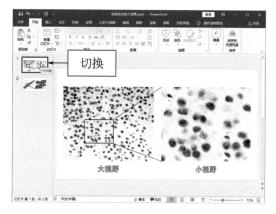

图 3-104　切换至第一个幻灯片页面　　　　图 3-105　选择"组合"选项

步骤03 执行操作后，即可将所选的元素组合为一个图形，效果如图 3-106 所示。

步骤04 在"插入"面板的"幻灯片"选项板中，❶ 单击"新建幻灯片"按钮；❷ 在弹出的列表框中选择"Office 主题"下的"空白"选项，如图 3-107 所示。

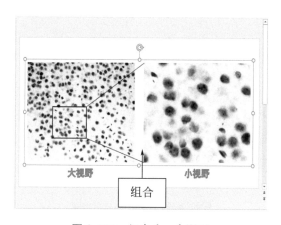

图 3-106　组合为一个图形

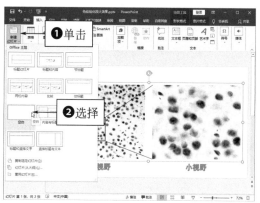

图 3-107　选择"空白"选项

专家指点

如果 PPT 中的图片比较多，移动时容易让版面变得混乱，此时用户可以将多个对象组合成一张图片，这样进行移动操作时更为方便快捷。在编辑区中选择多个图片对象，按【Ctrl + G】组合键，即可组合选择的多个图片对象。

步骤05 执行操作后，即可新建一个空白的幻灯片页面，效果如图3-108所示。

步骤06 在导航窗口中拖曳新建的空白幻灯片，将其调整到最后一页，如图3-109所示。

图3-108 新建空白幻灯片   图3-109 调整空白幻灯片的位置

步骤07 在第一个幻灯片页面中，复制组合后的图形，并将其粘贴到新建的空白幻灯片中，如图3-110所示。

步骤08 适当缩小图形，并调整其位置，如图3-111所示。

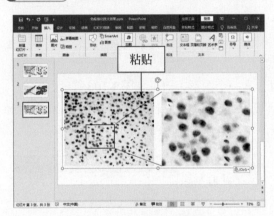 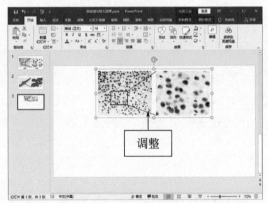

图3-110 粘贴组合后的图形   图3-111 缩小图形并调整位置

步骤09 使用相同的操作方法，将第二个幻灯片中的图片和图形进行组合，并复制到最后一个幻灯片中，适当调整其大小和位置，如图3-112所示。

步骤10 绘制一个合适大小的矩形形状，并将其调整到页面的最中间，如图3-113所示。

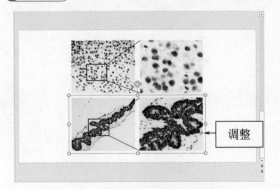 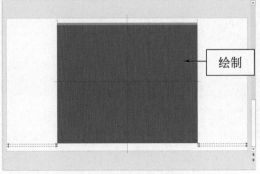

图3-112 调整相应图形的大小和位置   图3-113 绘制矩形形状

步骤11 调出"设置形状格式"窗口，在"填充"选项区中选中"无填充"单选按钮，如图3-114所示。

步骤12 在"线条"选项区中，设置"颜色"为"黑色，文字1"、"宽度"为2磅，如图3-115所示。

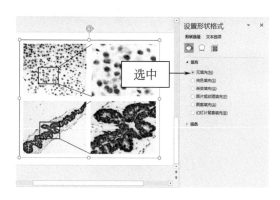

图 3-114　选中"无填充"单选按钮

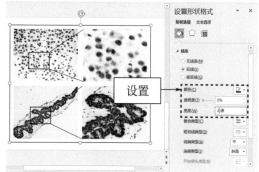

图 3-115　设置矩形形状的线条样式效果

步骤13 在编辑区中，选择一条直线，如图3-116所示。

步骤14 按住【Ctrl】键的同时单击其他直线形状，选择所有的直线，如图3-117所示。

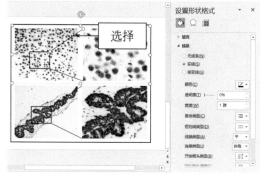

图 3-116　选择一条直线

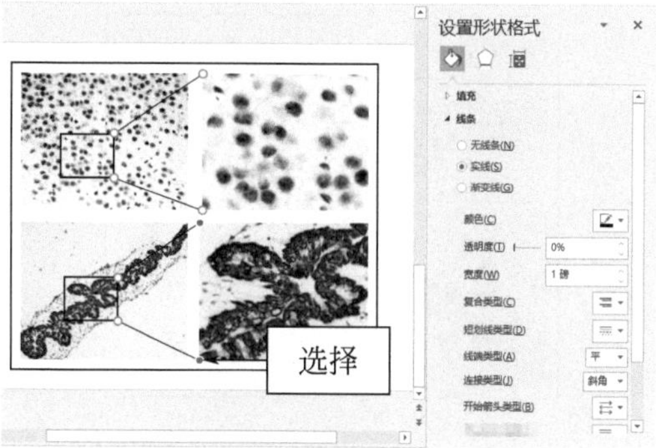

图 3-117　选择所有的直线

步骤15 在"短划线类型"列表框中选择"短划线"选项，如图3-118所示。

步骤16 执行操作后，即可将直线改为虚线样式，效果如图3-119所示。

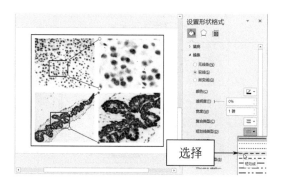

图 3-118　选择"短划线"选项

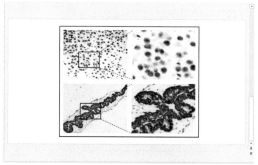

图 3-119　将直线改为虚线样式

步骤17 在相应图片的左上角插入一个文本框，如图3-120所示。

步骤18 在文本框中输入相应的文字内容，如图3-121所示。

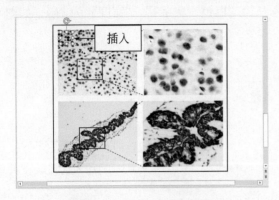

图 3-120　插入一个文本框　　　　　　图 3-121　输入相应的文字内容

步骤19 在"开始"面板的"字体"选项板中，设置"字体"为"Times New Roman"、"字号"为"12"，改变文字的效果，如图3-122所示。

步骤20 调出"设置形状格式"窗口，在"填充"选项区中选中"纯色填充"单选按钮，如图3-123所示。

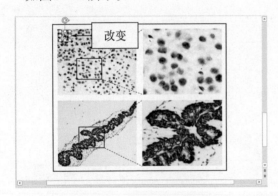
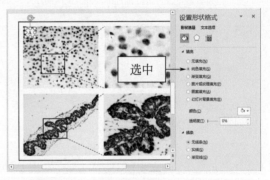

图 3-122　改变文字的效果　　　　　　图 3-123　选中"纯色填充"单选按钮

步骤21 复制文本框，适当调整其位置，并修改其中的文字内容，如图3-124所示。

步骤22 使用相同的操作方法，制作其他的文字标注效果，如图3-125所示。

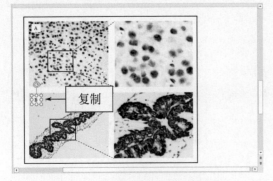
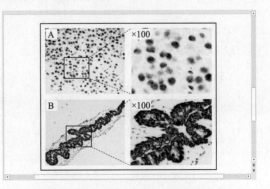

图 3-124　复制文本框并修改内容　　　　图 3-125　制作其他的文字标注效果

3.3 ╱ 绘制案例3：DNA三维结构图

DNA（DeoxyriboNucleic Acid）通常指脱氧核糖核酸，是生物细胞内含有的4种生物大分子之一——核酸的一种。DNA携带着合成RNA（RiboNucleic Acid，核糖核酸）和蛋白质所必需的遗传信息，是生物体发育和正常运作必不可少的生物大分子。本节主要介绍使用PPT来绘制DNA三维结构图的操作方法，最终效果如图3-126所示。

图 3-126　DNA 三维结构图

扫码看教学视频

3.3.1　利用编辑形状顶点绘制柳叶图形

在设计PPT时，有很多设置形状格式的方法，但对于"编辑形状顶点"的操作，可能很多人都不太熟悉。通过编辑形状顶点，我们可以根据自己的想法或者需要，来任意调整形状，使其变成一个全新的形状样式，该操作在设计图形时常常被用到。下面主要利用PPT的"编辑形状顶点"功能来绘制一个柳叶图形，具体操作方法如下。

◯ 步骤01 在PowerPoint中，新建一个空白演示文稿，如图3-127所示。

◯ 步骤02 在编辑区中的空白位置处单击鼠标右键，在弹出的快捷菜单中选择"网格和参考线"|"网格线"选项，如图3-128所示。

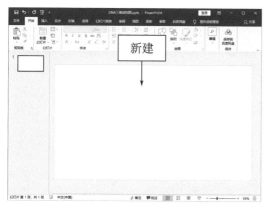

图 3-127　新建一个空白演示文稿

图 3-128　选择"网格线"选项

◯ 步骤03 执行操作后，即可显示网格线，如图3-129所示。

◯ 步骤04 在"插入"面板中，❶单击"插图"选项板中的"形状"按钮；❷在弹出的列表框中选择"任意多边形：形状"形状 ⌂，如图3-130所示。

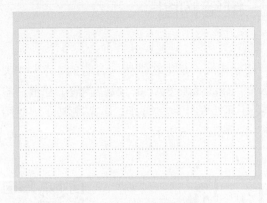

图 3-129 显示网格线

图 3-130 选择"任意多边形：形状"形状

步骤05 以网格线为基准，绘制一条比较对称的线条形状，如图3-131所示。

步骤06 在线条形状上单击鼠标右键，在弹出的快捷菜单中选择"编辑顶点"选项，如图3-132所示。

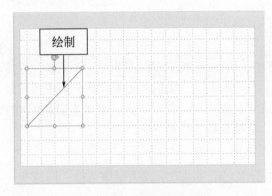

图 3-131 绘制线条形状

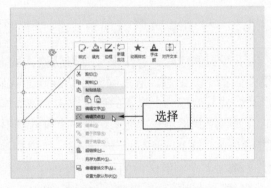

图 3-132 选择"编辑顶点"选项

步骤07 执行操作后，进入顶点编辑模式，效果如图3-133所示。

步骤08 ❶选择任意一个顶点，单击鼠标右键；❷在弹出的快捷菜单中选择"关闭路径"选项，如图3-134所示。

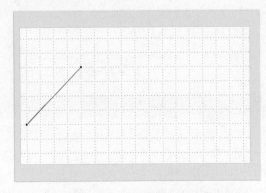

图 3-133 进入顶点编辑模式

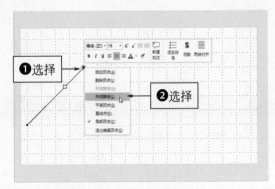

图 3-134 选择"关闭路径"选项

步骤09 执行操作后，顶点处出现了两个控制柄，拖曳控制柄可以用来调整路径的形状，如图 3-135 所示。

步骤10 在编辑区中，绘制一条直线，如图 3-136 所示。

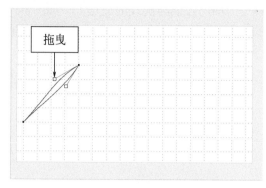

图 3-135　调整路径的形状

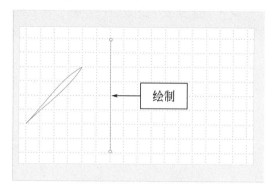

图 3-136　绘制一条直线

步骤11 调出"设置形状格式"窗口，设置线条的"颜色"为"橙色"、"短划线类型"为"短划线"，使直线变成虚线形态，效果如图 3-137 所示。

步骤12 切换至"大小与属性"选项卡，在"大小"选项区中设置"旋转"为"-45°"，如图 3-138 所示。

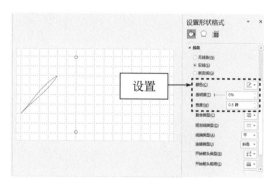

图 3-137　修改直线形状的样式

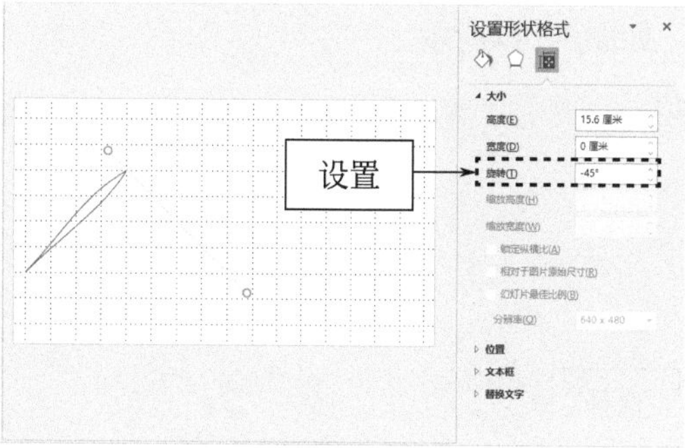

图 3-138　设置"旋转"参数

步骤13 将虚线调整到网格线形成的方格的对角线上，如图 3-139 所示。

步骤14 复制虚线，并将其调整到下方网格线方格的对角线上，如图 3-140 所示。

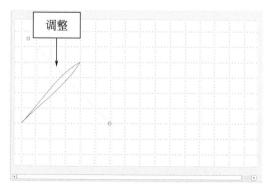

图 3-139　调整虚线形状的位置

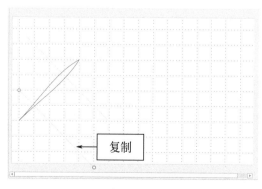

图 3-140　复制虚线并调整位置

步骤15 返回顶点编辑模式，拖曳顶点上方的控制柄，使其刚好位于虚线与网格线的交点上，如图3-141所示。

步骤16 拖曳顶点下方的控制柄，使其刚好位于上面的弧线与虚线的交点上，如图3-142所示。

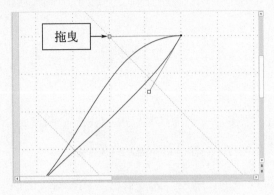

图 3-141　拖曳顶点上方的控制柄　　　　图 3-142　拖曳顶点下方的控制柄

步骤17 在编辑区中，选择下方的顶点，如图3-143所示。

步骤18 使用相同的操作方法，调整两个控制柄的位置，使图形形成斜线对称的效果，如图3-144所示。

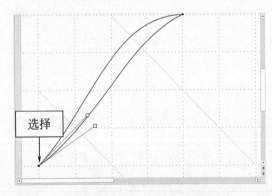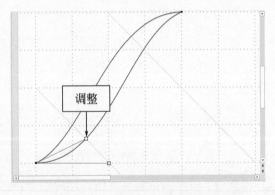

图 3-143　选择下方的顶点　　　　　　　图 3-144　调整两个控制柄的位置

3.3.2 利用水平翻转功能绘制双链结构

DNA分子是一种双螺旋结构，由两条主链交替连接而成，下面介绍具体的绘制方法。

步骤01 在编辑区中，复制一个柳叶图形，如图3-145所示。

步骤02 在"绘图工具-形状格式"面板的"排列"选项板中，❶单击"旋转"按钮；❷在弹出的列表框中选择"水平翻转"选项，如图3-146所示。

步骤03 执行操作后，即可水平翻转所复制的图形，并调整图形位置，如图3-147所示。

步骤04 在编辑区中，同时选中两个柳叶图形，如图3-148所示。

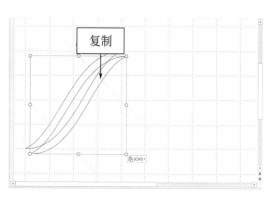

图 3-145　复制一个柳叶图形

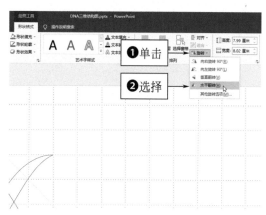

图 3-146　选择"水平翻转"选项

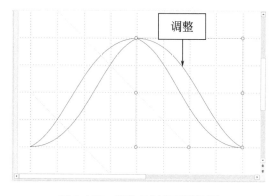

图 3-147　调整复制的图形位置

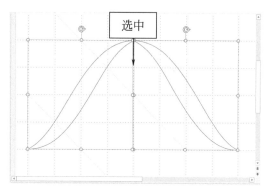

图 3-148　同时选中两个柳叶图形

步骤05 按【Ctrl + G】组合键，将所选图形进行组合，如图 3-149 所示。

步骤06 复制组合的图形，并错开两个网格调整其位置，如图 3-150 所示。

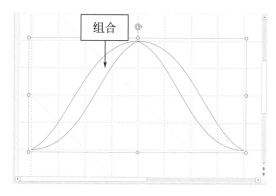

图 3-149　组合所选图形

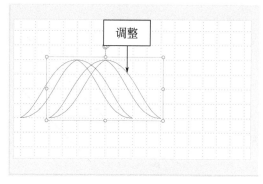

图 3-150　复制并调整图形位置

步骤07 同时选中两个图形，再次进行复制和调整位置操作，形成两条 DNA 链图形，如图 3-151 所示。

步骤08 在编辑区中，选择其中的一条 DNA 链图形，如图 3-152 所示。

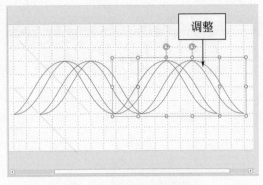

图 3-151　复制和调整图形　　　　图 3-152　选择一条 DNA 链图形

🔵 **步骤09** 调出"设置形状格式"窗口，在"填充"选项区中选中"纯色填充"单选按钮，如图 3-153 所示。

🔵 **步骤10** ❶单击"颜色"右侧的"填充颜色"按钮 🎨；❷在弹出的调色板中选择"绿色，个性色 6"选项，如图 3-154 所示。

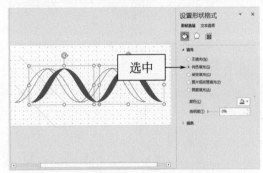

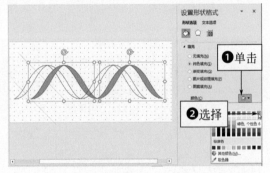

图 3-153　选中"纯色填充"单选按钮　　　　图 3-154　选择"绿色，个性色 6"选项

🔵 **步骤11** 在编辑区中，选择另外一条 DNA 链图形，如图 3-155 所示。

🔵 **步骤12** 在"设置形状格式"窗口的"填充"选项区中，设置"颜色"为"浅蓝"，效果如图 3-156 所示。

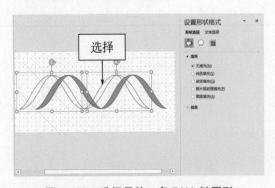

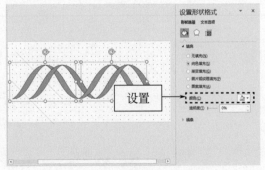

图 3-155　选择另外一条 DNA 链图形　　　　图 3-156　设置"颜色"选项

🔵 **步骤13** 在编辑区中，全选所有图形，如图 3-157 所示。

🔵 **步骤14** 在"设置形状格式"窗口的"线条"选项区中，选中"无线条"单选按钮，如

图 3-158 所示。

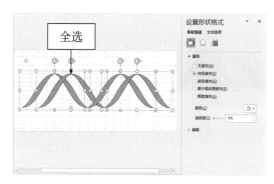

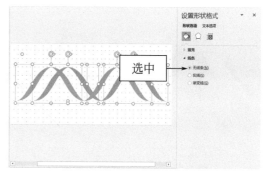

图 3-157　全选所有图形 　　　　　　　　图 3-158　选中"无线条"单选按钮

步骤15 ❶选择相应的组合图形，单击鼠标右键；❷在弹出的快捷菜单中选择"置于顶层"|"置于顶层"选项，如图 3-159 所示。

步骤16 执行操作后，即可将该图形置于顶层显示，这样更符合曲线进行折叠的视觉感，然后删除多余的辅助线，效果如图 3-160 所示。

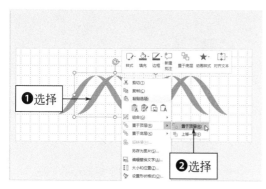

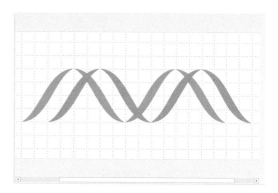

图 3-159　选择"置于顶层"选项 　　　　　图 3-160　将相应图形置于顶层显示

3.3.3　利用矩形形状绘制碱基对图形

碱基位于 DNA 螺旋结构的内侧，以垂直于螺旋轴的方向将糖苷键与主链糖连接在一起。在同一平面中，处于两条主链间的碱基会形成碱基对，下面介绍这种图形的具体绘制方法。

步骤01 在编辑区中，绘制一个矩形形状，如图 3-161 所示。

步骤02 调出"设置形状格式"窗口，设置"颜色"为"深红"，如图 3-162 所示。

专家指点

　　　　PPT 中有一个非常实用的调色小工具——取色器，其功能与常见的平面软件（如 PS、AI、CDR 等）的吸管工具类似，能够快速吸取任意图片上的颜色。在编辑区中选择需要调整颜色的图片，切换至"格式"面板，在"调整"选项板中，单击"颜色"按钮，选择"其他变体"|"取色器"选项，将取色器工具移至图片上的相应位置并单击，即可快速获取目标位置的色相，同时改变整个图片的主色调。

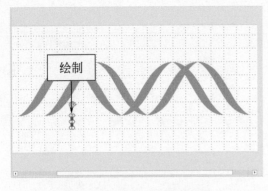

图 3-161　绘制一个矩形形状

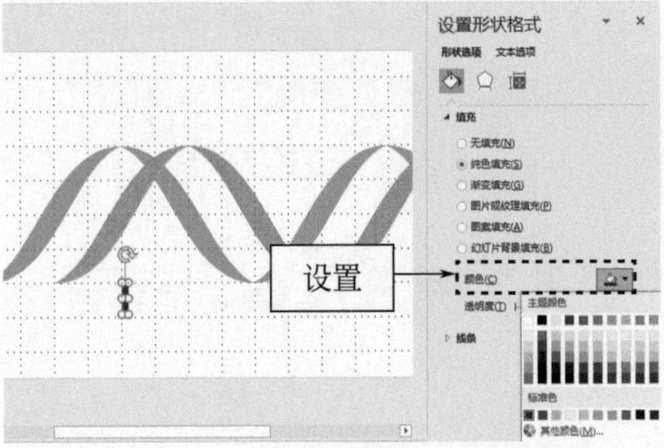

图 3-162　设置矩形形状的颜色

步骤03 ❶复制矩形形状并适当调整其位置；❷在"设置形状格式"窗口中设置"颜色"为"绿色"，如图3-163所示。

步骤04 同时选中两个矩形形状，按【Ctrl＋G】组合键进行组合，如图3-164所示。

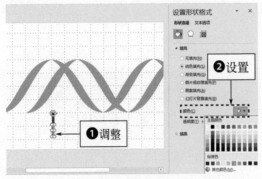

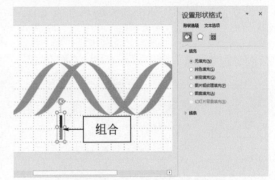

图 3-163　复制矩形形状

图 3-164　组合两个矩形形状

步骤05 复制组合后的图形，并适当调整位置，如图3-165所示。

步骤06 在"绘图工具-形状格式"面板的"排列"选项板中，❶单击"旋转"按钮；❷在弹出的列表框中选择"垂直翻转"选项，如图3-166所示。

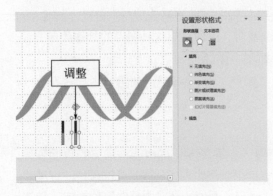

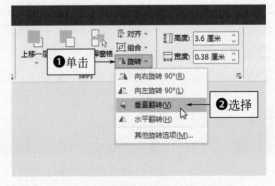

图 3-165　复制组合后的图形

图 3-166　选择"垂直翻转"选项

步骤07 执行操作后，即可垂直翻转图形，如图3-167所示。

步骤08 使用相同的方法，再次复制该组合图形，并将"颜色"分别设置为"橙色"和"紫色"，效果如图 3-168 所示。

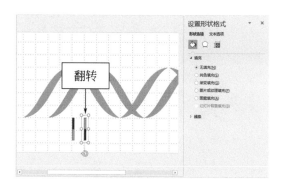

图 3-167　垂直翻转图形

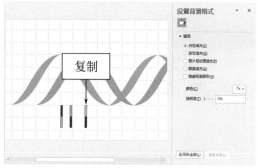

图 3-168　复制组合图形并修改颜色

步骤09 复制修改颜色后的组合图形，并进行垂直翻转处理，效果如图 3-169 所示。

步骤10 将 4 个组合图形分别拖曳至 DNA 双链中的相应位置处，效果如图 3-170 所示。

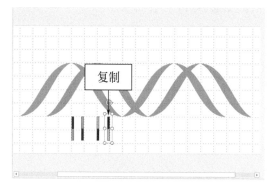

图 3-169　复制并垂直翻转图形

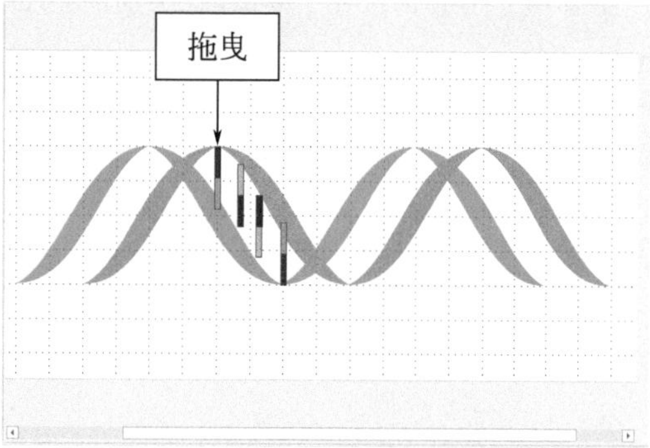

图 3-170　拖曳 4 个组合图形

步骤11 在编辑区中，同时选中 4 个组合图形，如图 3-171 所示。

步骤12 在"绘图工具-形状格式"面板的"排列"选项板中，❶单击"对齐"按钮；❷在弹出的列表框中选择"横向分布"选项，如图 3-172 所示。

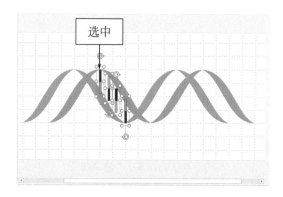

图 3-171　选中 4 个组合图形

图 3-172　选择"横向分布"选项

步骤13 执行操作后，即可对图形进行排列，效果如图3-173所示。

步骤14 复制碱基对图形，并适当调整其位置，如图3-174所示。

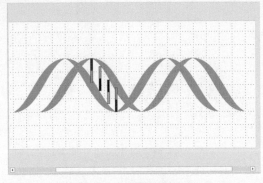

图 3-173 对图形进行排列　　　　　图 3-174 复制碱基对图形

步骤15 使用相同的操作方法，多次复制碱基对图形，并适当调整其顺序和位置，效果如图3-175所示。

步骤16 在编辑区中，同时选中所有的DNA双链图形，如图3-176所示。

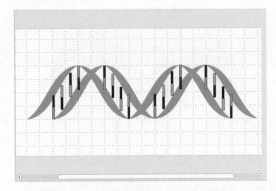
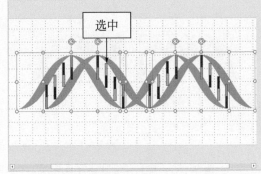

图 3-175 多次复制并调整图形效果　　　　图 3-176 选中所有的 DNA 双链图形

步骤17 单击鼠标右键，在弹出的快捷菜单中选择"组合"|"取消组合"选项，如图3-177所示。

步骤18 取消组合后，❶选择相应的柳叶图形，单击鼠标右键；❷在弹出的快捷菜单中选择"置于顶层"|"置于顶层"选项，如图3-178所示。

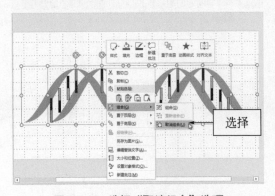
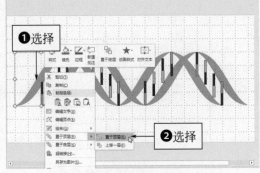

图 3-177 选择"取消组合"选项　　　　图 3-178 选择"置于顶层"选项

步骤19 执行操作后，即可将该柳叶图形置于顶层显示，如图3-179所示。

步骤20 使用相同的操作方法，对其他图形的排列顺序进行适当调整，效果如图3-180所示。

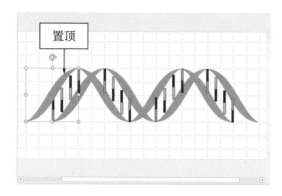

图 3-179　将柳叶图形置于顶层显示

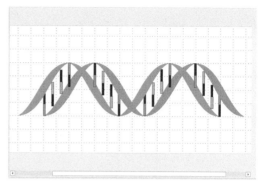

图 3-180　调整其他图形的排列顺序效果

第4章

用 Photoshop 制作科研图像

Photoshop 作为目前最热门的制图软件之一，被广泛应用于图像处理、平面设计、插图创作、网站设计、卡通设计、影视包装等诸多领域，同时在科研绘图中也有很大的作用，能够制作和处理各种科研论文配图。本章主要向读者介绍使用 Photoshop 制作科研图像的操作方法。

本章
重点

➢ 绘制案例1：辐射警告标志
➢ 绘制案例2：电镜图伪彩上色
➢ 绘制案例3：科研海报

4.1 ／ 绘制案例1：辐射警告标志

辐射警告标志是一种三叶形的符号标志，用于引起人们对电离辐射危险因素的注意。本节主要介绍使用Photoshop绘制辐射警告标志的操作方法，最终效果如图4-1所示。

扫码看教学视频

图 4-1　辐射警告标志

4.1.1　新建图像文件并创建参考线

在Photoshop中不仅可以编辑一个现有的科研图像，还可以新建一个空白文件，然后进行各种编辑操作。下面介绍新建图像文件并创建参考线的具体操作方法。

步骤01　启动 Photoshop软件，在欢迎界面中单击"新建"按钮，如图4-2所示。

步骤02　弹出"新建文档"对话框，设置"名称"为"辐射警告标志"、"宽度"为"500"像素、"高度"为"500"像素、"分辨率"为"300"像素/英寸、"颜色模式"为"RGB颜色"、"背景内容"为"白色"，如图4-3所示。

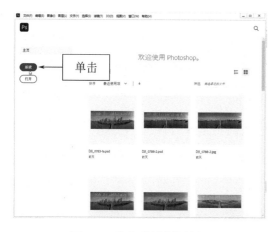

图 4-2　单击"新建"按钮

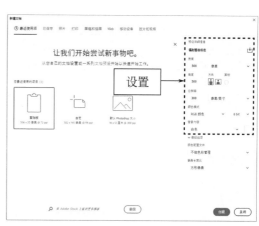

图 4-3　设置相应选项

步骤03　单击"创建"按钮，即可创建空白图像文件，如图4-4所示。

步骤04　在菜单栏中，单击"视图"|"标尺"命令，如图4-5所示。

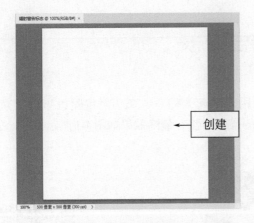

图4-4　创建空白图像文件

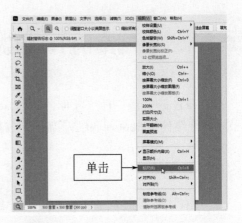

图4-5　单击"标尺"命令

步骤05 执行操作后，即可显示标尺，如图4-6所示。

步骤06 使用鼠标按住水平标尺并向下拖曳，创建一条水平参考线，如图4-7所示。

图4-6　显示标尺

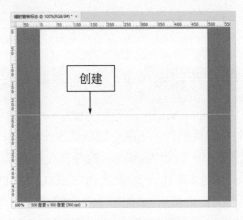

图4-7　创建水平参考线

步骤07 使用鼠标按住垂直标尺并向右拖曳，创建一条垂直参考线，如图4-8所示。

步骤08 按【Ctrl＋R】组合键，隐藏标尺，如图4-9所示。

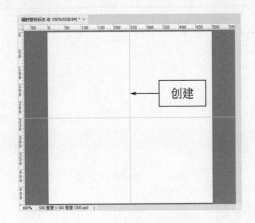

图4-8　创建垂直参考线

图4-9　隐藏标尺

4.1.2　使用椭圆工具绘制主体效果

使用椭圆工具 ◯ 可以绘制椭圆或正圆形状的图形。下面主要介绍使用椭圆工具 ◯ 来绘制辐射警告标志主体效果的具体操作方法。

🔵 **步骤01** 选取工具箱中的椭圆工具 ◯，如图4-10所示。

🔵 **步骤02** 在工具属性栏中，❶单击"选择工具模式"按钮；❷在弹出的列表框中选择"形状"选项，如图4-11所示。

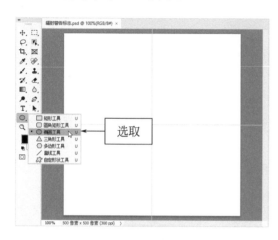

图4-10　选取椭圆工具

图4-11　选择"形状"选项

🔵 **步骤03** ❶单击"设置形状填充类型"按钮 ■；❷在弹出的面板中单击"拾色器"按钮 □，如图4-12所示。

🔵 **步骤04** 弹出"拾色器（填充颜色）"对话框，❶将RGB参数值均设置为"118"；❷单击"确定"按钮，如图4-13所示。

图4-12　单击"拾色器"按钮

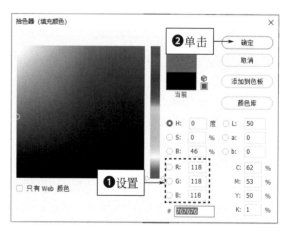

图4-13　设置填充颜色参数

🔵 **步骤05** ❶单击"设置形状描边类型"按钮 ◣；❷在弹出的面板中单击"无颜色"按钮 ◻，如图4-14所示。

🔵 **步骤06** 在图像编辑窗口中，单击水平参考线和垂直参考线的交点，如图4-15所示。

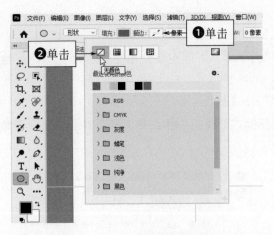

图 4-14　单击"无颜色"按钮

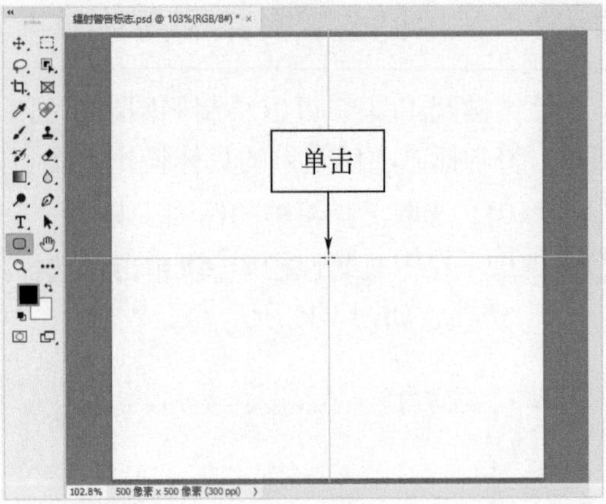

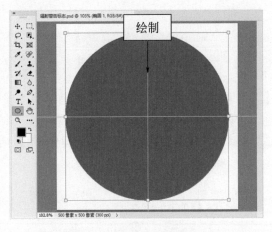

图 4-15　单击两根参考线的交点

步骤07　弹出"创建椭圆"对话框，❶设置"宽度"和"高度"均为"450"像素；❷选中"从中心"复选框，如图4-16所示。

步骤08　单击"确定"按钮，即可绘制一个正圆形状，如图4-17所示。

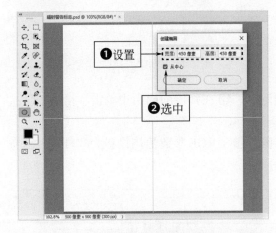

图 4-16　选中"从中心"复选框

图 4-17　绘制一个正圆形状

步骤09　在"图层"面板中，使用鼠标左键按住"椭圆1"图层，并将其拖曳至"创建新图层"按钮⊞上，如图4-18所示。

步骤10　执行操作后即可复制图层，得到"椭圆1拷贝"图层，如图4-19所示。

图 4-18　拖曳"椭圆1"图层

图 4-19　复制图层

步骤 11 在图像编辑窗口中，适当调整复制的椭圆形状的大小，如图 4-20 所示。

步骤 12 在工具属性栏中，设置"填充"为黄色（RGB 参数值分别为"255、255、50"），效果如图 4-21 所示。

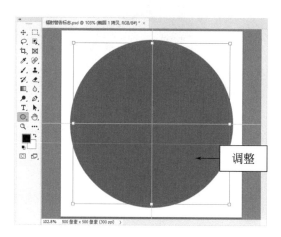

图 4-20　调整复制的椭圆形状的大小

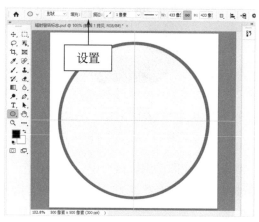

图 4-21　设置形状的填充颜色效果

4.1.3　利用布尔运算功能组合形状

在 Photoshop 中绘制形状或路径的过程中，经常会用到 4 种布尔运算选项，分别为"合并形状""减去顶层形状""与形状区域相交"以及"排除重叠形状"，对形状进行组合，从而得到各种特殊的形状效果。下面介绍使用布尔运算组合形状的操作方法。

步骤 01 复制一个椭圆形状，适当调整其大小，如图 4-22 所示。

步骤 02 在工具属性栏中，设置"填充"为黑色（RGB 参数值均为"0"），效果如图 4-23 所示。

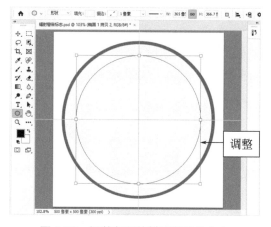

图 4-22　调整复制的椭圆形状的大小

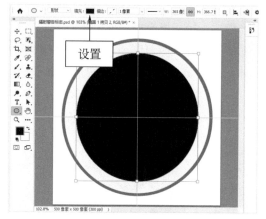

图 4-23　设置形状的填充颜色效果

步骤 03 选取工具箱中的椭圆工具 ◯ ，按住【Alt】键的同时，在图像编辑窗口的中心处绘制一个正圆，即可剪切椭圆形状，绘制出一个圆环，效果如图 4-24 所示。

步骤 04 选取工具箱中的三角形工具 △ ，如图 4-25 所示。

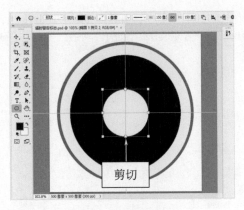

图 4-24　剪切椭圆形状

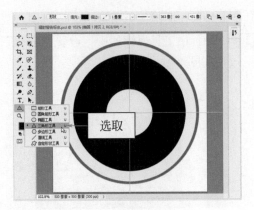

图 4-25　选取三角形工具

步骤05 在图像编辑窗口中，绘制一个三角形形状，如图4-26所示。

步骤06 在三角形形状上单击鼠标右键，在弹出的快捷菜单中选择"垂直翻转"选项，如图4-27所示。

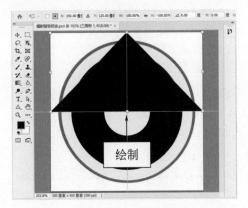

图 4-26　绘制一个三角形形状

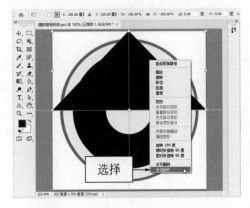

图 4-27　选择"垂直翻转"选项

步骤07 执行操作后，即可垂直翻转三角形形状，如图4-28所示。

步骤08 在"图层"面板中，❶同时选中"椭圆1拷贝2"图层和"三角形1"图层，单击鼠标右键；❷在弹出的快捷菜单中选择"合并形状"选项，如图4-29所示。

图 4-28　垂直翻转三角形形状

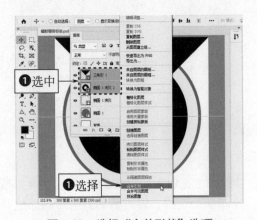

图 4-29　选择"合并形状"选项

步骤09 执行操作后，即可合并形状图层，如图4-30所示。

步骤10 选取工具箱中的路径选择工具 ▶，如图4-31所示。

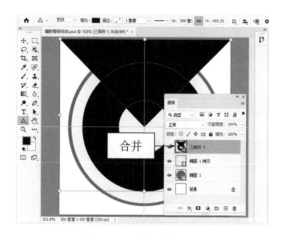

图 4-30　合并形状图层　　　　　　　　　图 4-31　选取路径选择工具

步骤11 按住【Shift】键的同时单击圆环形状和三角形形状，❶同时选中这两个形状；❷在工具属性栏的"路径操作"列表框中选择"与形状区域相交"选项，如图4-32所示。

步骤12 执行操作后，即可组合成一个扇形形状，效果如图4-33所示。

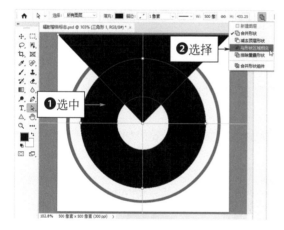
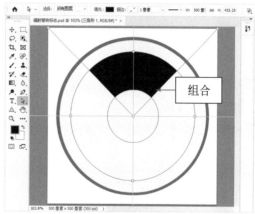

图 4-32　选择"与形状区域相交"选项　　　　图 4-33　组合成一个扇形形状

专家指点

"路径操作"列表框中各种运算功能的含义如下：

● "合并形状"功能：在原路径区域的基础上合并新的路径区域。

● "减去顶层形状"功能：在原路径区域的基础上减去新的路径区域。

● "与形状区域相交"功能：新路径区域与原路径区域交叉区域为最终路径区域。

● "排除重叠形状"功能：原路径区域与新路径区域不相交的区域为最终路径区域。

步骤13 复制一个扇形形状，适当调整其位置和角度，效果如图4-34所示。

步骤14 再次复制一个扇形形状，适当调整其位置和角度，效果如图4-35所示。

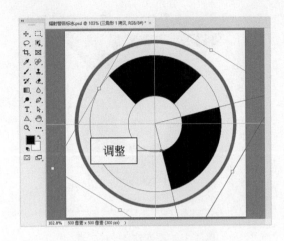

图4-34 复制并调整扇形形状

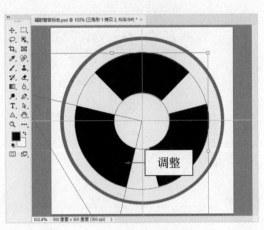

图4-35 再次复制并调整扇形形状

专家指点

在Photoshop中提供了两种用于选择路径的工具，如果在编辑过程中要选择整条路径，可以使用路径选择工具 ▶；如果只需要选择路径中的某一个锚点，则可以使用直接选择工具 ▷。

步骤15 选取工具箱中的椭圆工具 ○，在图像编辑窗口中间绘制一个黑色的椭圆形状，如图4-36所示。

步骤16 单击"视图"|"显示额外内容"命令，隐藏参考线，效果如图4-37所示。

图4-36 绘制一个黑色的椭圆形状

图4-37 隐藏参考线效果

4.2 / 绘制案例 2: 电镜图伪彩上色

那些优秀的电镜图通常集科学性和艺术性于一身，不仅能够很好地阐明论文的原理内容，而且还可以用于文章 TOC（Table Of Contents，目录）或期刊封面等场景。本节主要介绍使用 Photoshop 给电镜图伪彩上色的操作方法，最终效果如图 4-38 所示。

扫码看教学视频

图 4-38 电镜图伪彩上色

4.2.1 使用"照片滤镜"命令进行单色伪彩处理

伪彩色处理（Pseudocoloring）是指根据一定的准则给灰度值赋予彩色值的处理。在科研绘图中，对图像进行伪彩色处理能够更好地显示相关的数据信息。下面介绍单色伪彩处理的具体操作方法。

步骤 01 在菜单栏中，单击"文件"|"打开"命令，如图 4-39 所示。

步骤 02 弹出"打开"对话框，选择相应的素材图片，如图 4-40 所示。

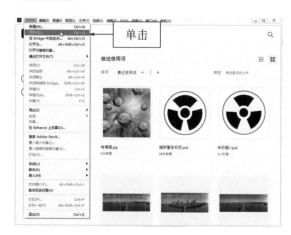
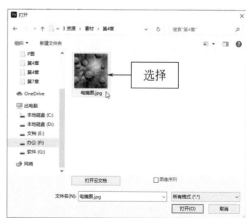

图 4-39 单击"打开"命令 　　　　　　图 4-40 选择相应的素材图片

新建文件或者对打开的文件进行编辑后，应及时地保存图像文件，以免因各种原因导致文件丢失。单击"文件"|"存储为"命令，弹出"另存为"对话框，设置"文件名""保存类型"以及相应的保存位置，单击"保存"按钮，弹出信息提示框，单击"确定"按钮，即可完成图像文件的保存操作。

步骤03 单击"打开"按钮，即可打开素材图片，如图4-41所示。

步骤04 在菜单栏中，单击"图像"|"模式"|"RGB颜色"命令，转换图像为RGB颜色模式，如图4-42所示。

图4-41　打开素材图片

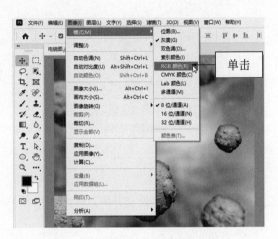

图4-42　单击"RGB颜色"命令

RGB颜色模式是目前应用最广泛的颜色模式之一，该模式由3个颜色通道组成，即红、绿、蓝。用RGB模式处理图像比较方便，且文件存储较小。

RGB模式为彩色图像中每个像素的RGB分量指定了一个介于0（黑色）到255（白色）之间的强度值。当这3个参数值相等时，得到的颜色为中性灰色；当所有参数值均为255时，得到的颜色为纯白色；当所有参数值均为0时，得到的颜色为纯黑色。

步骤05 在菜单栏中，单击"图层"|"复制图层"命令，如图4-43所示。

步骤06 弹出"复制图层"对话框，保持默认设置即可，单击"确定"按钮，如图4-44所示。

步骤07 执行操作后，即可复制"背景"图层，得到"背景 拷贝"图层，如图4-45所示。

步骤08 在菜单栏中，单击"图像"|"调整"|"照片滤镜"命令，如图4-46所示。

图 4-43 单击"复制图层"命令

图 4-44 单击"确定"按钮

图 4-45 复制得到"背景 拷贝"图层

图 4-46 单击"照片滤镜"命令

专家指点

"照片滤镜"命令可以模仿镜头前面加彩色滤镜的效果，以便对通过镜头传输的色彩平衡和色温进行调整。该命令还允许选择预设的颜色，以便调整图像应用色相。

步骤 09 弹出"照片滤镜"对话框，在"滤镜"列表框中选择"蓝色"选项，如图 4-47 所示。

步骤 10 设置"密度"为"50%"，单击"确定"按钮，即可制作单色伪彩效果，如图 4-48 所示。

步骤 11 展开"图层"面板，按【Ctrl + J】组合键复制图层，得到"背景拷贝 2"图层，如图 4-49 所示。

步骤 12 单击"图像"|"调整"|"照片滤镜"命令，弹出"照片滤镜"对话框，在"滤镜"列表框中选择"Cooling Filter（80）"选项，如图 4-50 所示。

图 4-47　选择"蓝色"选项

图 4-48　制作单色伪彩效果

图 4-49　复制图层

图 4-50　选择"Cooling Filter（80）"选项

专家指点

　　在Photoshop中，图像都是基于图层来进行处理的，图层就像是图像的层次，我们可以将一幅作品分解成多个元素，对每一个元素都以图层的方式进行管理。"图层"面板是进行图层编辑操作时必不可少的工具。"图层"面板显示了当前图像的图层信息，从中可以调节图层的叠放顺序、透明度以及混合模式等参数。

步骤13　在"照片滤镜"对话框中，设置"密度"为"25%"，如图4-51所示。

步骤14　单击"确定"按钮，即可加强单色伪彩的显示效果，如图4-52所示。

图 4-51　设置"密度"参数　　　　　　　图 4-52　加强单色伪彩的显示效果

4.2.2　使用不同的填色方法进行多色伪彩处理

下面主要使用各种选区工具在不同的图形上创建选区，并为其填充相应的颜色，制作出多色伪彩效果，具体操作方法如下。

步骤01 展开"图层"面板，按【Ctrl＋Shift＋Alt＋E】组合键盖印图层，得到"图层1"图层，如图 4-53 所示。

步骤02 选取工具箱中的磁性套索工具 ，如图 4-54 所示。

图 4-53　盖印图层　　　　　　　　　　图 4-54　选取磁性套索工具

步骤03 在工具属性栏中设置"羽化"为"0"像素，在相应图形边缘处单击鼠标左键并沿着该图形的边缘移动鼠标，如图 4-55 所示。

步骤04 执行上述操作后，将鼠标移至起始点处，单击鼠标左键，即可创建选区，如图 4-56 所示。

步骤05 ❶选取工具箱中的快速选择工具 ；❷在工具属性栏中单击"添加到选区"按钮 ，如图 4-57 所示。

步骤06 放大图像，将鼠标移至图形中没有被选中的区域，按住鼠标左键并拖曳，即可添加选区，如图 4-58 所示。

图 4-55　移动鼠标

图 4-56　创建选区

图 4-57　单击"添加到选区"按钮

图 4-58　添加选区

步骤07 在选区内部单击鼠标右键，在弹出的快捷菜单中选择"羽化"选项，如图4-59所示。

步骤08 弹出"羽化选区"对话框，设置"羽化半径"为"20"像素，如图4-60所示。

图 4-59　选择"羽化"选项

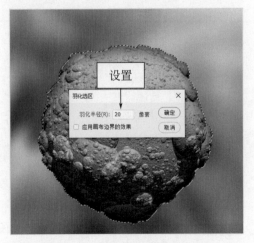

图 4-60　设置"羽化半径"参数

"羽化"命令可对选区进行羽化处理,羽化是通过建立选区和选区周围像素之间的转换边界来模糊边缘的,这种模糊方式将丢失选区边缘的一些图像细节。

步骤 09 单击"确定"按钮,即可羽化选区,效果如图 4-61 所示。

步骤 10 展开"图层"面板,❶单击"创建新图层"按钮回;❷新建一个"图层 2"图层,如图 4-62 所示。

图 4-61 羽化选区

图 4-62 新建"图层 2"图层

除了使用上述方法弹出"羽化选区"对话框外,还有以下两种方法。
● 快捷键:按【Shift + F6】组合键。
● 菜单命令:单击"选择"|"修改"|"羽化"命令。

步骤 11 在工具箱中,单击"设置前景色"色块■,如图 4-63 所示。

步骤 12 执行操作后,弹出"拾色器(前景色)"对话框,设置前景色为玫红色(RBG 参数值分别为"255、0、246"),如图 4-64 所示。

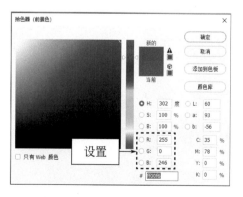

图 4-63 单击"设置前景色"色块

图 4-64 设置前景色为玫红色

步骤13 单击"确定"按钮，按【Alt＋Delete】组合键，为选区填充颜色，效果如图4-65所示。

步骤14 展开"图层"面板，在"设置图层的混合模式"列表框中选择"颜色"选项，如图4-66所示。

图 4-65　为选区填充颜色

图 4-66　选择"颜色"选项

专家指点

混合模式用于控制图层之间像素颜色相互融合的效果，不同的混合模式会得到不同的效果。由于混合模式用于控制上下两个图层在叠加时所显示的总体效果，因此通常为上方的图层选择合适的混合模式。

步骤15 执行操作后，即可为相应图形上色，效果如图4-67所示。

步骤16 按【Ctrl＋D】组合键，取消选区，效果如图4-68所示。

图 4-67　为相应图形上色

图 4-68　取消选区

步骤17 选择"图层1"图层，使用快速选择工具📝在相应图形上创建选区，并羽化
"10"像素，如图4-69所示。

步骤18 展开"图层"面板，❶单击"创建新图层"按钮⊞；❷新建一个"图层3"图层，
如图4-70所示。

图 4-69　创建选区

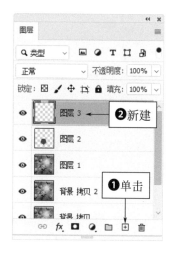

图 4-70　新建"图层 3"图层

步骤19 单击"设置前景色"色块■，弹出"拾色器（前景色）"对话框，设置前景色为
绿色（RBG参数值分别为"0、255、25"），如图4-71所示。

步骤20 单击"确定"按钮，按【Alt＋Delete】组合键，为选区填充颜色并取消选区，
如图4-72所示。

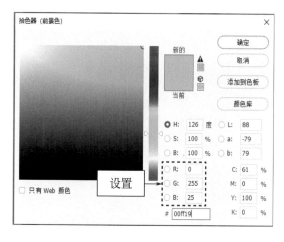

图 4-71　设置前景色为绿色

图 4-72　为选区填充颜色并取消选区

步骤21 展开"图层"面板，设置"图层3"图层的"混合模式"为"叠加"、"不透明
度"为"60%"，如图4-73所示。

步骤22 执行操作后，即可为相应图形上色，效果如图4-74所示。

图 4-73　设置图层属性

图 4-74　为相应图形上色

　　　　"叠加"模式可增强图像的颜色，并保持底层图像的高光和暗调。"颜色"模式可将当前图层的色相与饱和度应用到底层图像中，并保持底层图像的亮度不变。"正片叠底"模式是将图像的原有颜色与混合色进行复合处理，任何颜色与黑色复合产生黑色，与白色复合则保持不变。

步骤23 ❶选择"图层1"图层；❷单击工具箱中的"以快速蒙版模式编辑"按钮 ⊡，如图4-75所示。

步骤24 执行操作后，进入快速蒙版模式，使用黑色的画笔工具 ✐ 涂抹相应图形，如图4-76所示。

图 4-75　单击"以快速蒙版模式编辑"按钮

图 4-76　涂抹相应图形

步骤25 单击工具箱中的"以标准模式编辑"按钮 ▣，即可创建选区，如图4-77所示。

步骤26 在菜单栏中，单击"选择"|"反选"命令，如图4-78所示。

图 4-77　创建选区　　　　　　　　　　图 4-78　单击"反选"命令

步骤27 执行操作后，即可反选选区，并羽化"5"像素，如图 4-79 所示。

步骤28 新建"图层4"图层，设置前景色为黄色（RBG 参数值分别为"255、235、0"），按【Alt + Delete】组合键，为选区填充颜色并取消选区，如图 4-80 所示。

图 4-79　反选并羽化选区　　　　　　　图 4-80　为选区填充颜色并取消选区

专家指点

　　选区具有灵活的操作性，可多次对选区进行编辑操作，以得到满意的选区形状。在 Photoshop 中，当用户取消选区后，还可以利用"重新选择"命令，重选上次放弃的选区，灵活运用"重新选择"命令，能够大大提高工作的效率。

　　另外，在创建选区后，为了防止错误操作而造成选区丢失，或者后面制作其他效果时还需要更改选区，用户可以先将该选区保存起来。单击菜单栏中的"选择"|"存储选区"命令，弹出"存储选区"对话框，在弹出的对话框中设置存储选区的各选项，单击"确定"按钮后即可存储选区。

步骤29 展开"图层"面板，设置"图层4"图层的"混合模式"为"正片叠底"、"不透明度"为"80%"，如图4-81所示。

步骤30 执行操作后，即可为相应图形上色，效果如图4-82所示。

图4-81 设置图层属性

图4-82 为相应图形上色

步骤31 选择"图层1"图层，使用快速选择工具 在相应图形上创建选区并羽化"5"像素，如图4-83所示。

步骤32 新建"图层5"图层，设置前景色为青色（RBG参数值分别为"0、252、255"），按【Alt＋Delete】组合键，为选区填充颜色并取消选区，如图4-84所示。

图4-83 创建并羽化选区

图4-84 为选区填充颜色并取消选区

专家指点

在Photoshop中，使用"变换选区"命令可以直接改变选区的形状，而不改变选区中的内容。单击"选择"|"变换选区"命令，即可调出变换控制框。

步骤33 展开"图层"面板，设置"图层5"图层的"混合模式"为"变亮"、"不透明度"为"60%"，即可为相应图形上色，效果如图4-85所示。

步骤34 使用相同的操作方法，为其他图形上色，填充颜色均为紫色（RBG参数值分别为"138、0、255"），并设置图层的"混合模式"为"滤色"、"不透明度"为"60%"，效果如图4-86所示。

图 4-85　为相应图形上色

图 4-86　为其他图形上色

4.3 ／ 绘制案例3：科研海报

　　在制作科研论文配图时，作者也可以将一些个人的科研宣传海报植入其中，这不仅能够展示作者自身的实力，而且还可以给他的相关账号（如抖音、公众号等）进行引流。本节主要介绍使用Photoshop制作科研海报的操作方法，最终效果如图4-87所示。

扫码看教学视频

图 4-87　科研海报

4.3.1　使用选区工具等制作背景效果

下面主要使用矩形选框工具▫和多边形套索工具▽等选区工具，绘制出科研海报的背景效果，具体操作方法如下。

🔵 步骤01 单击"文件"|"新建"命令，弹出"新建文档"对话框，❶设置相应选项；❷单击"创建"按钮，新建一个空白图像文件，如图4-88所示。

🔵 步骤02 新建"图层1"图层，设置前景色为蓝色（RGB参数值分别为"47、47、147"），如图4-89所示。

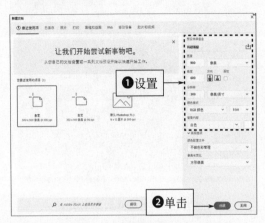

图4-88　"新建文档"对话框　　　　　图4-89　设置前景色

🔵 步骤03 在图像编辑窗口中，为"图层1"图层填充前景色，如图4-90所示。

🔵 步骤04 选取工具箱中的矩形选框工具▫，创建一个矩形选区，如图4-91所示。

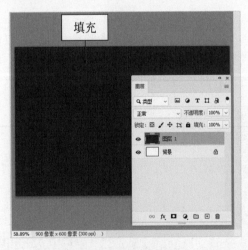

图4-90　填充前景色　　　　　　　　图4-91　创建矩形选区

🔵 步骤05 选取工具箱中的多边形套索工具▽，在工具属性栏中单击"从选区减去"按钮▫，减去相应的选区区域，如图4-92所示。

🔵 步骤06 新建"图层2"图层，设置前景色为蓝色（RGB参数值分别为"27、27、113"），为选区填充颜色，并取消选区，效果如图4-93所示。

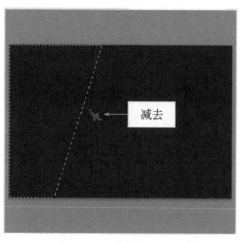

图 4-92　减去选区区域

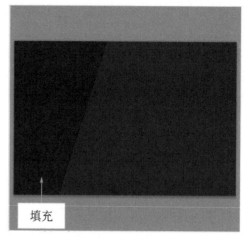

图 4-93　填充颜色

专家指点

　　选择图像编辑窗口中需要的区域后，用户可将选区内的图像复制到剪贴板中进行粘贴，以拷贝选区内的图像。

步骤07　单击"文件"|"打开"命令，打开"彩带1.psd"素材图像，如图4-94所示。

步骤08　使用移动工具 ⊕ 将其拖曳至背景图像编辑窗口中的合适位置处，效果如图4-95所示。

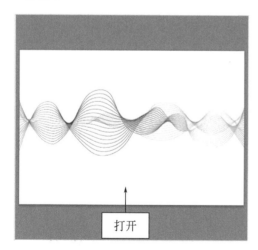

图 4-94　打开彩带素材图像

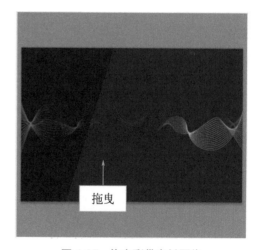

图 4-95　拖曳彩带素材图像

专家指点

　　除了使用移动工具 ⊕ 移动图像外，还有以下两种方法可以移动图像。

　　● 鼠标：如果当前没有选取移动工具 ⊕，可先按住【Ctrl】键，再同时按住鼠标左键并拖曳，即可移动图像。

　　● 快捷键：按住【Shift】键的同时，可以将图像进行垂直或水平移动。

⊃ **步骤09** 展开"图层"面板，在其中设置"彩带"图层的"不透明度"为"50%"，如图 4-96所示。

⊃ **步骤10** 执行操作后，即可改变彩带素材的不透明度，效果如图4-97所示。

图 4-96　设置"不透明度"参数

图 4-97　改变彩带素材的不透明度

专家指点

　　　　形状图层是Photoshop中的一种图层，该图层中包含了位图、矢量图两种元素，因此使得Photoshop软件在进行绘画时，可以以某种矢量形式保存图像。

4.3.2　使用抠图工具等制作主体效果

　　首先导入人物和彩带素材，然后对人物进行抠图处理，同时制作出主题文案的边框效果，具体操作方法如下。

⊃ **步骤01** 打开"人物.jpg"素材图像，使用移动工具✛将其拖曳至背景图像编辑窗口中的合适位置处，效果如图4-98所示。

⊃ **步骤02** 按【Ctrl＋T】组合键调出变换控制框，适当调整图像的大小和位置，并按【Enter】键确认，效果如图4-99所示。

图 4-98　添加人物素材

图 4-99　调整图像的大小和位置

步骤03 选取工具箱中的魔棒工具 ，在工具属性栏中设置"容差"为"5"，在人物图像上多次单击鼠标左键，创建选区，如图4-100所示。

步骤04 按【Delete】键删除选区内的图像，抠出人物部分，并取消选区，效果如图4-101所示。

图 4-100　创建选区

图 4-101　抠出人物部分

步骤05 选取工具箱中的橡皮擦工具 ，在人物边缘处适当涂抹，擦除多余的背景，效果如图4-102所示。

步骤06 打开"彩带2.psd"素材图像，使用移动工具 将其拖曳至背景图像编辑窗口中的合适位置处，效果如图4-103所示。

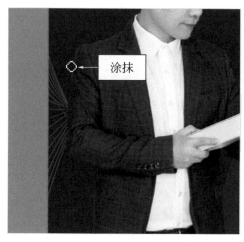

图 4-102　擦除多余的背景

图 4-103　添加彩带素材

专家指点

清除图像的工具一共有3种，分别是橡皮擦工具 、背景橡皮擦工具 和魔术橡皮擦工具 。橡皮擦工具 和魔术橡皮擦工具 可以将图像区域擦除为透明或用背景色填充；背景色橡皮擦工具 可以将图层擦除为透明。

步骤07 在"图层"面板中，将"图层4"图层拖曳至"图层3"图层的下方，调整图层顺序，效果如图4-104所示。

步骤08 选取工具箱中的矩形工具 □，在工具属性栏中选择"形状"工具模式，设置"填充"为"无颜色"、"描边"为白色（RGB参数值均为"255"）、"描边宽度"为"5"像素，绘制一个矩形形状，如图4-105所示。

图 4-104 调整调整顺序的效果

图 4-105 绘制矩形形状

步骤09 将"矩形1"图层栅格化，选取工具箱中的橡皮擦工具 ✐，擦除右上角的部分边框，效果如图4-106所示。

步骤10 选取工具箱中的多边形套索工具 ✂，在白色矩形右上角处创建一个多边形选区，如图4-107所示。

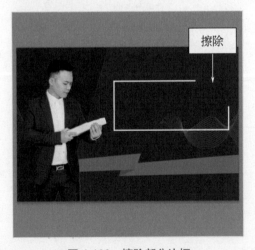

图 4-106 擦除部分边框

图 4-107 创建多边形选区

专家指点

使用橡皮擦工具 ✐ 处理"背景"图层或锁定了透明区域的图层，涂抹区域则会显示为背景色；处理其他图层时，可以擦除涂抹区域的像素。

步骤11 新建"图层5"图层,设置前景色为浅蓝色(RGB参数值分别为"1、129、230"),如图4-108所示。

步骤12 为选区填充前景色,并取消选区,效果如图4-109所示。

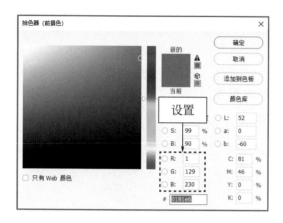

图 4-108 设置前景色

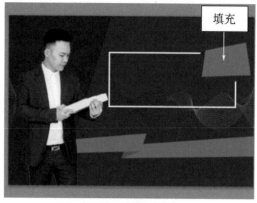

图 4-109 填充前景色

步骤13 双击"图层5"图层,弹出"图层样式"对话框,❶选中"投影"复选框;❷并设置其他参数,如图4-110所示。

步骤14 单击"确定"按钮,应用"投影"图层样式,效果如图4-111所示。

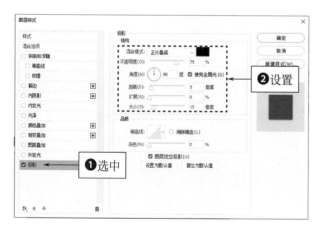

图 4-110 设置"投影"参数

图 4-111 应用"投影"图层样式

专家指点

　　"图层样式"可以为当前图层添加特殊效果,在不同的图层中应用不同的图层样式,可以使整幅图像更加富有真实感和突出性。

　　例如,"投影"图层样式会在图层中的对象下方制造一种阴影效果,阴影的"不透明度""角度""距离""扩展""大小"以及"等高线"等参数,都可以在"图层样式"对话框中进行设置。

4.3.3 使用横排文字工具制作海报文案

下面主要使用横排文字工具 **T** 和"字符"面板，输入相应文案内容并修改其格式，然后制作出科研海报的文案效果，具体操作方法如下。

步骤01 打开"彩带3.psd"素材图像，使用移动工具 ✛ 将其拖曳至背景图像编辑窗口中的合适位置处，效果如图4-112所示。

步骤02 选取工具箱中的横排文字工具 **T**，在"字符"面板中设置"字体"为"楷体"、"字体大小"为"12点"、"颜色"为白色（RGB参数值均为"255"），并激活"仿粗体"图标 **T**，如图4-113所示。

图 4-112 添加彩带素材

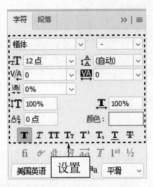

图 4-113 设置字符属性

专家指点

注意，在Photoshop中输入文字之前，需要在工具属性栏或"字符"面板中设置字符的属性，包括"字体""字体大小"以及"颜色"等。

另外，在Photoshop中，用户可以根据需要，单击文字工具属性栏上的"更改文本方向"按钮 █，将输入完成的文字在水平与垂直之间进行互换。

步骤03 在白色边框内输入相应的文字内容，效果如图4-114所示。

步骤04 使用鼠标左键双击文字图层，弹出"图层样式"对话框，选中"渐变叠加"复选框，如图4-115所示。

图 4-114 输入文字

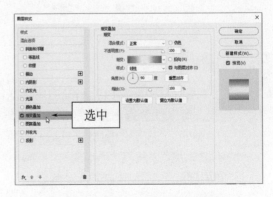

图 4-115 选中"渐变叠加"复选框

步骤05 单击"点按可编辑渐变"按钮 ![按钮] ，弹出"渐变编辑器"对话框，在"预设"列表框中选择一种"橙色"渐变色，如图4-116所示。

步骤06 依次单击"确定"按钮，即可修改文字的颜色，效果如图4-117所示。

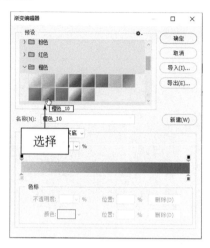

图4-116 选择一种"橙色"渐变色

图4-117 修改文字的颜色效果

步骤07 选取工具箱中的横排文字工具 **T**，❶在"字符"面板中设置"字体"为"隶书"、"字体大小"为"10点"、"颜色"为白色（RGB参数值均为"255"）；❷输入相应文字，效果如图4-118所示。

步骤08 单击"编辑"|"变换"|"斜切"命令，调出变换控制框，适当调整文字的形状并确认，如图4-119所示。

图4-118 输入文字

图4-119 调整文字形状

专家指点

Photoshop中，在英文输入法状态下，按【T】键，也可以快速切换至横排文字工具 **T**，然后在图像编辑窗口中输入相应文本内容即可。如果输入的文字位置不能满足用户的需求，此时用户可以通过移动工具 ✛ 将文字移动到相应位置处。

步骤09 选取工具箱中的横排文字工具 **T.**，❶在"字符"面板中设置"字体"为"宋体"、"字体大小"为"5点"、"颜色"为白色（RGB参数值均为"255"）；❷输入相应文字，效果如图4-120所示。

步骤10 单击"编辑"|"变换"|"斜切"命令，调出变换控制框，适当调整文字的形状，效果如图4-121所示。

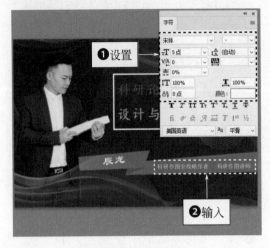

图 4-120　输入文字　　　　　　　　　　　图 4-121　调整文字形状

步骤11 选取工具箱中的横排文字工具 **T.**，❶在"字符"面板中设置"字体"为"黑体"、"字体大小"为"5点"、"颜色"为白色（RGB参数值均为"255"）；❷输入相应文字，效果如图4-122所示。

步骤12 打开"文字.psd"素材图像，使用移动工具 ⊕ 将其拖曳至背景图像编辑窗口中的合适位置处，效果如图4-123所示。

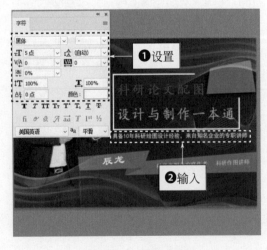

图 4-122　输入文字　　　　　　　　　　　图 4-123　添加文字素材

第 5 章

用 Illustrator 绘制二维图形

　　Illustrator 是由 Adobe 公司推出的一款矢量图形的制作软件，可应用于出版、多媒体和在线图像的工业标准矢量插画绘制，同时也可以为线稿提供较高的精度和控制。Illustrator 在科研绘图领域中的使用频率非常高，适用于各种科研论文、课题/成果等较高水准插图的绘制。本章主要向读者介绍使用 Illustrator 绘制二维图形的操作方法。

本章重点

➤ 绘制案例1：染色体示意图

➤ 绘制案例2：质粒示意图

➤ 绘制案例3：病毒示意图

5.1 / 绘制案例1: 染色体示意图

染色体示意图是指标出各条染色体特定部位以及染色体上各基因相对位置的图。本节主要介绍使用Illustrator绘制染色体示意图的操作方法,最终效果如图5-1所示。

扫码看教学视频

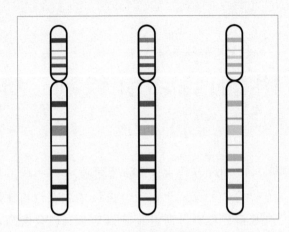

图 5-1　染色体示意图

5.1.1　将矩形转换为圆角矩形并绘制出染色体主体

下面主要使用矩形工具▢绘制出染色体的主体效果,具体操作方法如下。

步骤01）启动Illustrator软件,在欢迎界面单击"新建"按钮,如图5-2所示。

步骤02）弹出"新建文档"对话框,在"图稿和插图"下拉列表框中选择一种预设模板"1920×1080",如图5-3所示。

图 5-2　单击"新建"按钮

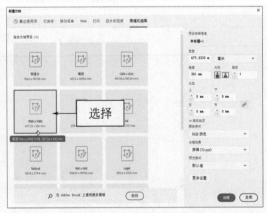

图 5-3　选择一种预设模板

步骤03）单击"创建"按钮,即可新建一个相应大小的空白文档,如图5-4所示。

步骤04）选取工具箱中的矩形工具▢,如图5-5所示。

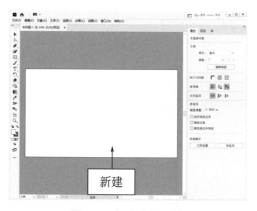

图 5-4 新建空白文档

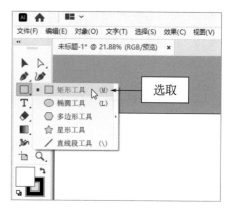

图 5-5 选取矩形工具

步骤05 在图形编辑窗口中绘制一个矩形形状，如图 5-6 所示。

步骤06 在"属性"面板的"变换"选项区中，设置"宽"为"30mm"、"高"为"100mm"，调整矩形的大小，效果如图 5-7 所示。

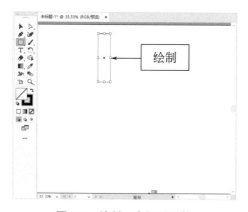

图 5-6 绘制一个矩形形状

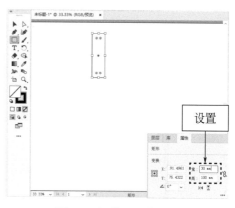

图 5-7 调整矩形的大小

步骤07 在"属性"面板的"外观"选项区中，❶单击"填色"按钮；❷在弹出的面板中选择"无"选项，如图 5-8 所示。

步骤08 在"属性"面板的"外观"选项区中，❶单击"描边"按钮；❷在弹出的面板中选择"黑色"选项，如图 5-9 所示。

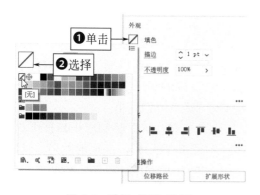

图 5-8 选择"无"选项

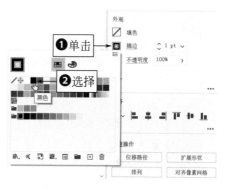

图 5-9 选择"黑色"选项

步骤09 在"属性"面板中，设置描边宽度为"8pt"，效果如图5-10所示。

步骤10 将鼠标指针移至矩形4个角内部的圆环图标 ◉ 上，鼠标指针变成 形状，如图 5-11所示。

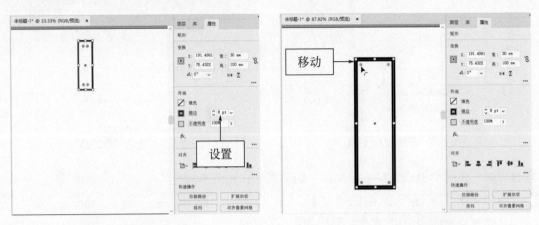

图 5-10　设置描边宽度　　　　　图 5-11　移动鼠标指针

步骤11 单击圆环图标 ◉，按住鼠标左键的同时并拖曳，如图5-12所示。

步骤12 执行操作后，即可将矩形转换为圆角矩形，如图5-13所示。

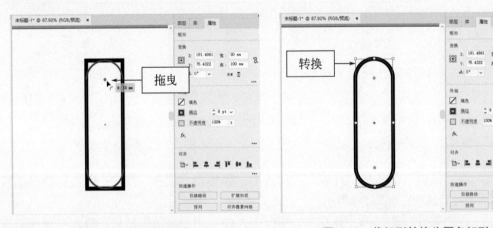

图 5-12　拖曳圆环图标　　　　　图 5-13　将矩形转换为圆角矩形

专家指点

　　矩形工具 ▭ 是绘制图形时比较常用的基本工具，用户可以通过拖曳鼠标的方法绘制矩形，同时也可通过"矩形"对话框绘制精确的矩形。当选取矩形工具 ▭ 时，在图形编辑窗口中单击鼠标左键，即可弹出"矩形"对话框。

　　用户在绘制矩形图形时，若同时按住【Shift】键，可以绘制出正方形图形；若同时按住【Alt】键，可以绘制出以起始点为中心向四周延伸的矩形图形；若同时按住【Alt+Shift】组合键，将以鼠标单击点为中心点向四周延伸，绘制出一个正方形图形。

步骤13 按住【Alt】键的同时单击圆角矩形形状的边框，按住鼠标左键的同时并向下拖曳，如图 5-14 所示。

步骤14 执行操作后，❶即可复制圆角矩形形状；❷并在"属性"面板的"变换"选项区中设置"高"为"240mm"，如图 5-15 所示。

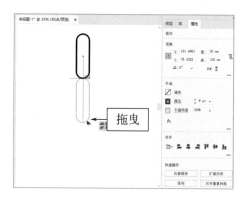

图 5-14　拖曳圆角矩形形状

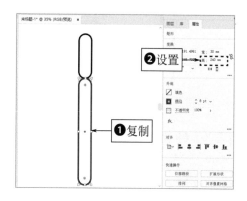

图 5-15　复制圆角矩形形状并调整高度

5.1.2　使用矩形工具绘制不同的基因图形

下面主要使用矩形工具绘制多个矩形形状，并设置不同的高度和填充颜色，制作出染色体中的基因效果，具体操作方法如下。

步骤01 选取工具箱中的矩形工具，❶在图形编辑窗口中绘制一个矩形形状；❷设置"宽"为"30mm"、"高"为"8mm"，如图 5-16 所示。

步骤02 在"属性"面板的"外观"选项区中，设置"描边"为"无"、"填色"为任意颜色，如图 5-17 所示。

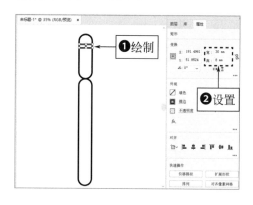

图 5-16　绘制一个矩形形状

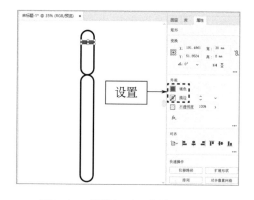

图 5-17　设置矩形形状的外观属性

步骤03 ❶复制矩形形状并适当调整其位置；❷在"属性"面板中设置"高"为"2mm"、"填色"为任意颜色，如图 5-18 所示。

步骤04 ❶复制矩形形状并适当调整其位置；❷在"属性"面板中设置"高"为"5mm"、"填色"为任意颜色，如图 5-19 所示。

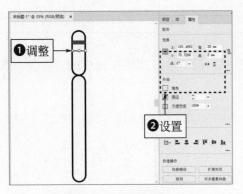

图 5-18　复制矩形形状（1）

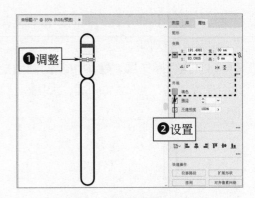

图 5-19　复制矩形形状（2）

步骤05　❶复制矩形形状并适当调整其位置；❷在"属性"面板中设置"高"为"6mm"、"填色"为任意颜色，如图5-20所示。

步骤06　❶复制矩形形状并适当调整其位置；❷在"属性"面板中设置"高"为"4mm"、"填色"为任意颜色，如图5-21所示。

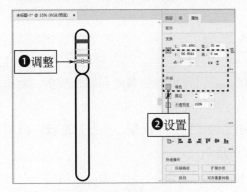

图 5-20　复制矩形形状（3）

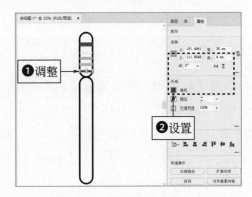

图 5-21　复制矩形形状（4）

步骤07　使用相同的操作方法，继续复制矩形形状，并适当调整其位置、高度和填充颜色，效果如图5-22所示。

步骤08　展开"图层"面板，单击"创建新图层"按钮⊞，新建一个"图层2"图层，如图5-23所示。

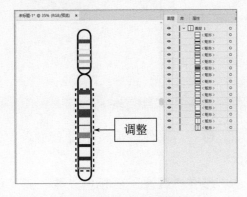

图 5-22　复制多个矩形形状

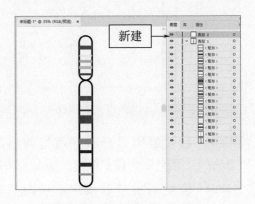

图 5-23　新建"图层2"图层

步骤09 ❶选择最下方的两个"矩形"图层；❷按住鼠标左键的同时并将其拖曳至"图层 2"图层中，如图 5-24 所示。

步骤10 执行操作后，即可调整图层顺序，效果如图 5-25 所示。

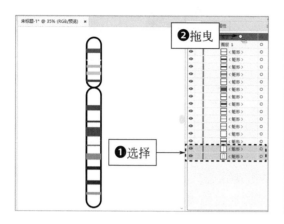

图 5-24　拖曳相应"矩形"图层

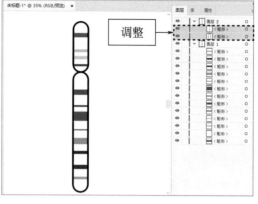

图 5-25　调整图层顺序效果

5.1.3　利用"重新着色图稿"功能设置基因的颜色

下面主要利用"重新着色图稿"功能来批量修改基因的颜色，使其颜色变得更为统一，具体操作方法如下。

步骤01 ❶在图形编辑窗口中同时选中所有的矩形形状；❷在"属性"面板底部的"快速操作"选项区中单击"重新着色"按钮，如图 5-26 所示。

步骤02 执行操作后，弹出相应面板，单击"高级选项"按钮，如图 5-27 所示。

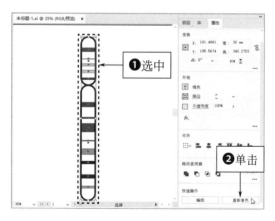

图 5-26　单击"重新着色"按钮

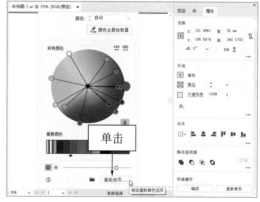

图 5-27　单击"高级选项"按钮

步骤03 弹出"重新着色图稿"对话框，在"指定"选项卡中列出了本图稿中所有使用的颜色类型，如图 5-28 所示。

步骤04 切换至"编辑"选项卡，可以看到一个色轮，同时各矩形形状的颜色也分布在其中，单击"取消链接协调颜色"按钮，如图 5-29 所示。

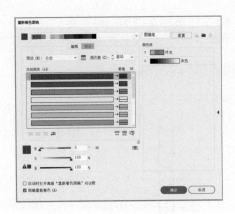

图 5-28 "重新着色图稿"对话框

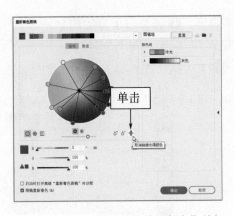

图 5-29 单击"取消链接协调颜色"按钮

步骤05 执行操作后，即可解除各颜色之间的链接状态，如图5-30所示。

步骤06 在色轮中选中相应的颜色手柄后，可以通过拖曳手柄的方式在色轮中重新选择颜色，也可以在下方的HSB数值框中输入相应的参数来修改颜色，如图5-31所示。

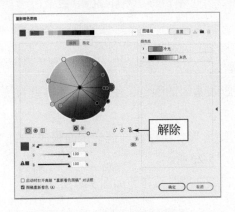

图 5-30 解除各颜色的链接

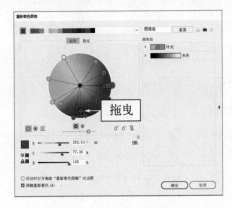

图 5-31 拖曳手柄修改颜色

步骤07 在色轮中适当拖曳各个手柄调整其颜色，使其尽量处在同一色调区域内，如图5-32所示。

步骤08 在调整过程中，可以看到基因图形的颜色也会相应改变，效果如图5-33所示。

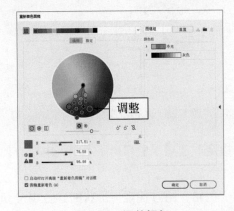

图 5-32 调整颜色

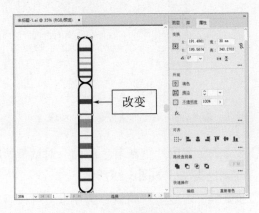

图 5-33 改变基因图形的颜色

专家指点

　　图形的颜色主要由"填色"和"描边"两部分组成,"填色"指的是图形中所包含的颜色和图案,而"描边"指的是包围图形的路径线条。在 Illustrator 中,用户可以直接在"属性"面板中设置"填色"和"描边"选项。

　　在 Illustrator 中,图形所填充的色彩模式主要以 CMYK 为主。因此,颜色参数值主要是在 CMYK 的数值框中进行设置。只要当前所需要填充的图形处于选中状态,设置好颜色后系统会自动将颜色填充至图形中。

步骤09 在"重新着色图稿"对话框中,单击"链接协调颜色"按钮,如图 5-34 所示。

步骤10 此时再去拖曳单个手柄,则所有的手柄都会跟随移动,如图 5-35 所示。

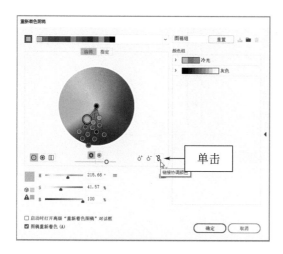

图 5-34　单击"链接协调颜色"按钮

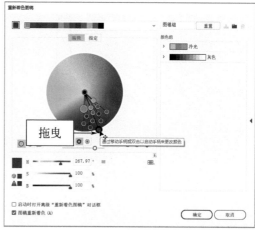

图 5-35　拖曳单个手柄

步骤11 单击"显示颜色条"按钮,可以十分清晰地看到当前图稿所使用的颜色类型,如图 5-36 所示。

步骤12 单击"确定"按钮,即可修改图形的颜色,效果如图 5-37 所示。

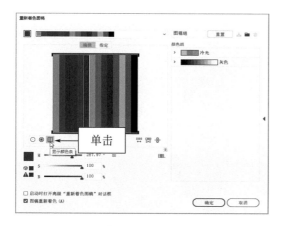

图 5-36　单击"显示颜色条"按钮

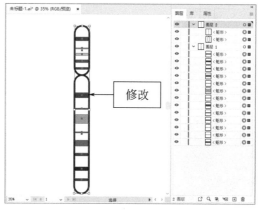

图 5-37　修改图形的颜色效果

专家指点

完成上述操作后，用户还可以使用相同的操作方法，复制整个染色体图形并利用"重新着色图稿"功能来修改其颜色，效果如图5-38所示。在"重新着色图稿"对话框中，用户可以尝试使用"颜色库"中提供的预设颜色方案对图稿进行重新着色，还可以从颜色组、文档色板或预设颜色主题中选择合适的颜色。同时，用户定义的所有颜色和主题都将作为新的颜色组添加到"色板"面板中，用于快速对图稿进行重新着色操作。

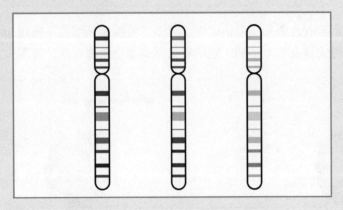

图 5-38 复制图形并重新着色效果

5.2 / 绘制案例2：质粒示意图

在基因工程中，质粒是一种比较常用的载体，同时也是生物学实验中一个常见的基本要素。生物学实验的第一步就是要学会准确无误地阅读质粒示意图，这对实验的进程将会起到事半功倍的效果。本节主要介绍使用Illustrator绘制质粒示意图的操作方法，最终效果如图5-39所示。

扫码看教学视频

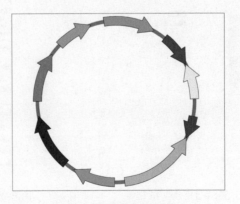

图 5-39 质粒示意图

5.2.1　使用椭圆工具绘制质粒的主体

使用椭圆工具◉可以快速绘制一个任意半径的正圆或椭圆图形。下面主要使用椭圆工具◉绘制出质粒的主体效果，具体操作方法如下。

步骤01 启动 Illustrator 软件，单击"文件"|"新建"命令，如图 5-40 所示。

步骤02 弹出"新建文档"对话框，在"图稿和插图"下拉列表框中选择一种预设模板"800×600"，如图 5-41 所示。

图 5-40　单击"新建"命令

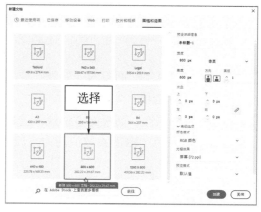

图 5-41　选择一种预设模板

步骤03 单击"创建"按钮，即可新建一个相应大小的空白文档，如图 5-42 所示。

步骤04 选取工具箱中的椭圆工具◉，如图 5-43 所示。

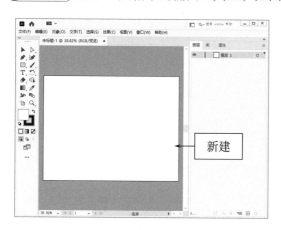

图 5-42　新建空白文档

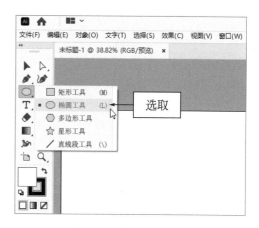

图 5-43　选取椭圆工具

步骤05 在图形编辑窗口中单击鼠标左键，弹出"椭圆"对话框，设置"宽度"和"高度"均为"160mm"，如图 5-44 所示。

步骤06 单击"确定"按钮，即可绘制一个正圆图形，并将其调整至画面的正中央，如图 5-45 所示。

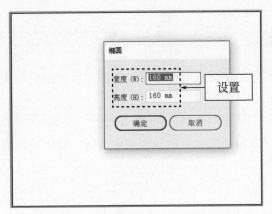

图 5-44 设置"宽度"和"高度"参数

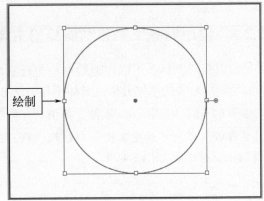

图 5-45 绘制一个正圆图形

步骤07 在"属性"面板的"外观"选项区中，❶单击"填色"按钮；❷在弹出的面板中选择"无"选项，如图 5-46 所示。

步骤08 在"属性"面板的"外观"选项区中，❶单击"描边"按钮；❷在弹出的面板中选择一种灰色（RGB 参数值均为"128"），如图 5-47 所示。

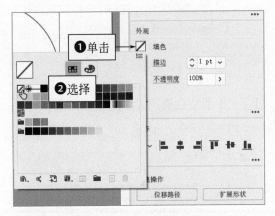

图 5-46 选择"无"选项

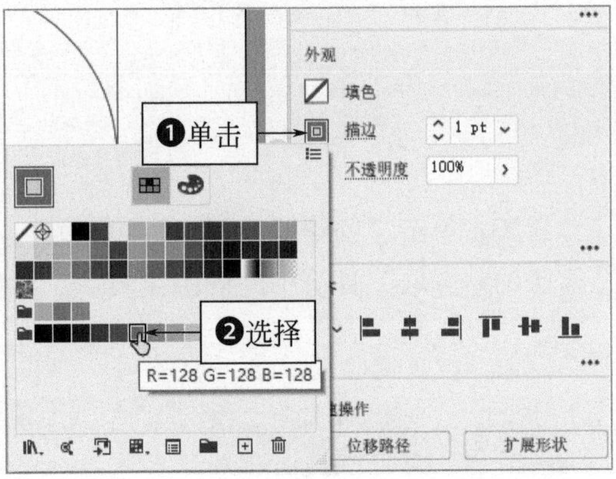

图 5-47 选择一种灰色

步骤09 在"属性"面板的"外观"选项区中，设置描边宽度为"10pt"，如图 5-48 所示。

步骤10 执行操作后，即可完成正圆图形的设置，效果如图 5-49 所示。

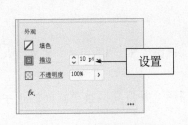

图 5-48 设置描边宽度

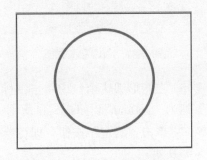

图 5-49 完成正圆图形的设置

5.2.2　使用路径橡皮擦工具和描边功能绘制箭头效果

下面主要使用路径橡皮擦工具 ✐ 和"描边"功能绘制出箭头的效果，具体操作方法如下。

步骤01　选中正圆图形，单击"编辑"|"复制"命令，如图 5-50 所示。

步骤02　执行操作后，单击"编辑"|"贴在前面"命令，如图 5-51 所示。

图 5-50　单击"复制"命令

图 5-51　单击"贴在前面"命令

步骤03　执行操作后，即可粘贴复制的正圆图形，并设置"描边"为绿色（RGB 参数值分别为"0、146、69"）、描边宽度为"25pt"，如图 5-52 所示。

步骤04　选取工具箱中的路径橡皮擦工具 ✐，如图 5-53 所示。

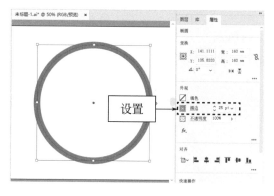

图 5-52　设置正圆图形的描边样式

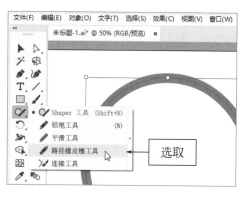

图 5-53　选取路径橡皮擦工具

专家指点

在 Illustrator 中新建一个文件时，按【Ctrl+Alt+N】组合键，可以直接新建文件，而不会打开"新建文档"对话框。

步骤05　在正圆路径的相应位置处多次单击，即可擦出一个缺口，效果如图 5-54 所示。

步骤06　使用相同的操作方法，在其他位置处擦出多个缺口，效果如图 5-55 所示。

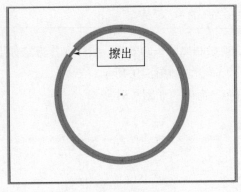

图 5-54　擦出一个缺口

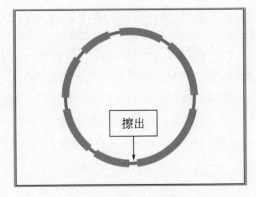

图 5-55　擦出多个缺口

> **步骤07** 选取工具箱中的剪刀工具✂，如图 5-56 所示。

> **步骤08** 在路径上的相应位置处单击鼠标左键，如图 5-57 所示。

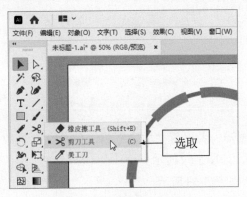

图 5-56　选取剪刀工具

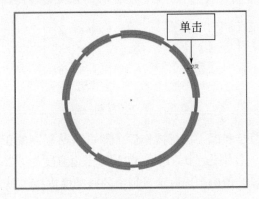

图 5-57　单击路径上的相应位置

> **步骤09** 执行操作后，即可剪断路径，如图 5-58 所示。

> **步骤10** 使用相同的操作方法，剪断其他的路径，如图 5-59 所示。

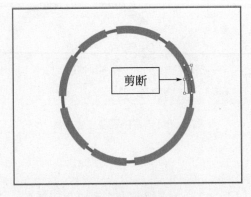

图 5-58　剪断路径

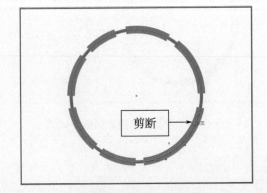

图 5-59　剪断其他的路径

> **步骤11** 使用选择工具▶框选所有的图形元素，如图 5-60 所示。

> **步骤12** 按住【Shift】键的同时单击底部的灰色圆环，减选该图形，从而只选中上方的绿色圆弧图形，如图 5-61 所示。

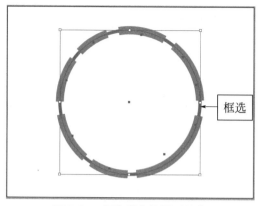

图 5-60　框选所有的图形元素

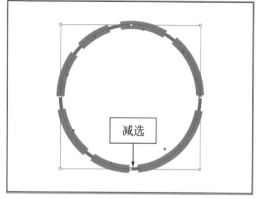

图 5-61　减选相应图形

步骤13 单击"窗口"|"描边"命令，弹出"描边"面板，在面板菜单中选择"显示选项"
选项，如图 5-62 所示。

步骤14 在"箭头"选项区中的"路径终点箭头"列表框中选择"箭头 7"选项，如图
5-63 所示。

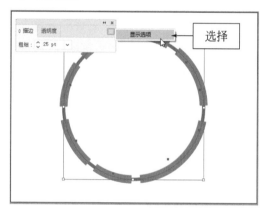

图 5-62　选择"显示选项"选项

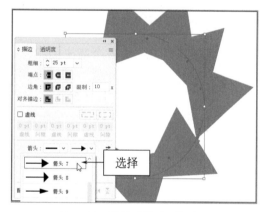

图 5-63　选择"箭头 7"选项

步骤15 设置"箭头结束处的缩放因子"为"20%"，调整箭头大小，效果如图 5-64 所示。

步骤16 ❶选择相应的箭头图形；❷单击"互换箭头起始处和结束处"按钮 ⇄，如图
5-65 所示。

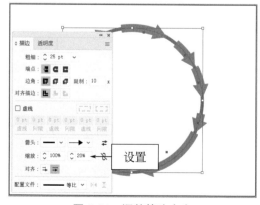

图 5-64　调整箭头大小

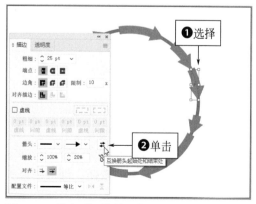

图 5-65　单击"互换箭头起始处和结束处"按钮

步骤 17　执行操作后，即可改变所选箭头的方向，效果如图5-66所示。

步骤 18　使用相同的操作方法，改变其他箭头的方向，效果如图5-67所示。

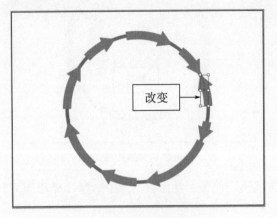

图 5-66　改变所选箭头的方向

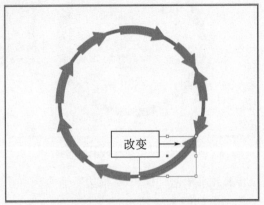

图 5-67　改变其他箭头的方向

5.2.3　使用"轮廓化描边"等命令给箭头填色和描边

通过上述操作制作的各个箭头仍然只是路径，只有"描边"属性，而没有"填色"属性。下面主要使用"扩展外观""扩展"和"轮廓化描边"等命令将路径的轮廓显示出来，然后进行填色和描边处理，具体操作方法如下。

步骤 01　使用选择工具 ▶ 在图形编辑窗口中选择相应的箭头图形，如图5-68所示。

步骤 02　在菜单栏中，单击"对象"|"扩展外观"命令，如图5-69所示。

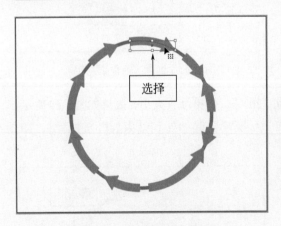

图 5-68　选择相应的箭头图形

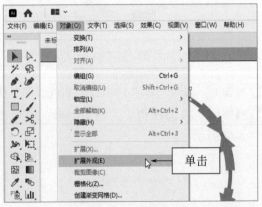

图 5-69　单击"扩展外观"命令

步骤 03　执行操作后，即可使箭头从路径变成一个面，效果如图5-70所示。

步骤 04　在菜单栏中，单击"对象"|"扩展"命令，弹出"扩展"对话框，同时选中"填充"和"描边"复选框，如图5-71所示。

步骤 05　单击"确定"按钮，即可使箭头图形具有填色和描边属性，如图5-72所示。

步骤 06　使用选择工具 ▶ 在图形编辑窗口中选择相应的箭头图形，如图5-73所示。

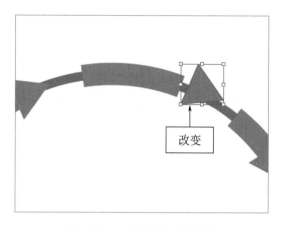

图 5-70 改变箭头的外观属性

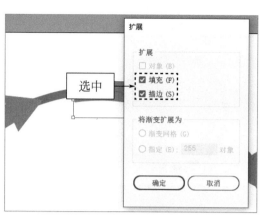

图 5-71 同时选中相应复选框

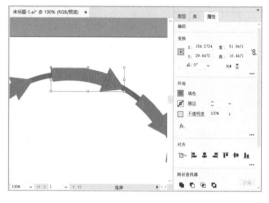

图 5-72 改变箭头图形的属性

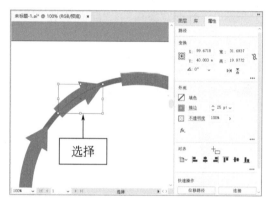

图 5-73 选择相应的箭头图形

步骤07 在菜单栏中，单击"对象"|"路径"|"轮廓化描边"命令，如图 5-74 所示。

步骤08 执行操作后，即可将所选路径的描边转变为轮廓，效果如图 5-75 所示。

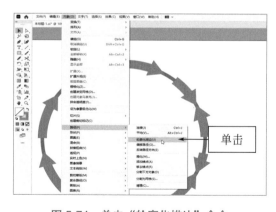

图 5-74 单击"轮廓化描边"命令

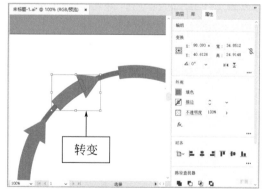

图 5-75 "轮廓化描边"处理效果

步骤09 使用选择工具 ▶ 同时选中其他的箭头图形，如图 5-76 所示。

步骤10 单击"对象"|"路径"|"轮廓化描边"命令，进行批量的"轮廓化描边"处理，效果如图 5-77 所示。

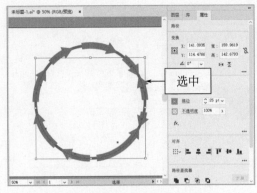

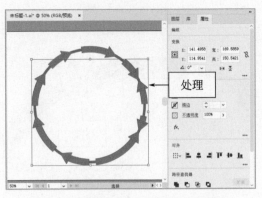

图 5-76　同时选中其他的箭头图形　　　　　图 5-77　批量"轮廓化描边"处理效果

步骤11 使用选择工具 ▶ 同时选中所有的箭头图形，如图 5-78 所示。

步骤12 单击"窗口"|"路径查找器"命令，弹出"路径查找器"面板，单击"联集"按钮 ■，如图 5-79 所示。

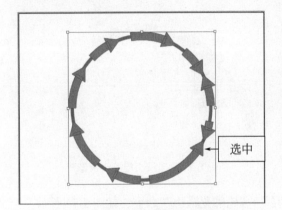

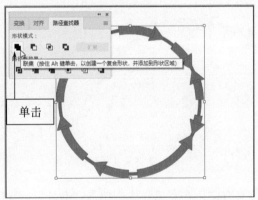

图 5-78　同时选中所有的箭头图形　　　　　图 5-79　单击"联集"按钮

步骤13 执行操作后，即可让每个箭头图形的箭头部分和尾部连接到一起，变成一个图形，如图 5-80 所示。

步骤14 在"属性"面板中，设置"描边"为黑色（RGB 参数值均为"0"）、描边宽度为"0.5pt"，如图 5-81 所示。

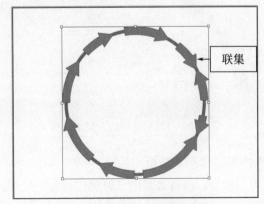

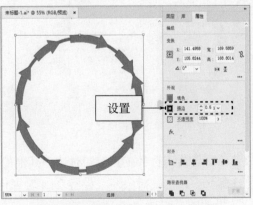

图 5-80　"联集"处理箭头图形　　　　　图 5-81　设置"描边"颜色和宽度

步骤15　在选择的图形上单击鼠标右键，在弹出的快捷菜单中选择"取消编组"选项，如图 5-82 所示。

步骤16　取消编组后，使用选择工具 ▶ 选择相应的箭头图形，如图 5-83 所示。

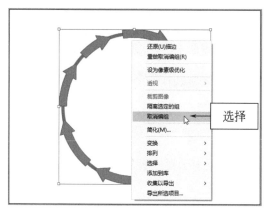

图 5-82　选择"取消编组"选项

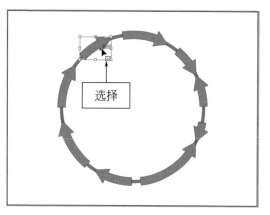

图 5-83　选择相应的箭头图形

步骤17　在"属性"面板的"外观"选项区中，❶ 单击"填色"按钮；❷ 在弹出的面板中选择一种橙色（RGB 参数值分别为"251、176、59"），效果如图 5-84 所示。

步骤18　❶ 选择相应的箭头图形；❷ 在"填色"面板中选择一种绿色（RGB 参数值分别为"0、169、157"），效果如图 5-85 所示。

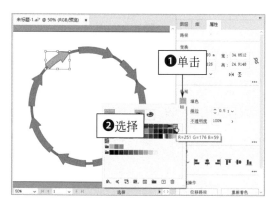

图 5-84　选择一种橙色

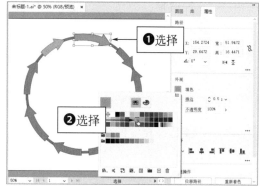

图 5-85　选择一种绿色

专家指点

在图形编辑窗口中选择相应对象后，单击工具箱底部的"默认颜色和描边"按钮 ❏，即可将填色和描边设置为默认的颜色（描边为黑色、填色为白色）。

步骤19　❶ 选择相应的箭头图形；❷ 在"填色"面板中选择一种红色（RGB 参数值分别为"237、28、36"），效果如图 5-86 所示。

步骤20　❶ 选择相应的箭头图形；❷ 在"填色"面板中选择一种黄色（RGB 参数值分别为"255、255、0"），效果如图 5-87 所示。

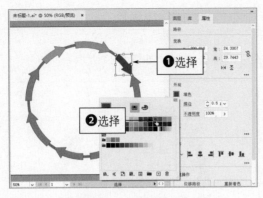

图 5-86　选择一种红色

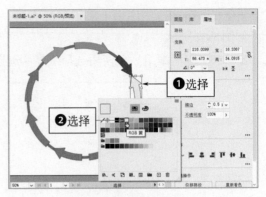

图 5-87　选择一种黄色

步骤21 ❶选择相应的箭头图形；❷在"填色"面板中选择一种红色（RGB参数值分别为"237、28、36"），效果如图5-88所示。

步骤22 ❶选择相应的箭头图形；❷在"填色"面板中选择一种浅绿色（RGB参数值分别为"140、198、63"），效果如图5-89所示。

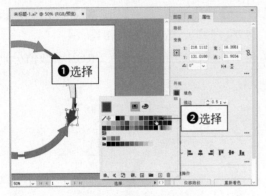

图 5-88　选择一种红色

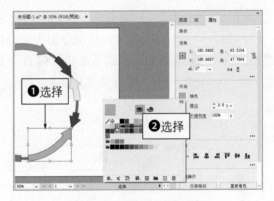

图 5-89　选择一种浅绿色

步骤23 ❶选择相应的箭头图形；❷在"填色"面板中选择一种蓝色（RGB参数值分别为"41、171、226"），效果如图5-90所示。

步骤24 ❶选择相应的箭头图形；❷在"填色"面板中选择一种紫色（RGB参数值分别为"147、39、143"），效果如图5-91所示。

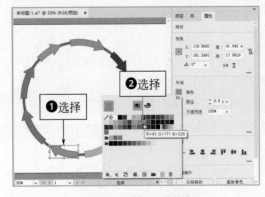

图 5-90　选择一种蓝色

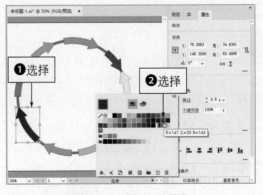

图 5-91　选择一种紫色

5.3 ／ 绘制案例3：病毒示意图

病毒（Biological virus）是一种以复制方式增殖的非细胞型生物，结构非常简单，而且体积微小，内部通常只含一种核酸（如DNA或RNA）。本节主要介绍使用Illustrator绘制病毒示意图的操作方法，最终效果如图5-92所示。

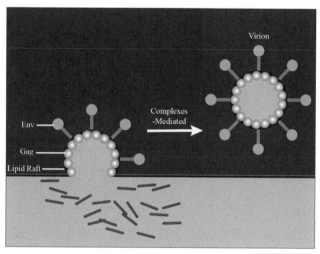

扫码看教学视频

图 5-92　病毒示意图

5.3.1　使用椭圆工具和图案画笔绘制病毒主体

首先，使用椭圆工具◎绘制出病毒的主体效果，然后，利用"图案画笔"功能快速为其设置图案描边效果，具体操作方法如下。

步骤01 启动Illustrator软件，单击"文件"|"新建"命令，弹出"新建文档"对话框，设置"宽度"为"280mm"、"高度"为"210mm"，如图5-93所示。

步骤02 单击"创建"按钮，即可新建一个相应大小的空白文档，如图5-94所示。

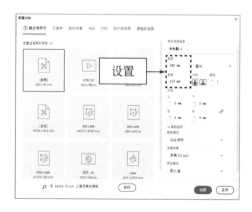

图 5-93　设置文档的"宽度"和"高度"

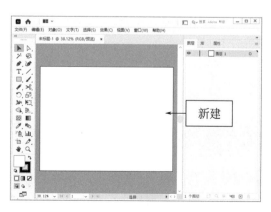

图 5-94　新建空白文档

步骤03 选取工具箱中的椭圆工具 ◯，在图形编辑窗口中单击鼠标左键，弹出"椭圆"对话框，设置"宽度"和"高度"均为"50mm"，如图5-95所示。

步骤04 单击"确定"按钮，即可绘制一个正圆图形，并将其调整至合适位置处，效果如图5-96所示。

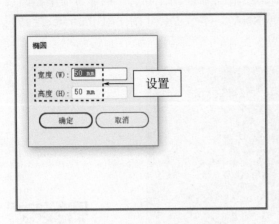

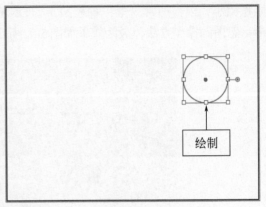

图 5-95 设置"宽度"和"高度"参数　　　　图 5-96 绘制一个正圆图形

步骤05 在"属性"面板的"外观"选项区中，设置"填色"为"无"、"描边"为紫色（RGB参数值分别为"158、0、93"）、描边宽度为"5pt"，如图5-97所示。

步骤06 按【Ctrl+C】组合键复制正圆图形，单击"编辑"|"贴在后面"命令，如图5-98所示。

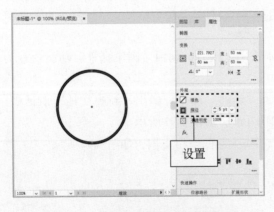

图 5-97 设置正圆图形的外观属性　　　　图 5-98 单击"贴在后面"命令

步骤07 复制正圆图形后，适当进行缩小，效果如图5-99所示。

步骤08 ❶使用椭圆工具 ◯ 绘制一个小的正圆图形；❷在"属性"面板的"变换"选项区中设置"宽"和"高"均为"8mm"，如图5-100所示。

步骤09 在"属性"面板的"外观"选项区中，设置"描边"为"无"，如图5-101所示。

步骤10 单击"窗口"|"渐变"命令，弹出"渐变"面板，单击"径向渐变"按钮 ◼，如图5-102所示。

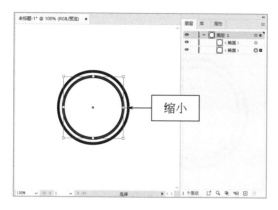

图 5-99 适当缩小正圆图形

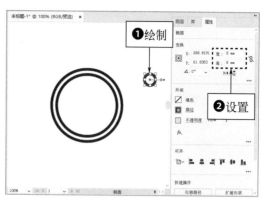

图 5-100 绘制一个小的正圆图形

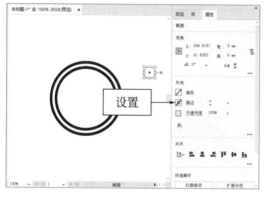

图 5-101 设置"描边"为"无"

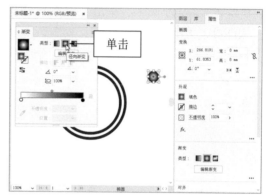

图 5-102 单击"径向渐变"按钮

步骤11 在渐变条上，使用鼠标左键双击右侧的渐变滑块，如图5-103所示。

步骤12 在弹出的面板中单击"色板"按钮，如图5-104所示。

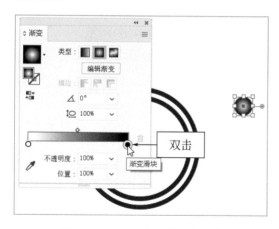

图 5-103 双击右侧的渐变滑块

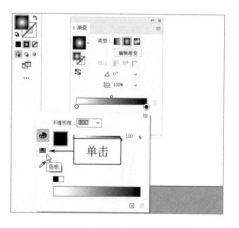

图 5-104 单击"色板"按钮

步骤13 在"色板"选项卡中选择一种橙色（RGB参数值分别为"247、147、30"），如图5-105所示。

步骤14 执行操作后，即可给小圆形填充渐变色，如图5-106所示。

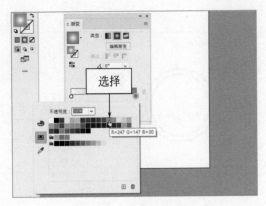

图 5-105　选择一种橙色

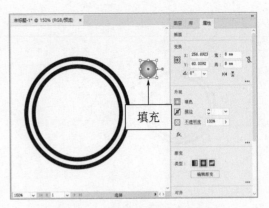

图 5-106　给小圆形填充渐变色

步骤 15 选中小圆形，单击"对象"|"扩展"命令，弹出"扩展"对话框，保持默认设置即可，单击"确定"按钮，如图5-107所示。

步骤 16 执行操作后，即可扩展小圆形的填充效果，如图5-108所示。

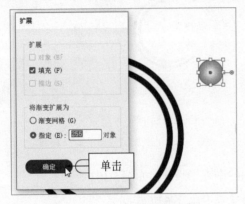

图 5-107　单击"确定"按钮

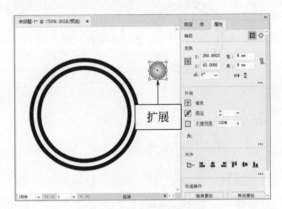

图 5-108　扩展填充效果

步骤 17 单击"窗口"|"画笔"命令，调出"画笔"面板，如图5-109所示。

步骤 18 按住小圆形并将其拖曳至"画笔"面板中，如图5-110所示。

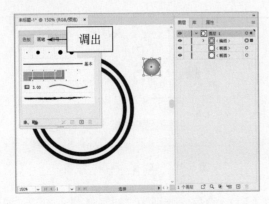

图 5-109　调出"画笔"面板

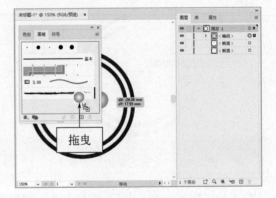

图 5-110　拖曳小圆形

步骤 19 弹出"新建画笔"对话框，选中"图案画笔"单选按钮，如图5-111所示。

步骤20　单击"确定"按钮，弹出"图案画笔选项"对话框，单击"确定"按钮即可，如图 5-112 所示。

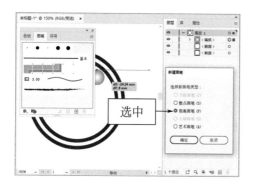

图 5-111　选中"图案画笔"单选按钮

图 5-112　单击"确定"按钮

步骤21　执行操作后，即可创建一个图案画笔样式，如图 5-113 所示。

步骤22　❶选择相应的正圆图形；❷设置"描边"为"无"，如图 5-114 所示。

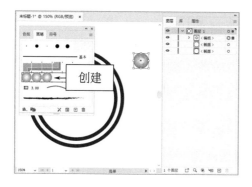

图 5-113　创建一个图案画笔样式

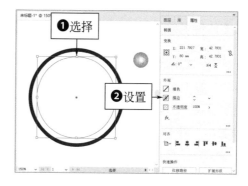

图 5-114　设置"描边"为"无"

步骤23　❶单击"填色"按钮；❷在弹出的面板中设置"填色"为灰色（RGB 参数值分别为"189、188、207"），如图 5-115 所示。

步骤24　在"画笔"面板中，❶选择自定义的图案画笔样式；❷使用图案画笔进行描边，效果如图 5-116 所示。

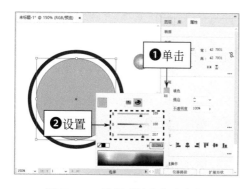

图 5-115　设置"填色"为灰色

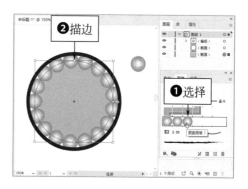

图 5-116　使用图案画笔进行描边

步骤25 在正圆图形上单击鼠标右键，在弹出的快捷菜单中选择"排列"|"置于顶层"选项，如图5-117所示。

步骤26 执行操作后，即可将正圆图形置于顶层显示，效果如图5-118所示。

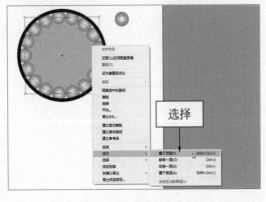

图 5-117 选择"置于顶层"选项

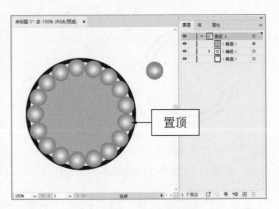

图 5-118 置于顶层显示

5.3.2 使用直线段工具和旋转工具做出膜蛋白

首先，使用椭圆工具◯和直线段工具╱绘制出病毒示意图中的膜蛋白图形，然后，使用旋转工具⤴快速复制出多个膜蛋白图形，并进行相应角度的旋转，从而获得一个完整的病毒图形效果，具体操作方法如下。

步骤01 ❶使用椭圆工具◯绘制一个正圆图形；❷在"属性"面板的"变换"选项区中设置"宽"和"高"均为"10mm"，如图5-119所示。

步骤02 在"属性"面板的"外观"选项区中，设置"描边"为"无"、"填色"为绿色（RGB参数值分别为"57、181、74"），如图5-120所示。

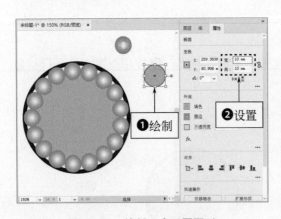

图 5-119 绘制一个正圆图形

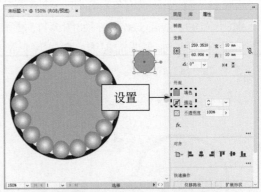

图 5-120 设置图形的外观属性

步骤03 选取工具箱中的直线段工具╱，如图5-121所示。

步骤04 在正圆图形的下方，❶按住【Shift】键的同时绘制一条直线；❷设置"高"为"15mm"，如图5-122所示。

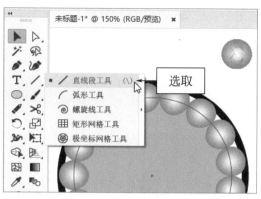

图 5-121　选取直线段工具

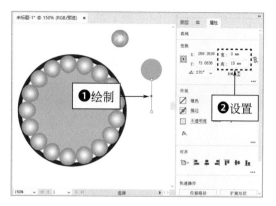

图 5-122　绘制一条直线

步骤05 在"属性"面板的"外观"选项区中，设置"描边"为绿色（RGB参数值分别为"57、181、74"）、描边宽度为"8pt"，效果如图 5-123 所示。

步骤06 ❶同时选中正圆图形和直线，单击鼠标右键；❷在弹出的快捷菜单中选择"编组"选项，如图 5-124 所示。

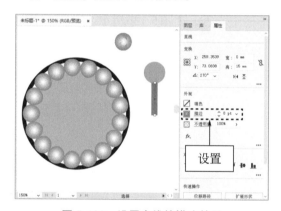

图 5-123　设置直线的描边效果

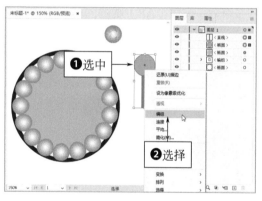

图 5-124　选择"编组"选项

步骤07 执行操作后，即可将相应图形进行编组，如图 5-125 所示。

步骤08 使用选择工具 ▶ 将编组的图形拖曳至相应位置处，使直线对准大正圆图形的圆心，如图 5-126 所示。

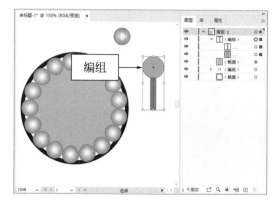

图 5-125　将相应图形进行编组

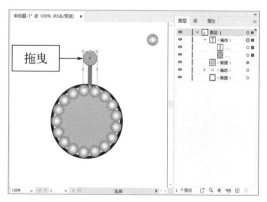

图 5-126　拖曳编组的图形

步骤09 在编组的图形上单击鼠标右键，在弹出的快捷菜单中选择"排列"|"置于底层"选项，如图5-127所示。

步骤10 执行操作后，即可将所选图形置于底层显示，效果如图5-128所示。

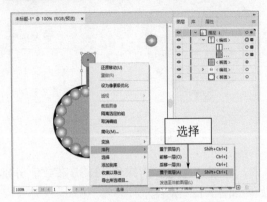

图 5-127　选择"置于底层"选项

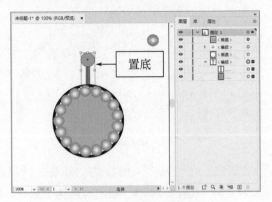

图 5-128　置于底层显示

步骤11 选取工具箱中的旋转工具 ○，如图5-129所示。

步骤12 按住【Alt】键的同时，单击大圆图形的中心点，如图5-130所示。

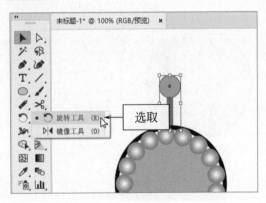

图 5-129　选取旋转工具

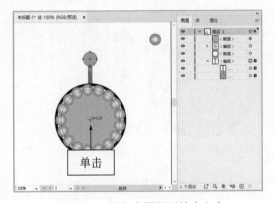

图 5-130　单击大圆图形的中心点

步骤13 弹出"旋转"对话框，设置"角度"为"45°"，如图5-131所示。

步骤14 单击"复制"按钮，即可复制并旋转相应图形，效果如图5-132所示。

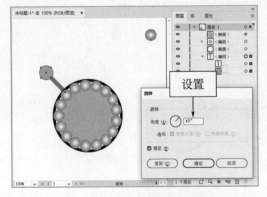

图 5-131　设置"角度"参数

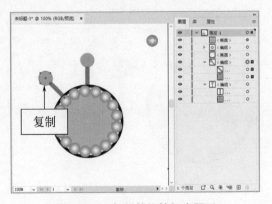

图 5-132　复制并旋转相应图形

步骤 15 按【Ctrl+D】组合键重复上一步操作，即可自动复制并旋转相应图形，效果如图 5-133 所示。

步骤 16 使用相同的操作方法，继续复制并旋转相应图形，完成一个病毒图形的绘制，效果如图 5-134 所示。

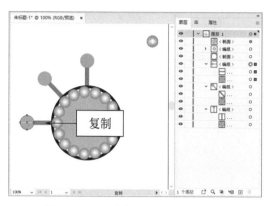

图 5-133　自动复制并旋转相应图形

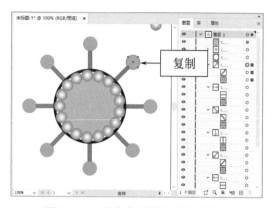

图 5-134　多次复制并旋转相应图形

5.3.3　使用剪刀工具处理脂质膜

对于病毒与脂质膜的交集部分，用户可以使用剪刀工具 ✂ 将多余的图形部分剪掉，具体操作方法如下。

步骤 01 选择多余的小圆形，如图 5-135 所示，按【Delete】键将其删除。

步骤 02 在"图层"面板中，按住"图层 1"图层并将其拖曳至"创建新图层"按钮 ⊞ 上，如图 5-136 所示。

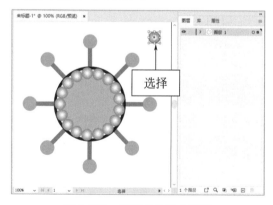

图 5-135　选择多余的小圆形

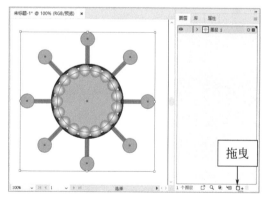

图 5-136　拖曳"图层 1"图层

专家指点

在编辑图稿时，经常需要放大或缩小窗口的显示比例、移动显示区域，以便更好地观察和处理图形对象。

步骤 03 执行操作后，即可复制"图层 1"图层，得到"图层 1_复制"图层，如图 5-137 所示。

步骤04 在图形编辑窗口中，适当调整复制图形的位置，如图5-138所示。

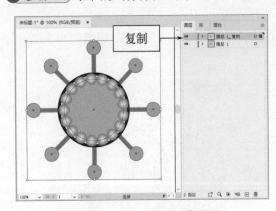

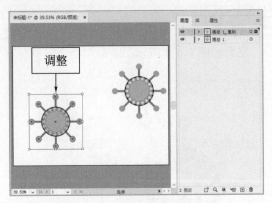

图 5-137　复制"图层 1"图层　　　　　图 5-138　调整复制图形的位置

步骤05 ❶新建"图层3"图层；❷使用矩形工具▭绘制一个合适大小的矩形形状，如图5-139所示。

步骤06 按【D】键，将矩形形状的填色和描边设置为默认效果，如图5-140所示。

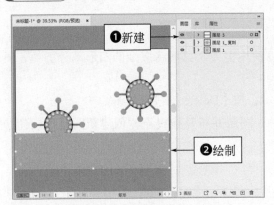

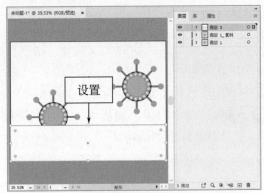

图 5-139　绘制一个矩形形状　　　　　图 5-140　将填色和描边设置为默认效果

步骤07 设置矩形形状的"填色"为"无"，效果如图5-141所示。

步骤08 按住【Shift】键的同时，使用选择工具▶选择多余的图形部分，如图5-142所示。

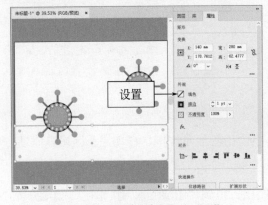

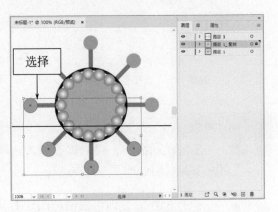

图 5-141　设置"填色"为"无"　　　　　图 5-142　选择多余的图形部分

步骤 09 按【Delete】键删除多余的图形部分，效果如图 5-143 所示。

步骤 10 在 "图层" 面板中，将 "图层 3" 图层拖曳至最下方，即可将矩形形状置于底层显示，如图 5-144 所示。

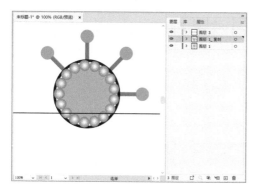

图 5-143　删除多余的图形部分

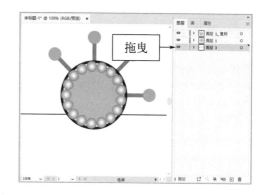

图 5-144　将矩形形状置于底层显示

步骤 11 使用剪刀工具在矩形与圆环左侧重合的位置处进行剪切，如图 5-145 所示。

步骤 12 使用相同的操作方法，剪切右侧的重合位置，如图 5-146 所示。

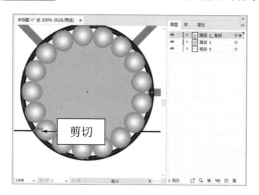

图 5-145　剪切左侧的重合位置

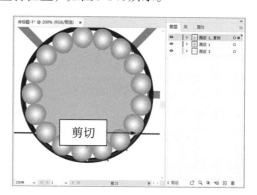

图 5-146　剪切右侧的重合位置

步骤 13 选择剪出来的图形部分，按【Delete】键将其删除，效果如图 5-147 所示。

步骤 14 采取相同的操作方法，使用剪刀工具剪切实心正圆图形与矩形重合的位置，如图 5-148 所示。

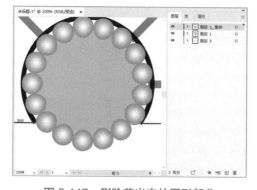

图 5-147　删除剪出来的图形部分

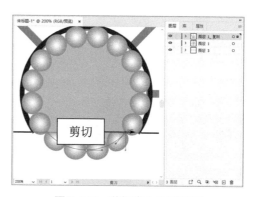

图 5-148　剪切实心正圆图形

步骤15 选择剪出来的部分实心正圆图形，按【Delete】键将其删除，如图5-149所示。

步骤16 执行操作后，即可绘制出一个残缺的病毒图形效果，如图5-150所示。

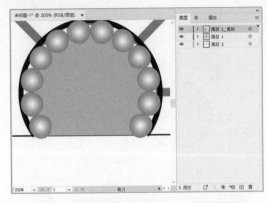

图 5-149　删除剪出来的实心正圆部分图形

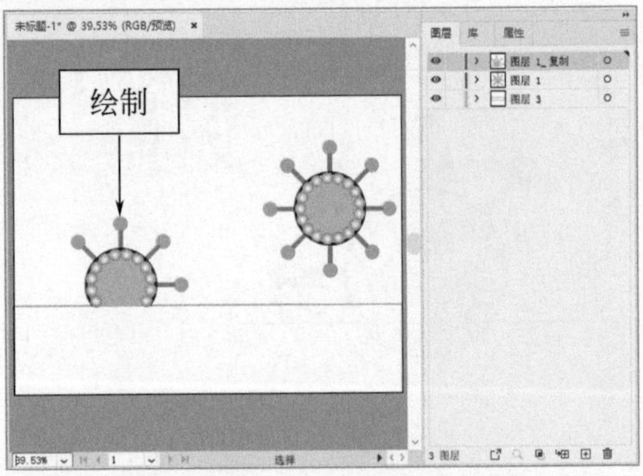

图 5-150　绘制出一个残缺的病毒图形效果

步骤17 ❶选择矩形图形；❷使用吸管工具 🖊 单击灰色的正圆，如图5-151所示。

步骤18 执行操作后，即可吸取灰色并填充矩形形状，如图5-152所示。

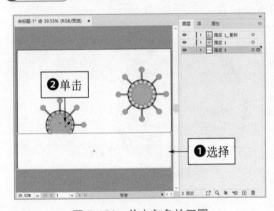

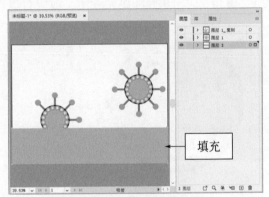

图 5-151　单击灰色的正圆

图 5-152　填充矩形形状

步骤19 使用矩形工具 ▢ 绘制一个合适大小的矩形形状，如图5-153所示。

步骤20 设置矩形形状的"填色"为深灰色（RGB参数值分别为"75、69、80"），效果如图5-154所示。

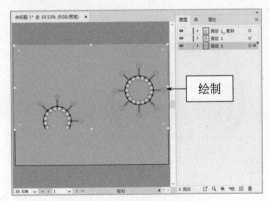

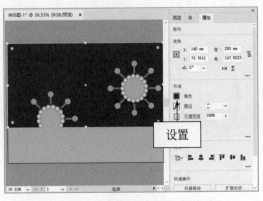

图 5-153　绘制一个矩形形状

图 5-154　设置矩形形状的填色效果

步骤21 ❶运用直线段工具 ✎绘制一条直线；❷设置"描边"为紫色（RGB 参数值分别为"158、0、93"）、描边宽度为"5pt"，效果如图 5-155 所示。

步骤22 复制直线，并适当调整其位置和宽度，效果如图 5-156 所示。

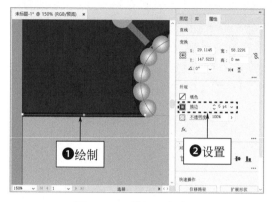

图 5-155　绘制一条直线

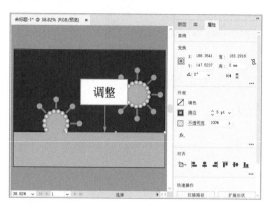

图 5-156　复制并调整直线

5.3.4　使用符号喷枪工具快速绘制复合物

下面主要使用符号喷枪工具 ⬚快速绘制出复合物的图形效果，具体操作方法如下。

步骤01 ❶新建"图层4"图层；❷运用直线段工具 ✎绘制一条短直线，如图 5-157 所示。

步骤02 在"属性"面板中，设置"宽"为"15mm"、"描边"为红色（RGB 参数值分别为"255、0、0"）、描边宽度为"6pt"，如图 5-158 所示。

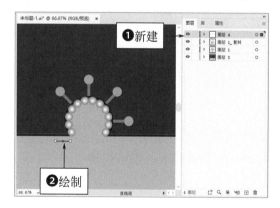

图 5-157　绘制一条短直线

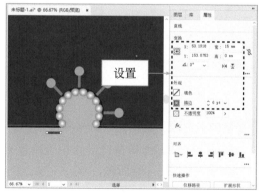

图 5-158　设置短直线的相关属性

专家指点

在使用直线段工具 ✎绘制直线时，若按住【Ctrl】键，则所绘制的直线为垂直线段。选取工具箱中的直线段工具 ✎后，在图形编辑窗口中按住【空格】键的同时，按住鼠标左键并拖曳，可以移动所绘制线段的位置。

步骤03 单击"窗口"|"描边"命令，弹出"描边"面板，在"端点"选项区中单击"圆头端点"按钮 ⬚，如图 5-159 所示。

步骤04 单击"窗口"|"符号"命令,弹出"符号"面板,将短直线拖曳至"符号"面板中,如图5-160所示。

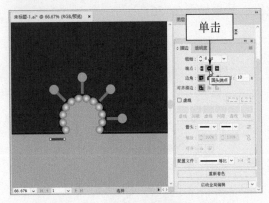

图 5-159 单击"圆头端点"按钮 　　　　　图 5-160 拖曳短直线

步骤05 弹出"符号选项"对话框,设置"名称"为"复合物",如图5-161所示。

步骤06 单击"确定"按钮,即可添加一个自定义的符号,如图5-162所示。

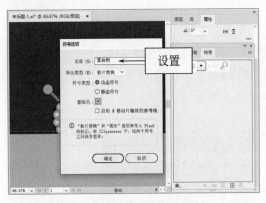
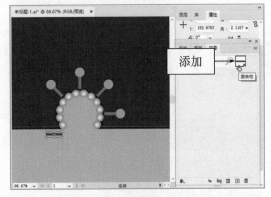

图 5-161 设置"名称"选项 　　　　　图 5-162 添加自定义符号

步骤07 选取工具箱中的符号喷枪工具,如图5-163所示。

步骤08 在图形编辑窗口中的相应位置处按住鼠标左键并拖曳,即可快速绘制多个复合物图形,如图5-164所示。

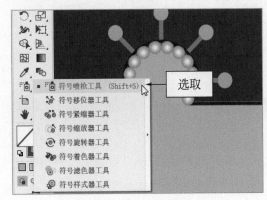
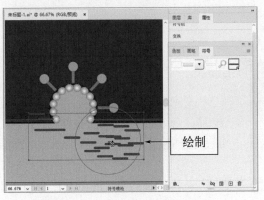

图 5-163 选取符号喷枪工具 　　　　　图 5-164 快速绘制多个复合物图形

步骤09　使用符号旋转器工具◎对符号进行适当旋转，如图5-165所示。

步骤10　使用符号移位器工具◎适当调整出界的符号位置，如图5-166所示。

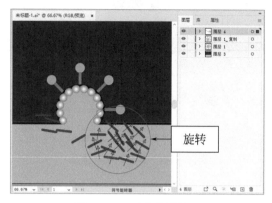

图 5-165　适当旋转符号

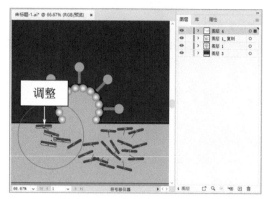

图 5-166　调整出界的符号位置

5.3.5　使用文字工具添加文字效果

下面主要使用文字工具 **T** 添加文字效果，并设置相应的文字格式，具体操作方法如下。

步骤01　❶新建"图层5"图层；❷使用直线段工具 ∕ 绘制一条直线，如图5-167所示。

步骤02　在"属性"面板中，设置"宽"为"50mm"、"描边"为白色（RGB参数值均为"255"）、描边宽度为"6pt"，如图5-168所示。

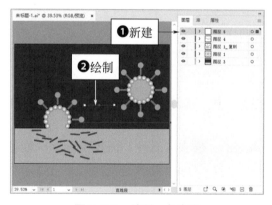

图 5-167　绘制一条直线

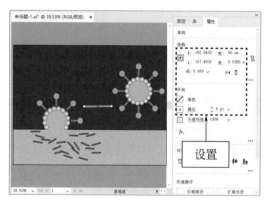

图 5-168　设置直线的相关属性

专家指点

虽然Illustrator是一款图形软件，但它的文本操作功能同样非常强大，其工具箱中提供了多种文本工具，用户使用这些文字输入工具，不仅可以按常规的书写方法输入文本，而且还可以将文本限制在一个区域之内。

步骤03　展开"描边"面板，在"箭头"选项区中的"路径终点箭头"列表框中选择"箭头5"选项，如图5-169所示。

步骤04　设置"箭头结束处的缩放因子"为"60%"，适当调整箭头的大小，效果如图5-170所示。

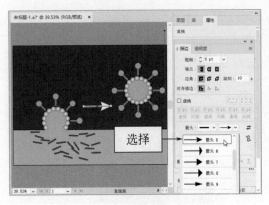

图 5-169 选择"箭头 5"选项

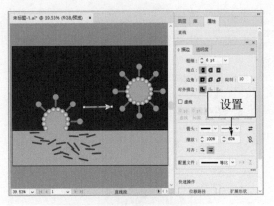

图 5-170 调整箭头的大小

步骤05 选取工具箱中的文字工具 **T**，如图5-171所示。

步骤06 将鼠标指针移至图形编辑窗口中，此时鼠标指针呈 形状，如图5-172所示。

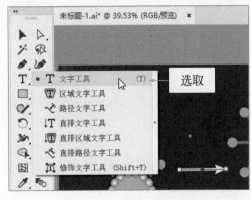

图 5-171 选取文字工具

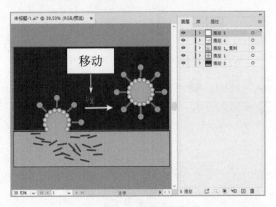

图 5-172 移动鼠标指针

步骤07 在图形编辑窗口中的合适位置单击鼠标左键，确认文字的插入点，插入点呈闪烁的光标状态，如图5-173所示。

步骤08 ❶输入相应的文字"Complexes-Mediated"；❷在"属性"面板中设置"填色"为白色（RGB参数值均为"255"）、"字体系列"为"Times New Roman"、"字体大小"为"21pt"，如图5-174所示。

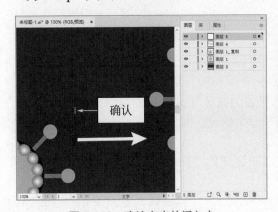

图 5-173 确认文字的插入点

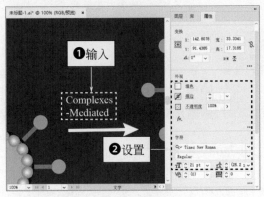

图 5-174 输入相应的文字

步骤 09 ❶选中输入的文字；❷在"属性"面板中的"段落"选项区中单击"居中对齐"按钮 ≡，如图 5-175 所示。

步骤 10 使用相同的操作方法，输入其他的文字"Virion"，效果如图 5-176 所示。

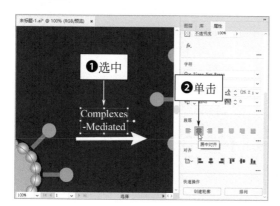

图 5-175　单击"居中对齐"按钮

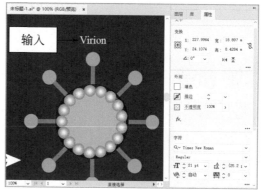

图 5-176　输入其他的文字

步骤 11 单击"文件"|"打开"命令，打开"文字 .ai"素材文件，如图 5-177 所示。

步骤 12 使用选择工具 ▶ 将其拖曳至背景图形编辑窗口中的合适位置处，效果如图 5-178 所示。

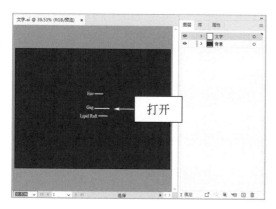

图 5-177　打开"文字 .ai"素材文件

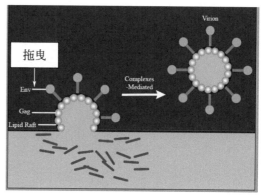

图 5-178　拖入文字素材

第6章

用3ds Max制作三维图形

　　3ds Max是一款三维制作软件，具有使用方便、功能强大以及效果精美等特点，被广泛应用于广告影视、工业设计、建筑设计、多媒体制作、辅助教学以及工程可视化等诸多领域。本章将通过具体案例，介绍3ds Max在科研论文绘图中的应用技巧。

本章
重点

➢ 绘制案例1：核壳粒子
➢ 绘制案例2：介孔空心球
➢ 绘制案例3：磷脂双分子层

6.1 绘制案例1：核壳粒子

核壳粒子是由一种纳米材料通过化学键或其他作用力将另一种纳米材料包覆起来，形成的纳米尺度的有序组装结构。本节主要介绍使用3ds Max绘制核壳粒子结构图的操作方法，最终效果如图6-1所示。

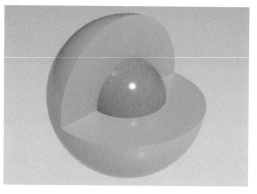

扫码看教学视频

图6-1 核壳粒子

6.1.1 使用"球体"功能创建核壳外层

下面主要使用"球体"功能来创建核壳粒子的外层结构，具体操作方法如下。

步骤01 启动3ds Max软件，在"创建"面板➕的"对象类型"卷展栏中，单击"球体"按钮，如图6-2所示。

步骤02 移动鼠标指针至"透视"视图中，按住鼠标左键并拖曳至合适位置，释放鼠标，创建一个球体，如图6-3所示。

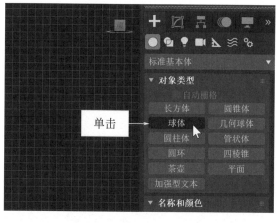

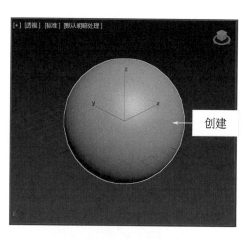

图6-2 单击"球体"按钮

图6-3 创建一个球体

步骤03 在命令面板区中，单击"修改"按钮▣，如图6-4所示。

步骤04 切换至"修改"面板，单击对象名称右侧的色块▇，如图6-5所示。

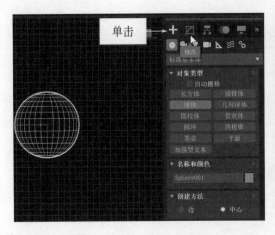

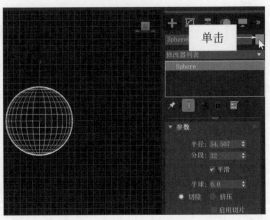

图 6-4　单击"修改"按钮　　　　　　　　图 6-5　单击对象名称右侧的色块

**步骤05** 弹出"对象颜色"对话框，单击"添加自定义颜色"按钮，如图6-6所示。

步骤06 弹出"颜色选择器：添加颜色"对话框，设置"红、绿、蓝"的参数值分别为"28、150、180"，如图6-7所示。

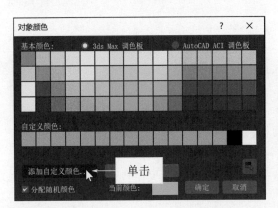

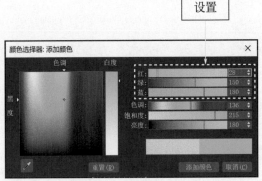

图 6-6　单击"添加自定义颜色"按钮　　　　图 6-7　设置颜色参数

步骤07 单击"添加颜色"按钮，即可添加自定义颜色，如图6-8所示。

步骤08 单击"确定"按钮，即可修改球体的颜色，如图6-9所示。

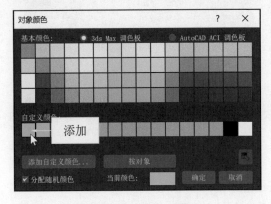

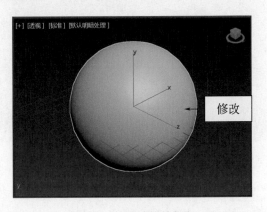

图 6-8　添加自定义颜色　　　　　　　　图 6-9　修改球体的颜色

步骤09 在"参数"卷展栏中，设置"半径"为"40"，即可修改球体的大小，效果如图6-10所示。

步骤10 在"参数"卷展栏中，设置"分段"为"100"，即可修改球体表面的平滑度，效果如图6-11所示。

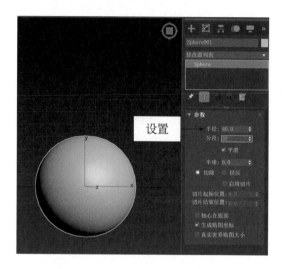

图 6-10　修改球体的大小　　　　　　　　　　图 6-11　修改球体表面的平滑度

步骤11 在工具栏中，选取选择并移动工具 ✛，如图6-12所示。

步骤12 在工作视图区中，使用选择并移动工具 ✛ 按住球体的同时并拖曳，即可移动球体，效果如图6-13所示。

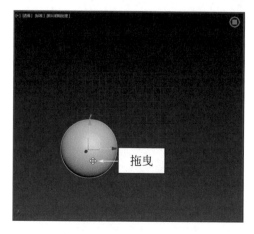

图 6-12　选取选择并移动工具　　　　　　　　图 6-13　移动球体

步骤13 在状态栏中，将"X、Y、Z"的参数值均设置为"0"，如图6-14所示。

步骤14 执行操作后，即可将球体移动到坐标轴的中心位置处，效果如图6-15所示。

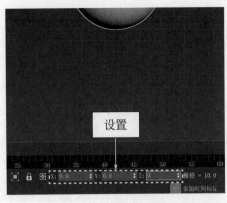

图 6-14　设置坐标参数值

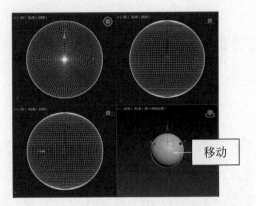

图 6-15　移动球体到坐标轴中心

步骤15 在"参数"卷展栏中，❶选中"启用切片"复选框；❷设置"切片结束位置"为"90"，如图 6-16 所示。

步骤16 执行操作后，在"顶"视图中可以明显看到球体被切掉了1/4部分，效果如图 6-17 所示。

图 6-16　设置"切片结束位置"参数

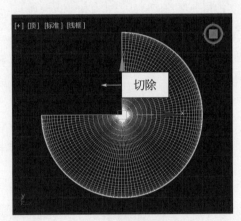

图 6-17　切除部分球体效果

步骤17 在工具栏中，选取选择并旋转工具 ，如图 6-18 所示。

步骤18 使用选择并旋转工具 在相应的坐标轴上拖曳鼠标，即可沿着该坐标轴旋转球体，效果如图 6-19 所示。

图 6-18　选取选择并旋转工具

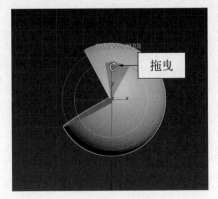

图 6-19　旋转球体

步骤19 在状态栏中，设置"X"和"Z"的参数值均为"90"，如图6-20所示。

步骤20 执行操作后，即可将球体的切面转向屏幕，效果如图6-21所示。

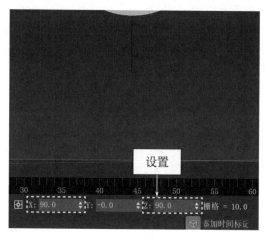

图 6-20　设置"X"和"Z"的参数值

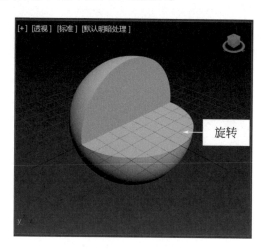

图 6-21　将球体的切面转向屏幕

6.1.2　使用坐标轴制作大小球体嵌套效果

先创建一个小球体，并设置不同的颜色，然后使用状态栏的坐标轴来移动球体的位置，使其形成大小球体嵌套的效果，具体操作方法如下。

步骤01 在"创建"面板━的"对象类型"卷展栏中，单击"球体"按钮，再次创建一个小球体，如图6-22所示。

步骤02 在"参数"卷展栏中，设置"半径"为"20"，如图6-23所示。

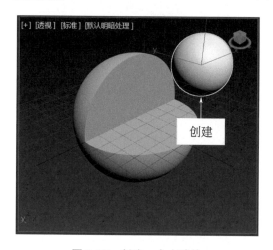

图 6-22　创建一个小球体

图 6-23　设置"半径"参数

步骤03 执行操作后，即可调整球体的大小，效果如图6-24所示。

步骤04 在状态栏中，使用鼠标右键单击"X"和"Y"参数栏右侧的箭头图标┇，即可快速将其参数设置为"0"，如图6-25所示。

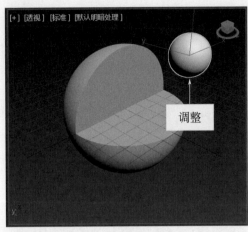

图 6-24　调整球体的大小

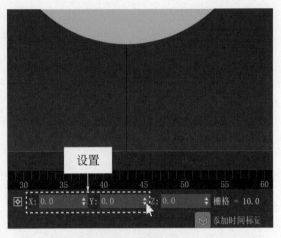

图 6-25　将参数归零

步骤05　执行操作后，即可调整球体的位置，效果如图6-26所示。

步骤06　在"名称和颜色"卷展栏中，单击对象名称右侧的色块，如图6-27所示。

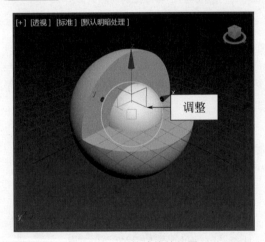

图 6-26　调整球体的位置

图 6-27　单击对象名称右侧的色块

步骤07　弹出"对象颜色"对话框，在"基本颜色"选项区中选择一种预设的黄色（"红、绿、蓝"的参数值分别为"177、88、27"），如图6-28所示。

步骤08　单击"确定"按钮，即可修改球体的颜色，效果如图6-29所示。

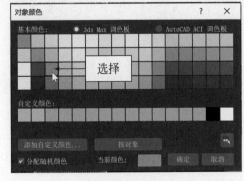

图 6-28　选择一种预设的黄色

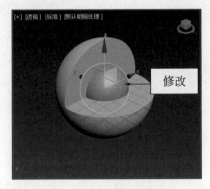

图 6-29　修改球体的颜色

6.1.3　使用"平面"功能创建背景效果

首先，创建一个天光用于消除渲染时球体下方的阴影，然后，使用"平面"功能创建背景效果，最后，对 3D 模型进行渲染，具体操作方法如下。

步骤01　在"创建"面板➕中，单击"灯光"按钮💡，如图 6-30 所示。

步骤02　切换至"灯光"选项卡，在下方的列表框中选择"标准"选项，如图 6-31 所示。

图 6-30　单击"灯光"按钮

图 6-31　选择"标准"选项

步骤03　在"对象类型"卷展栏中，单击"天光"按钮，如图 6-32 所示。

步骤04　在"透视"视图的相应位置处单击，创建一个天光，如图 6-33 所示。

图 6-32　单击"天光"按钮

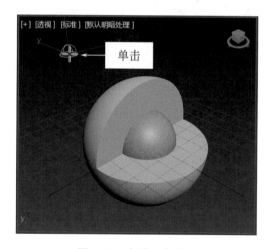

图 6-33　创建一个天光

步骤05　在"修改"面板❏的"天光参数"卷展栏中，选中"投射阴影"复选框，如图 6-34 所示。

步骤06　在"创建"面板➕中，单击"平面"按钮，如图 6-35 所示。

图 6-34 选中"投射阴影"复选框

图 6-35 单击"平面"按钮

步骤07 移动鼠标指针至"透视"视图中,按住鼠标左键并拖曳至合适位置,释放鼠标,创建一个平面,如图 6-36 所示。

步骤08 在"前"视图中,沿着 y 轴向下拖曳平面至大球体的底部,如图 6-37 所示。

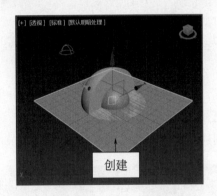

图 6-36 创建一个平面

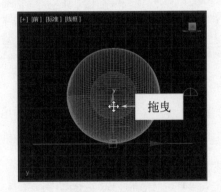

图 6-37 拖曳平面

步骤09 在"透视"视图中,可以看到平面的位置发生了变化,效果如图 6-38 所示。

步骤10 在"修改"面板 的"参数"卷展栏中,设置"长度"和"宽度"均为"1000",如图 6-39 所示。

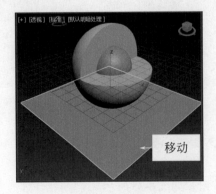

图 6-38 移动平面的位置

图 6-39 设置"长度"和"宽度"参数

步骤 11 执行操作后，即可修改平面的大小，效果如图 6-40 所示。

步骤 12 在"修改"面板 ◪ 中单击对象名称右侧的色块 ■，弹出"对象颜色"对话框，在"基本颜色"选项区中选择一种预设的浅绿色（"红、绿、蓝"的参数值分别为"153、228、153"），如图 6-41 所示。

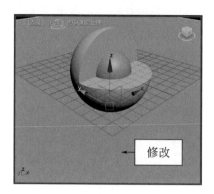

图 6-40　修改平面大小的效果

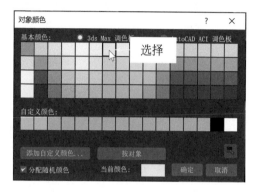

图 6-41　选择一种预设的浅绿色

步骤 13 单击"确定"按钮，即可修改平面的颜色，效果如图 6-42 所示。

步骤 14 在工具栏中，单击"渲染产品"按钮 ■，如图 6-43 所示。

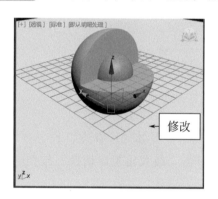

图 6-42　修改平面的颜色

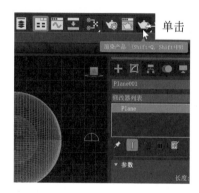

图 6-43　单击"渲染产品"按钮

步骤 15 弹出相应对话框，即可查看渲染效果，如图 6-44 所示。

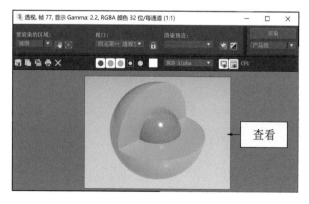

图 6-44　查看渲染效果

6.2 ／ 绘制案例2：介孔空心球

根据国际纯粹与应用化学联合会（International Union of Pure and Applied Chemistry，简称IUPAC）的规定，介孔是指孔径介于2～50nm之间的一类多孔材料。本节主要介绍使用3ds Max绘制介孔空心球结构图的操作方法，最终效果如图6-45所示。

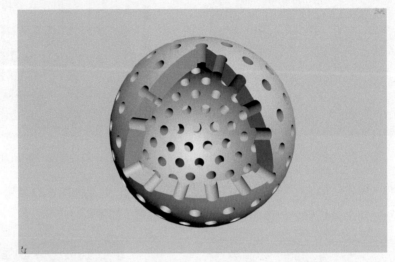

扫码看教学视频

图 6-45　介孔空心球

6.2.1　使用"壳"命令创建空心球体

下面主要使用"壳"命令做出内部呈空心结构的球体，具体操作方法如下。

🔵 **步骤01** 启动3ds Max软件，在视图控制区中，单击"最大化视口切换"按钮▣，如图6-46所示。

🔵 **步骤02** 执行操作后，即可在工作视图区中最大化显示所选的视图，如"透视"视图，效果如图6-47所示。

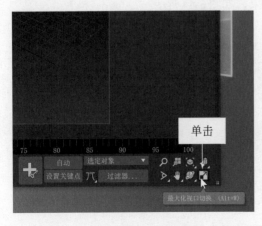

图 6-46　单击"最大化视口切换"按钮

图 6-47　最大化显示所选的视图

步骤03　在"创建"面板➕的"对象类型"卷展栏中，单击"球体"按钮，创建一个球体，如图6-48所示。

步骤04　在视图控制区中，单击"平移视图"按钮🖐，在工作视图区中按住鼠标左键并拖曳，即可平移视图，如图6-49所示。

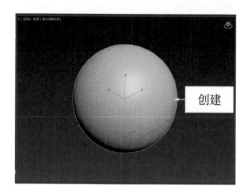

图 6-48　创建一个球体

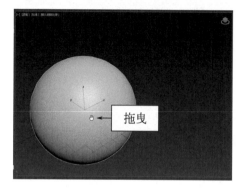

图 6-49　平移视图

专家指点

在平移视图的过程中，网格的位置是会变动的，但球体相对于网格的位置是不变的。

步骤05　在视图控制区中，单击"环绕子对象"按钮🖱，在工作视图区中按住鼠标左键并拖曳，即可旋转视图，如图6-50所示。

步骤06　在视图控制区中，单击"缩放"按钮🔍，在工作视图区中按住鼠标左键并拖曳，即可放大或缩小视图，如图6-51所示。

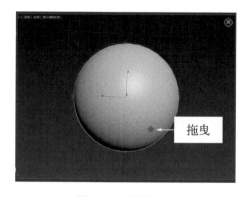

图 6-50　旋转视图

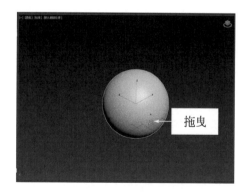

图 6-51　缩放视图

步骤07　在视图控制区中，单击"视野"按钮▶，在工作视图区中按住鼠标左键并拖曳，即可调整视图的视野大小，如图6-52所示。

步骤08　在视图控制区中，单击"最大化显示选定对象"按钮🔾，即可将所有可见的对象在"透视"或"正交"视图中居中显示，效果如图6-53所示。

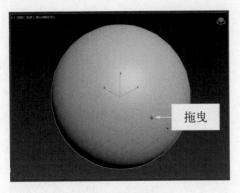

图 6-52　调整视图的视野大小

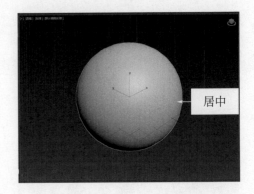

图 6-53　居中显示所有可见对象

步骤09　选中球体对象，在"修改"面板 的"参数"卷展栏中，设置"半径"为
"40"、"分段"为"48"，如图 6-54 所示。

步骤10　执行操作后，即可调整球体的大小，效果如图 6-55 所示。

图 6-54　设置"半径"和"分段"参数

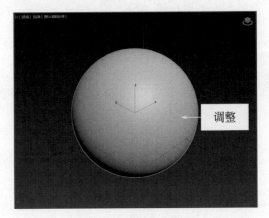

图 6-55　调整球体的大小

步骤11　设置球体的"对象颜色"为粉色（"红、绿、蓝"的参数值分别为"229、166、
215"），效果如图 6-56 所示。

步骤12　在视图显示模式列表框中选择"边面"选项，球体表面会显示相应的线框，效
果如图 6-57 所示。

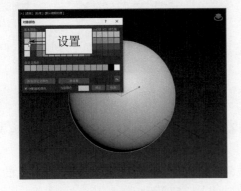

图 6-56　设置球体颜色效果

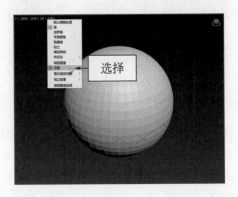

图 6-57　选择"边面"选项

步骤13 选择球体对象，将其坐标轴均设置为"0"，将球体置于网格的中心位置处，效果如图6-58所示。

步骤14 在球体对象上单击鼠标右键，在弹出的快捷菜单中选择"转化为："|"转化为可编辑多边形"选项，如图6-59所示。

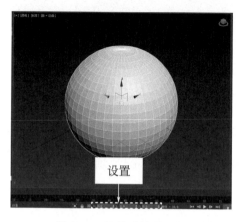

图 6-58　调整球体的位置

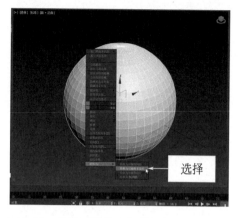

图 6-59　选择"转化为可编辑多边形"选项

步骤15 执行操作后，即可将球体转换为可编辑多边形，同时"修改"面板 中出现了很多相关的设置，如选择堆栈区中的"可编辑多边形"|"顶点"选项，如图6-60所示。

步骤16 执行操作后，即可显示球体上方的所有顶点，如图6-61所示。

图 6-60　选择"顶点"选项

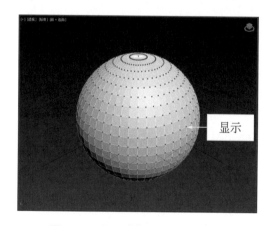

图 6-61　显示球体上方的所有顶点

专家指点

可编辑多边形的堆栈区中包含了顶点、边、边界、多边形和元素等可编辑对象。

步骤17 在"前"视图模式中，设置显示模式为"边面"，如图6-62所示。

步骤18 在堆栈区中，❶选择"可编辑多边形"中的"多边形"选项；❷在"选择"卷展栏中选中"忽略背面"复选框，如图6-63所示。

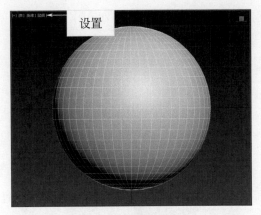

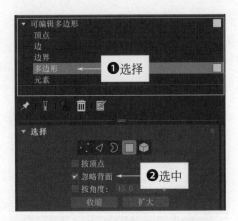

图 6-62 设置显示模式

图 6-63 选中"忽略背面"复选框

步骤19 在球体上框选部分多边形,即可选中1/8个角,如图6-64所示。

步骤20 按【Delete】键,删除选中的多边形,效果如图6-65所示。

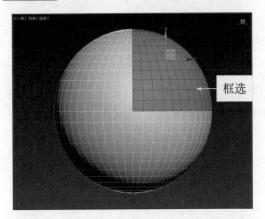

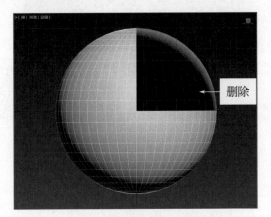

图 6-64 框选部分多边形

图 6-65 删除选中的多边形

步骤21 按【P】键返回"透视"视图模式,并适当旋转视图,即可看到切口,如图6-66
所示。

步骤22 在菜单栏中,单击"修改器"|"参数化变形器"|"壳"命令,如图6-67所示。

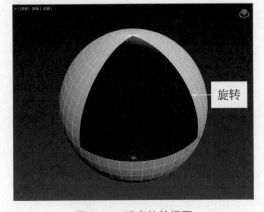

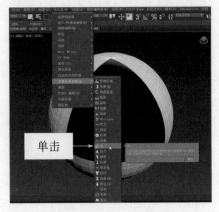

图 6-66 适当旋转视图

图 6-67 单击"壳"命令

步骤23 在"参数"卷展栏中，设置"外部量"为"10"，如图6-68所示。

步骤24 执行操作后，即可清晰地看到球体内部的空心结构，效果如图6-69所示。

图6-68 设置"外部量"参数

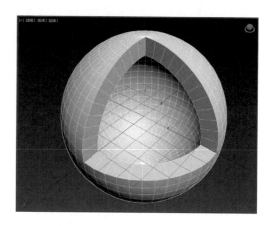

图6-69 制作空心结构的球体效果

6.2.2 利用散布运算创建复合圆柱体

首先，创建一个圆柱体，然后，利用几何球体和散布运算功能来创建复合对象，让圆柱体散布到几何球体的表面上，作为后面操作中的打孔元素使用，具体操作方法如下。

步骤01 在"创建"面板 ➕ 的"对象类型"卷展栏中，单击"圆柱体"按钮，如图6-70所示。

步骤02 移动鼠标指针至"透视"视图中，按住鼠标左键并拖曳至合适位置，即可创建一个圆柱体，效果如图6-71所示。

图6-70 单击"圆柱体"按钮

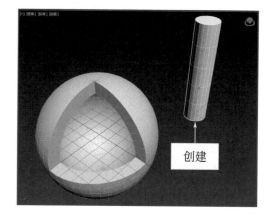

图6-71 创建一个圆柱体

步骤03 在"修改"面板 ☑ 的"参数"卷展栏中，设置"半径"为"3"、"高度"为"60"、"高度分段"为"1"、"边数"为"32"，如图6-72所示。

步骤04 执行操作后，即可调整圆柱体的样式，效果如图6-73所示。

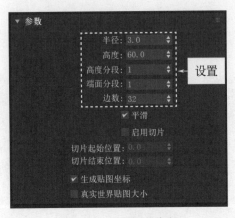

图 6-72　设置相应参数

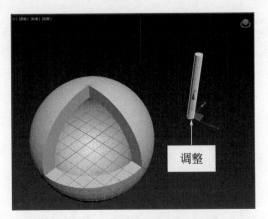

图 6-73　调整圆柱体的样式效果

🔄 **步骤 05**　在"创建"面板 ➕ 的"对象类型"卷展栏中，单击"几何球体"按钮，在球体的正中央创建一个几何球体（"半径"为"30"、"分段"为"4"），效果如图 6-74 所示。

🔄 **步骤 06**　❶选择圆柱体；❷在"几何体" ⬤ 列表框中选择"复合对象"选项，如图 6-75 所示。

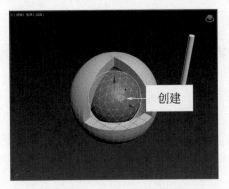

图 6-74　创建一个几何球体

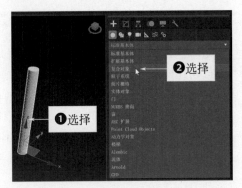

图 6-75　选择"复合对象"选项

🔄 **步骤 07**　在"对象类型"卷展栏中，单击"散布"按钮，如图 6-76 所示。

🔄 **步骤 08**　在"拾取分布对象"卷展栏中，单击"拾取分布对象"按钮，如图 6-77 所示。

图 6-76　单击"散布"按钮

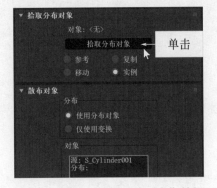

图 6-77　单击"拾取分布对象"按钮

🔄 **步骤 09**　在工作视图区中，选择几何球体对象，如图 6-78 所示。

步骤10 执行操作后，即可创建复合对象，如图 6-79 所示。

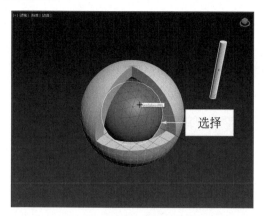

图 6-78　选择几何球体对象

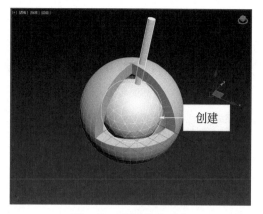

图 6-79　创建复合对象

步骤11 在"显示"卷展栏中，选中"隐藏分布对象"复选框，如图 6-80 所示。

步骤12 在"分布对象"卷展栏的"分布对象参数"选项区中，选中"所有顶点"单选按钮，如图 6-81 所示。

图 6-80　选中"隐藏分布对象"复选框

图 6-81　选中"所有顶点"单选按钮

步骤13 执行操作后，几何球体的所有顶点上都会出现一个圆柱体，效果如图 6-82 所示。

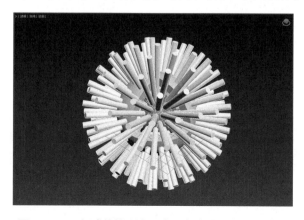

图 6-82　几何球体的所有顶点上都会出现一个圆柱体

6.2.3 利用布尔运算创建孔洞结构

下面主要利用布尔运算功能，在空心球体的表面减去散布的复合圆柱体对象，从而创建球体上的孔洞结构效果，具体操作方法如下。

步骤01 在工作视图区中，选择空心球体对象，如图6-83所示。

步骤02 在"对象类型"卷展栏中，单击"布尔"按钮，如图6-84所示。

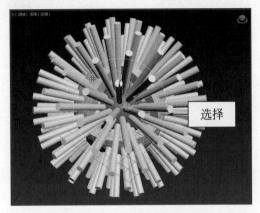

图6-83 选择空心球体对象

图6-84 单击"布尔"按钮

步骤03 在"运算对象参数"卷展栏中单击"差集"按钮，在"布尔参数"卷展栏中单击"添加运算对象"按钮，如图6-85所示。

步骤04 在工作视图区中，选择复合圆柱体对象，如图6-86所示。

图6-85 单击"添加运算对象"按钮

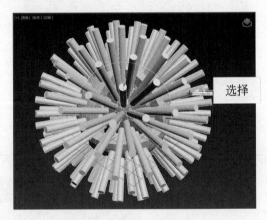

图6-86 选择复合圆柱体对象

专家指点

3ds Max的布尔运算功能包括并集、合并、交集、差集和插入等方式，能够使简单的基本图形按照一定的方式进行组合，从而产生新的图形。

步骤05 执行操作后，即可在空心球体的表面创建孔洞结构，效果如图6-87所示。

步骤06 选择中间的几何球体，按【Delete】键将其删除，如图6-88所示。

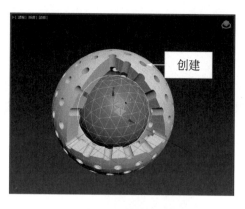

图 6-87　创建孔洞结构

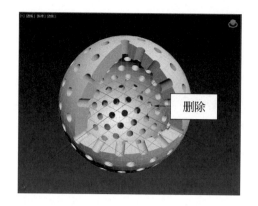

图 6-88　删除中间的几何球体

步骤07 在"创建"面板 ✚ 中，单击"平面"按钮，创建一个平面，效果如图6-89所示。

步骤08 在"前"视图中，沿着y轴向下拖曳平面至大球体的底部，如图6-90所示。

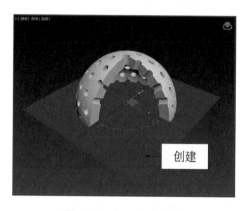

图 6-89　创建一个平面

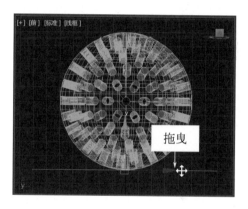

图 6-90　拖曳平面

步骤09 在"修改"面板 ☑ 的"参数"卷展栏中，设置"长度"和"宽度"均为"1000"，调整平面的大小，效果如图6-91所示。

步骤10 设置平面的"对象颜色"为浅蓝色（"红、绿、蓝"的参数值分别为"154、185、229"），效果如图6-92所示。

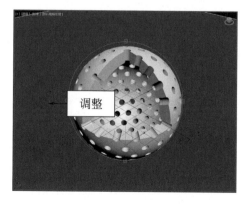

图 6-91　调整平面的大小

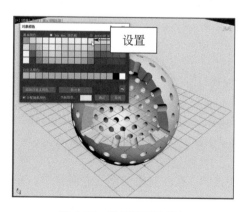

图 6-92　设置平面的颜色

6.3 ╱ 绘制案例3：磷脂双分子层

磷脂是一种由甘油、脂肪酸和磷酸等元素组成的分子，而磷脂双分子层则是构成细胞膜的基本支架。本节主要介绍使用3ds Max绘制磷脂双分子层的操作方法，最终效果如图6-93所示。

扫码看教学视频

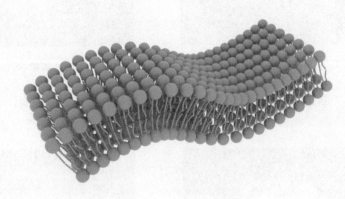

图 6-93 磷脂双分子层

6.3.1 利用"线"功能绘制辅助样条线

下面主要利用3ds Max的"线"功能绘制一条曲线，作为磷脂分子进行对称复制的参考样条线，具体操作方法如下。

🔄 步骤01 启动3ds Max软件，在视图控制区中，最大化显示"前"视图，如图6-94所示。

🔄 步骤02 在"创建"面板➕中，单击"图形"按钮◢，如图6-95所示。

图 6-94 最大化显示"前"视图

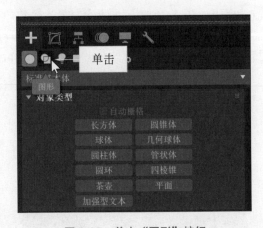

图 6-95 单击"图形"按钮

🔄 步骤03 在"对象类型"卷展栏中，单击"线"按钮，如图6-96所示。

🔄 步骤04 在工作视图区中，❶单击鼠标左键确认线的起始顶点；❷再次单击鼠标左键，创建一个转折顶点，如图6-97所示。

图 6-96　单击"线"按钮

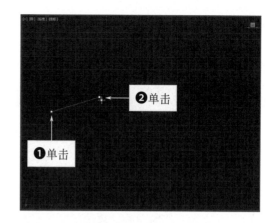

图 6-97　创建两个顶点

> 步骤 05　使用相同的操作方法，创建多个顶点，如图 6-98 所示。

> 步骤 06　线条绘制完成后，单击鼠标右键即可，效果如图 6-99 所示。

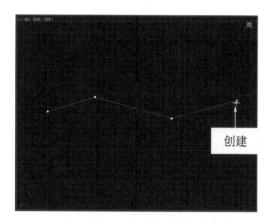

图 6-98　创建多个顶点

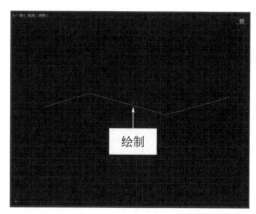

图 6-99　线条绘制完成

> 步骤 07　在"修改"面板 的堆栈区中，选择 Line 中的"顶点"选项，如图 6-100 所示。

> 步骤 08　在工作视图区中，框选所有的顶点对象，如图 6-101 所示。

图 6-100　选择"顶点"选项

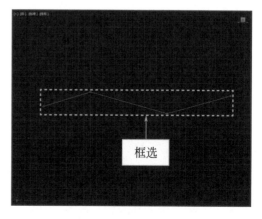

图 6-101　框选所有的顶点对象

步骤09 在任意顶点上单击鼠标右键，在弹出的快捷菜单中选择"平滑"选项，如图 6-102所示。

步骤10 执行操作后，即可将样条线转换为平滑的曲线，效果如图6-103所示。

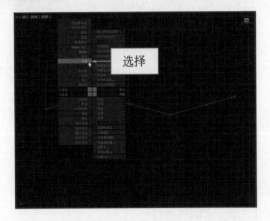

图 6-102 选择"平滑"选项

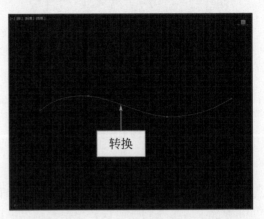

图 6-103 将样条线转换为平滑的曲线

步骤11 使用鼠标左键按住相应顶点并拖曳，即可调整顶点的位置，如图6-104所示。

步骤12 使用相同的操作方法继续调整其他的顶点，即可改变样条线的形状，效果如图 6-105所示。

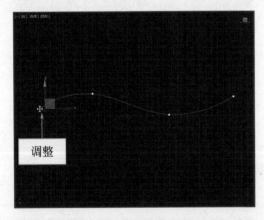

图 6-104 调整顶点的位置

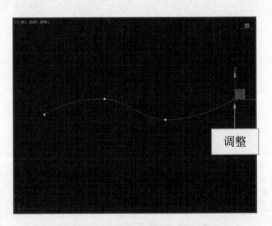

图 6-105 改变样条线的形状效果

专家指点

样条线是指根据给定的一组控制点而得到的一条曲线，其作用主要是辅助生成实体。

6.3.2 绘制单个磷脂分子并启用渲染效果

下面主要利用"球体"功能和"线"功能绘制出单个磷脂分子，并设置相应的"渲染"选项调整其显示效果，具体操作方法如下。

步骤01 在"创建"面板➕中，单击"几何体"按钮◯，如图6-106所示。

步骤02 在"对象类型"卷展栏中，单击"球体"按钮，如图6-107所示。

图 6-106 单击"几何体"按钮

图 6-107 单击"球体"按钮

步骤03 在"前"视图中，创建一个"半径"为7的球体对象，如图6-108所示。

步骤04 利用缩放工具🔍适当放大球体对象的显示效果，如图6-109所示。

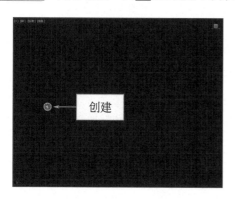

图 6-108 创建一个球体对象

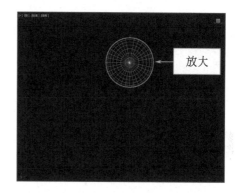

图 6-109 放大球体对象的显示效果

步骤05 在球体对象的左下方，创建一条直线图形，如图6-110所示。

步骤06 在球体对象的右下方，创建一条折线图形，如图6-111所示。

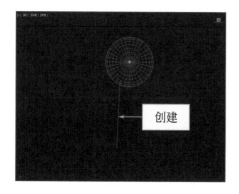

图 6-110 创建一条直线图形

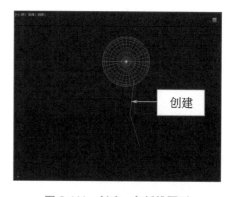

图 6-111 创建一条折线图形

步骤07 在各个视图中，对各图形对象的位置进行适当调整，效果如图6-112所示。

步骤08 选择直线图形，在"修改"面板▣的"渲染"卷展栏中，❶选中"在渲染中启用"复选框和"在视口中启用"复选框；❷设置"厚度"为"1.5"，如图6-113所示。

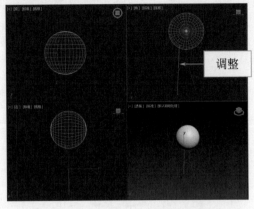

图 6-112 调整各图形对象的位置

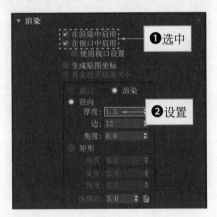

图 6-113 设置相应"渲染"选项

步骤09 执行操作后，即可调整直线图形的显示效果，如图6-114所示。

步骤10 使用相同的操作方法，调整折线图形的显示效果，如图6-115所示。

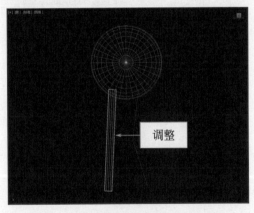

图 6-114 调整直线图形的显示效果

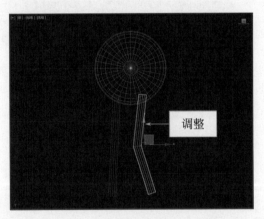

图 6-115 调整折线图形的显示效果

6.3.3 利用"镜像"复制功能制作磷脂双分子

下面主要利用"镜像"功能，对磷脂分子进行镜像复制，然后制作出磷脂双分子效果图，具体操作方法如下。

步骤01 在"透视"视图中，设置显示模式为"默认明暗处理"，效果如图6-116所示。

步骤02 设置球体的"对象颜色"为蓝色（"红、绿、蓝"的参数值分别为"8、110、135"），效果如图6-117所示。

步骤03 设置球体下方线条的"对象颜色"为黄色（"红、绿、蓝"的参数值分别为"135、110、8"），效果如图6-118所示。

步骤04 在工作视图区中，选中整个磷脂分子对象，如图6-119所示。

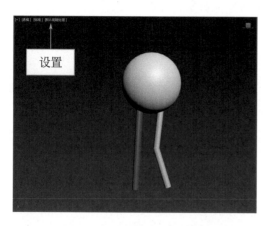

图 6-116　设置显示模式效果

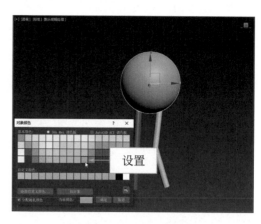

图 6-117　设置球体颜色

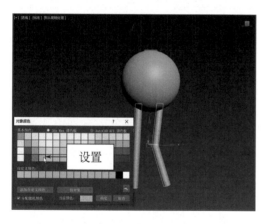

图 6-118　设置线条的颜色

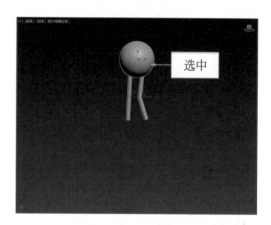

图 6-119　选中整个磷脂分子对象

步骤05　在工具栏中，单击"镜像"按钮，如图 6-120 所示。

步骤06　弹出"镜像：世界 坐标"对话框，❶在"镜像轴"选项区中选中"Z"单选按钮；❷在"克隆当前选择"选项区中选中"复制"单选按钮，如图 6-121 所示。

图 6-120　单击"镜像"按钮

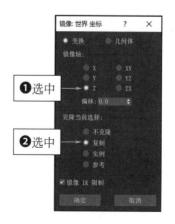

图 6-121　选中"复制"单选按钮

步骤07 单击"确定"按钮，即可镜像复制磷脂分子对象，如图6-122所示。

步骤08 使用选择并移动工具➕适当调整镜像复制的磷脂分子对象的位置，效果如图6-123所示。

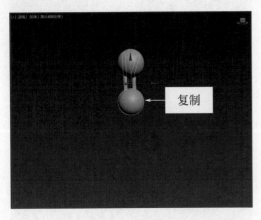

图6-122 镜像复制磷脂分子对象

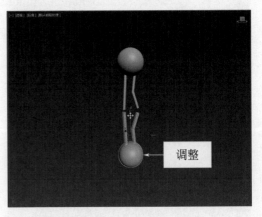

图6-123 调整磷脂分子的位置

6.3.4 使用"间隔工具"命令复制一排磷脂双分子

首先，将磷脂双分子对象进行编组，然后，使用"间隔工具"命令沿着样条线复制出一排磷脂双分子对象，具体操作方法如下。

步骤01 在工作视图中，框选磷脂双分子对象，如图6-124所示。

步骤02 在菜单栏中，单击"组"|"组"命令，如图6-125所示。

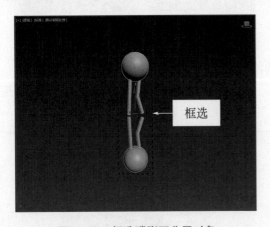

图6-124 框选磷脂双分子对象

图6-125 单击"组"命令

步骤03 执行操作后，弹出"组"对话框，单击"确定"按钮，即可将磷脂双分子对象进行编组，如图6-126所示。

步骤04 在菜单栏中，单击"工具"|"对齐"|"间隔工具"命令，如图6-127所示。

步骤05 弹出"间隔工具"对话框，单击"拾取路径"按钮，如图6-128所示。

步骤06 在工作视图区中，选择样条线对象，如图6-129所示。

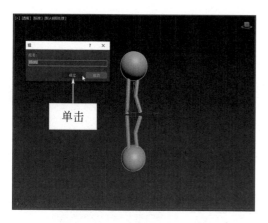

图 6-126　单击"确定"按钮

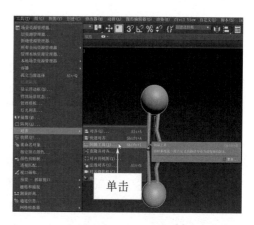

图 6-127　单击"间隔工具"命令

图 6-128　单击"拾取路径"按钮

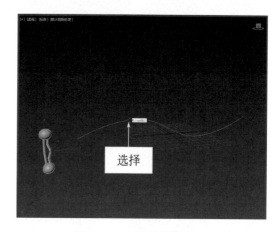

图 6-129　选择样条线对象

步骤07　在"间隔工具"对话框中，❶ 设置"计数"为"25"；❷ 并选中"跟随"复选框，如图 6-130 所示。

步骤08　单击"应用"按钮并关闭对话框，即可沿着样条线复制一排磷脂双分子，效果如图 6-131 所示。

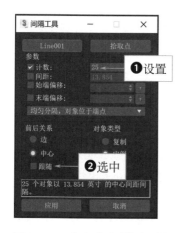

图 6-130　选中"跟随"复选框

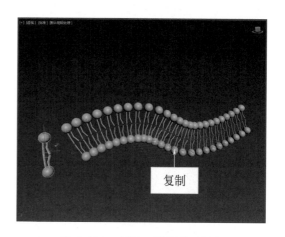

图 6-131　复制一排磷脂双分子

6.3.5 利用"克隆选项"功能复制多排磷脂双分子

下面主要利用"克隆选项"功能快速复制出多排磷脂双分子，具体操作方法如下。

步骤01 ❶选择样条线对象，单击鼠标右键；❷在弹出的快捷菜单中选择"隐藏选定对象"选项，如图6-132所示。

步骤02 执行操作后，即可隐藏样条线对象，效果如图6-133所示。

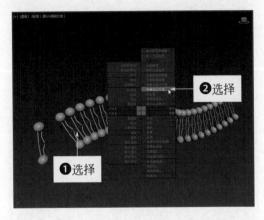

图6-132 选择"隐藏选定对象"选项

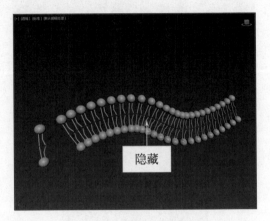

图6-133 隐藏样条线对象

步骤03 使用相同的操作方法，隐藏单个的磷脂双分子对象，效果如图6-134所示。

步骤04 在"顶"视图中，框选一排磷脂双分子对象，效果如图6-135所示。

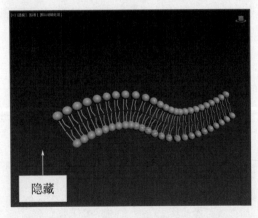

图6-134 隐藏单个的磷脂双分子对象

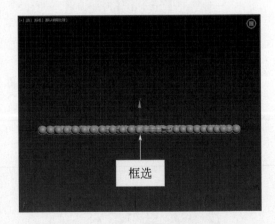

图6-135 框选一排磷脂双分子对象

专家指点

视图是3ds Max的工作区，用户可以利用各个视图来观察和安排对象的位置。激活视图就是选择视图，将其确认为当前视图，当前视图只能有一个。移动鼠标指针至需要激活的视图中，单击鼠标左键或右键即可激活该视图。

用户可以分别按键盘上的【T】、【F】、【L】、【P】和【B】键，相应地切换至"顶"视图、"前"视图、"左"视图、"透视"视图和"底"视图。

步骤05 按住【Shift】键的同时沿着 y 轴向上拖曳磷脂双分子对象，如图 6-136 所示。

步骤06 释放鼠标左键后，即可弹出"克隆选项"对话框，设置"副本数"为"6"，如图 6-137 所示。

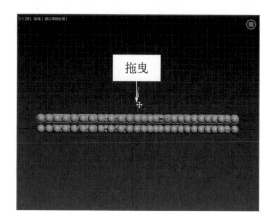

图 6-136　拖曳磷脂双分子对象

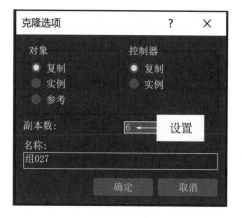

图 6-137　设置"副本数"参数

步骤07 单击"确定"按钮，即可复制 6 排磷脂双分子对象，如图 6-138 所示。

步骤08 在"透视"视图中，查看制作的磷脂双分子层效果，如图 6-139 所示。

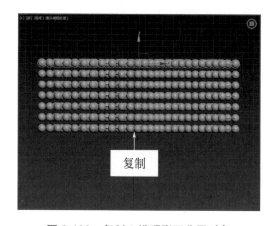

图 6-138　复制 6 排磷脂双分子对象

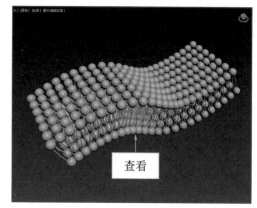

图 6-139　查看磷脂双分子层效果

第7章

用 Origin 绘制数据图形

  Origin 是一款功能强大的数据分析和专业函数绘图软件，专为满足科学家和工程师的需求而量身定制。Origin 与其他应用程序的不同之处在于，它可以让用户自动化地完成数据导入、分析、绘图和报告等任务，同时还支持批量绘图和分析操作，是分析数据和展示科学成果的有效工具。本章主要介绍使用 Origin 绘制数据图形的操作方法。

- ➤ 绘制案例1：多因子柱状图
- ➤ 绘制案例2：气泡+颜色映射图
- ➤ 绘制案例3：3D条状图

7.1 ∕ 绘制案例1：多因子柱状图

多因子柱状图是指在同一个实验组别中，通过同一张图来展现不同指标的测定数据，其关键在于数据的摆放位置要正确。在一个实验中，如果组别是固定的，但有很多不同的指标，此时可使用Origin将这些指标在同一张图中展现出来，这样可以更加节省时间和精力。本节主要介绍使用Origin制作多因子柱状图的操作方法，最终效果如图7-1所示。

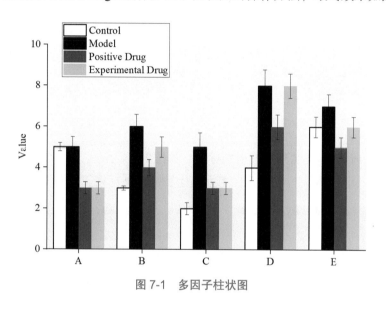

扫码看教学视频

图 7-1　多因子柱状图

7.1.1　导入并设置数据

首先通过Excel导入数据，然后设置相应列的数据属性，具体操作方法如下。

步骤01 启动Origin软件，单击"文件"|"新建"|"工作簿"命令，如图7-2所示。

步骤02 弹出"新工作簿"对话框，单击"确定"按钮，如图7-3所示。

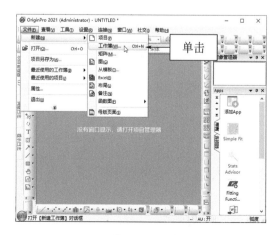

图 7-2　单击"工作簿"命令

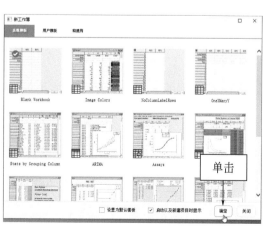

图 7-3　单击"确定"按钮

步骤03 执行操作后，即可新建一个工作簿，单击"最大化"按钮 ▣，如图7-4所示。

步骤04 执行操作后，将数据表格窗口最大化显示，如图7-5所示。

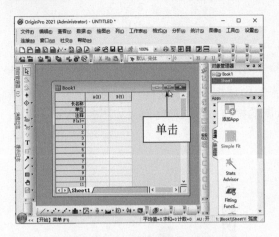

图 7-4 单击"最大化"按钮   图 7-5 将窗口最大化显示

步骤05 打开Excel表格，复制其中的组别标签，如图7-6所示。

步骤06 切换至Origin软件窗口，在相应单元格中粘贴组别标签，如图7-7所示。

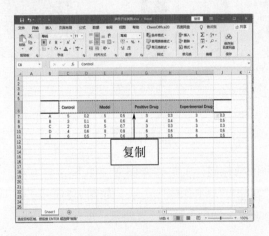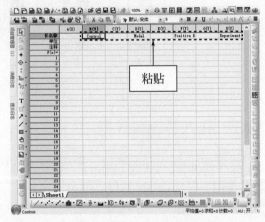

图 7-6 复制组别标签   图 7-7 粘贴组别标签

专家指点

Origin中新添加了一种通用数据导入机制，称为数据连接器。数据连接器是一种将数据从本地或基于Web的文件和页面导入到Origin项目的通用机制。数据连接器与旧的Origin导入方法的主要区别在于以下两种默认（但可修改）行为。

● 通过连接器导入的数据被锁定以进行编辑，这有助于数据的完整性。

● 通过连接器导入的数据不会与项目一起保存，这可使用户的项目文件更小。

步骤07 返回Excel表格，复制其中的指标数值，如图7-8所示。

步骤08 切换至Origin软件窗口，在相应单元格中粘贴指标数值，如图7-9所示。

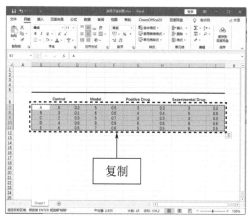

图 7-8　复制指标数值

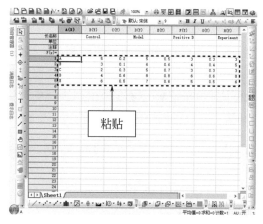

图 7-9　粘贴指标数值

步骤09 按住【Ctrl】键的同时单击相应标签，选中多列数据，如图 7-10 所示。

步骤10 单击鼠标右键，在弹出的快捷菜单中选择"设置为"|"自定义"选项，如图 7-11 所示。

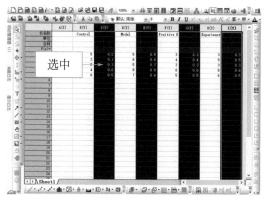

图 7-10　选中多列数据

图 7-11　选择"自定义"选项

步骤11 弹出"自定义：coldesig"对话框，❶单击"设定"选项右侧的▶按钮；❷在弹出的列表框中选择"E:Y 误差"选项，如图 7-12 所示。

步骤12 单击"确定"按钮，即可完成数据的设置，如图 7-13 所示。

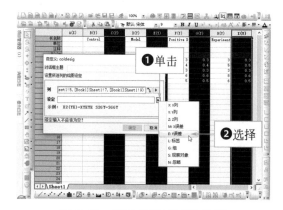

图 7-12　选择"E:Y 误差"选项

图 7-13　完成数据的设置

7.1.2 创建柱状图

下面介绍创建柱状图并调整相关坐标轴和标签的格式的具体操作方法。

步骤01 在工作簿中选择所有的数据，在底部工具栏中，❶单击"柱状图"按钮 📊 右侧的下三角按钮 📊；❷在弹出列表框中选择"柱状图"选项，如图7-14所示。

步骤02 执行操作后，即可创建一个柱状图，如图7-15所示。

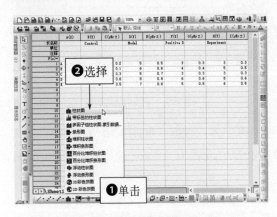

图 7-14 选择"柱状图"选项

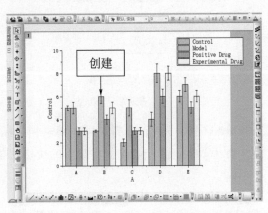

图 7-15 创建一个柱状图

步骤03 将柱状标尺拖曳至合适位置处，如图7-16所示。

步骤04 在绘图区域中，使用鼠标左键双击 Y 坐标轴，如图7-17所示。

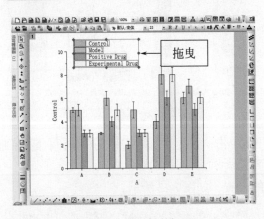

图 7-16 拖曳柱状标尺

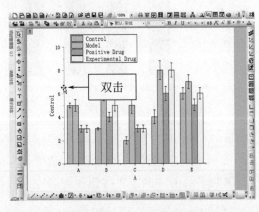

图 7-17 双击 Y 坐标轴

步骤05 执行操作后，弹出"Y坐标轴-图层1"对话框，单击"轴线和刻度线"标签，如图7-18所示。

步骤06 切换至"轴线和刻度线"选项卡，在"次刻度"的"样式"列表框中选择"无"选项，如图7-19所示。

步骤07 ❶在左侧列表框中选择"下轴"选项；❷在"次刻度"的"样式"列表框中选择"无"选项，如图7-20所示。

步骤08 单击"应用"按钮并关闭该对话框，即可隐藏坐标轴的次刻度标签，效果如图7-21所示。

图 7-18　单击"轴线和刻度线"标签

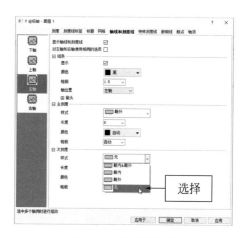

图 7-19　选择"无"选项

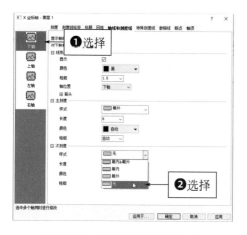

图 7-20　设置"下轴"的样式

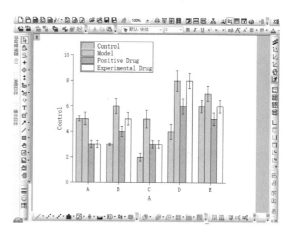

图 7-21　隐藏坐标轴的次刻度标签效果

步骤09 设置 Y 坐标轴的标题为"Value"，如图 7-22 所示。

步骤10 ❶选择 Y 坐标轴的标题；❷在"字体"列表框中选择"Times New Roman"选项，如图 7-23 所示。

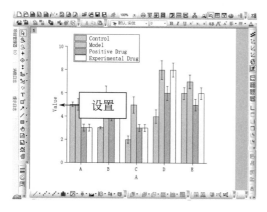

图 7-22　设置 Y 坐标轴的标题

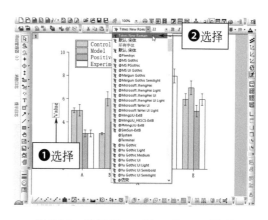

图 7-23　选择 Times New Roman 选项

步骤11 ❶选择Y坐标轴的刻度线标签；❷设置"字体"为"Times New Roman"、"字体大小"为"22"，如图7-24所示。

步骤12 ❶选择标尺标签；❷设置"字体"为"Times New Roman"，如图7-25所示。

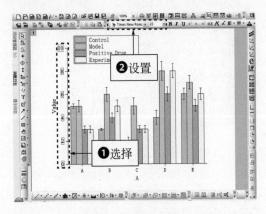

图 7-24　设置Y坐标轴的刻度线标签字体

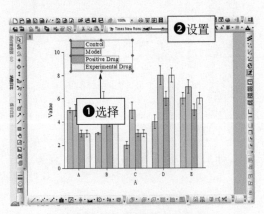

图 7-25　设置标尺标签的字体

步骤13 ❶选择X坐标轴的刻度线标签；❷设置"字体"为"Times New Roman"、"字体大小"为"22"，如图7-26所示。

步骤14 选择X坐标轴的标题，按【Delete】键将其删除，效果如图7-27所示。

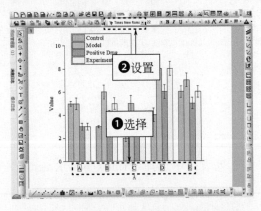

图 7-26　设置X坐标轴的刻度线标签字体

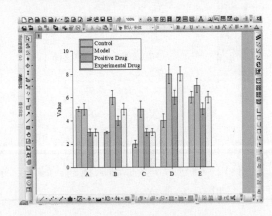

图 7-27　删除X坐标轴的标题

7.1.3　设置柱状图样式

柱状图的样式设置包括"从属"和"独立"两种方式，"从属"是采用固定的配色方案组，而"独立"则是自定义设置每个指标数据的图形颜色。下面分别介绍这两种设置柱状图样式的操作方法。

步骤01 在"对象管理器"面板中选择"Layer 1"选项，即可选中柱状图，如图7-28所示。

步骤02 在绘图区域中，适当调整柱状图的位置和宽度，效果如图7-29所示。

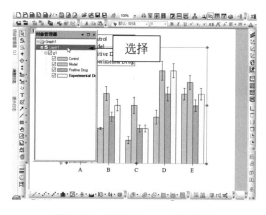

图 7-28　选择"Layer 1"选项

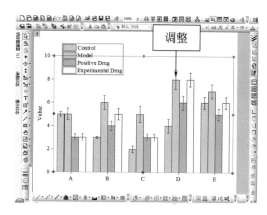

图 7-29　调整柱状图的位置和宽度

步骤03 在绘图区域中，使用鼠标左键双击柱状图，如图7-30所示。

步骤04 弹出"绘图细节-绘图属性"对话框，在"编辑模式"选项区中选中"从属"单选按钮，如图7-31所示。

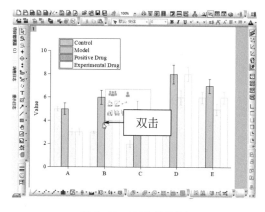

图 7-30　双击柱状图

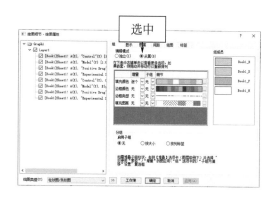

图 7-31　选中"从属"单选按钮

步骤05 在"填充颜色"一栏中，❶单击"细节"列中的颜色组；❷在弹出的列表框中选择"Bold1"选项，如图7-32所示。

步骤06 执行操作后，选择一组合适的颜色亮度，如图7-33所示。

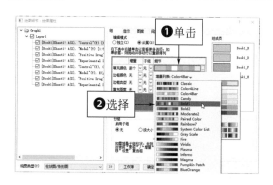

图 7-32　选择"Bold1"选项

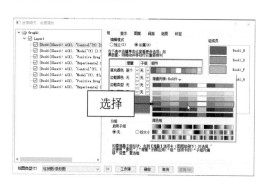

图 7-33　选择合适的颜色亮度

步骤07 在"边框颜色"的"增量"列表框中选择"逐个"选项，如图7-34所示。

步骤08 在"边框颜色"一栏中，❶单击"细节"列中的颜色组；❷在弹出的列表框中选择"Bold1"选项，如图7-35所示。

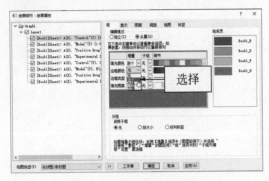 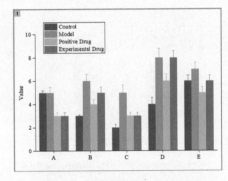

图 7-34　选择"逐个"选项　　　　图 7-35　选择"Bold1"选项

步骤09 执行操作后，选择一组合适的颜色亮度，如图7-36所示。

步骤10 单击"应用"按钮，即可用"从属"方式来调整柱状图的样式，效果如图7-37所示。

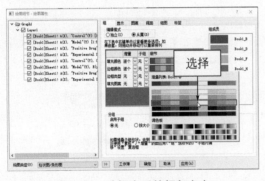 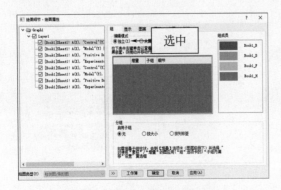

图 7-36　选择合适的颜色亮度　　　　图 7-37　调整柱状图的样式效果

步骤11 返回"绘图细节-绘图属性"对话框，在"编辑模式"选项区中选中"独立"单选按钮，如图7-38所示。

步骤12 切换至"图案"选项卡，在左侧列表框中选择第1组标签，如图7-39所示。

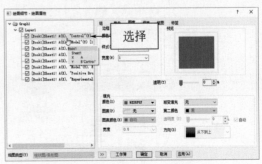

图 7-38　选中"独立"单选按钮　　　　图 7-39　选择第 1 组标签

步骤 13 在"边框"选项区中的"颜色"调色板中选择"黑"选项，如图 7-40 所示。

步骤 14 在"填充"选项区中，设置"颜色"为"白"，如图 7-41 所示。

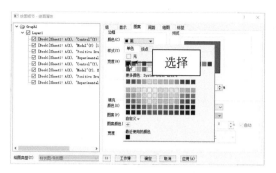

图 7-40　选择"黑"选项

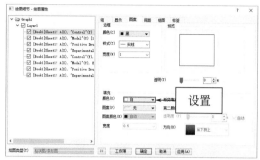

图 7-41　设置"填充"颜色

步骤 15 在"边框"选项区中，设置"宽度"为"2"，如图 7-42 所示。

步骤 16 单击"应用"按钮，即可看到第 1 组标签的颜色发生了相应变化，效果如图 7-43 所示。

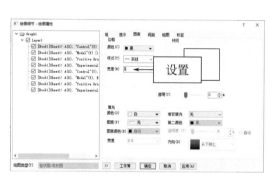

图 7-42　设置"宽度"参数

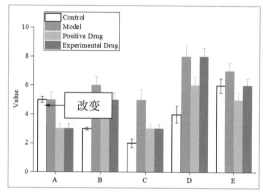

图 7-43　第 1 组标签的颜色效果

步骤 17 返回"绘图细节 - 绘图属性"对话框，在左侧列表框中选择第 2 组标签，如图 7-44 所示。

步骤 18 在"边框"选项区中，❶设置"颜色"为"黑"、"宽度"为"2"；❷在"填充"选项区中设置"颜色"为"黑"，如图 7-45 所示。

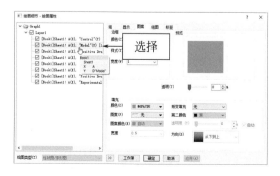

图 7-44　选择第 2 组标签

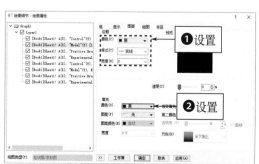

图 7-45　设置第 2 组标签的颜色

步骤19 单击"应用"按钮,即可改变第2组标签的颜色,效果如图7-46所示。

步骤20 返回"绘图细节-绘图属性"对话框,在左侧列表框中选择第3组标签,如图7-47所示。

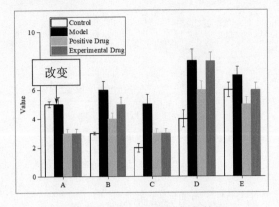

图 7-46 第 2 组标签的颜色效果　　　　　图 7-47 选择第 3 组标签

步骤21 在"边框"选项区中,❶设置"颜色"为"无";❷在"填充"选项区中设置"颜色"为"洋红",如图7-48所示。

步骤22 单击"应用"按钮,即可改变第3组标签的颜色,效果如图7-49所示。

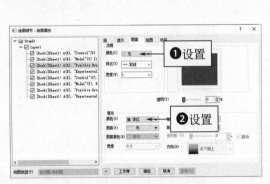
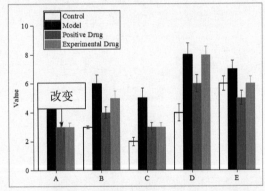

图 7-48 设置第 3 组标签的颜色　　　　　图 7-49 第 3 组标签的颜色效果

专家指点

　　　　典型的图形层由一组X和Y(以及可选的Z)坐标轴组成,可能包含一个或多个数据图,以及关联的标签对象(轴标题、文本标签和绘图对象)。图层是基本的图单元,它可以独立于其他图层进行移动或调整。Origin支持多种多层图形,如多Y图、堆栈图和多面板图,可以直接从Plot(绘图)菜单和工具栏按钮进行绘制。

步骤23 返回"绘图细节-绘图属性"对话框,在左侧列表框中选择第4组标签,如图7-50所示。

步骤24 在"边框"选项区中,❶设置"颜色"为"无";❷在"填充"选项区中设置"颜色"为"青",如图7-51所示。

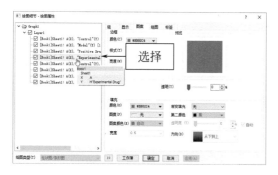

图 7-50　选择第 4 组标签

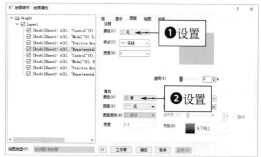

图 7-51　设置第 4 组标签的颜色

步骤25 单击"应用"按钮，即可改变第4组标签的颜色，效果如图7-52所示。

步骤26 返回"绘图细节-绘图属性"对话框，在左侧列表框中选择"Layer 1"选项，如图7-53所示。

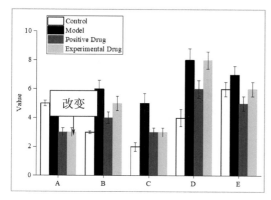

图 7-52　第 4 组标签的颜色效果

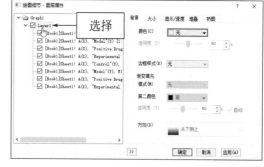

图 7-53　选择"Layer 1"选项

步骤27 在"背景"选项卡的"颜色"调色板中选择一种浅黄色（#F8F4C0），如图7-54所示。

步骤28 在"背景"选项卡中，设置"透明度"为"60%"，如图7-55所示。

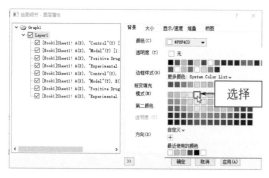

图 7-54　选择浅黄色

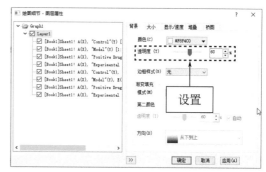

图 7-55　设置"透明度"参数

步骤29 单击"应用"按钮，调整图表的背景颜色，效果如图7-56所示。

步骤30 在"渐变填充"的"模式"列表框中选择"单色"选项，如图7-57所示。

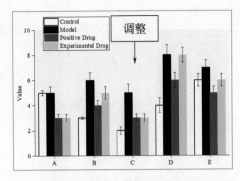

图 7-56　调整图表的背景颜色

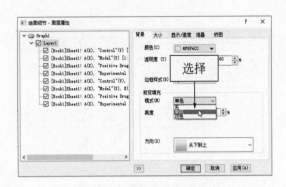

图 7-57　选择"单色"选项

步骤31 设置"亮度"为"50%"、"方向"为"从下到上",如图7-58所示。

步骤32 单击"应用"按钮并关闭对话框,即可制作渐变背景效果,如图7-59所示。

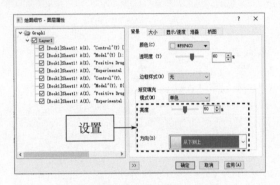

图 7-58　设置"渐变填充"样式

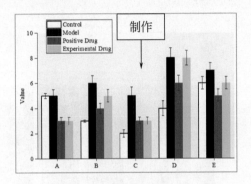

图 7-59　制作渐变背景效果

7.2 ╱ 绘制案例2:气泡+颜色映射图

　　气泡图可以看成是散点图的一种变体形式,用气泡替换散点,能够表示出三维信息。在气泡图的基础上添加颜色映射,则可以用来表示第四维信息。本节主要介绍使用Origin制作气泡+颜色映射图的操作方法,最终效果如图7-60所示。

扫码看教学视频

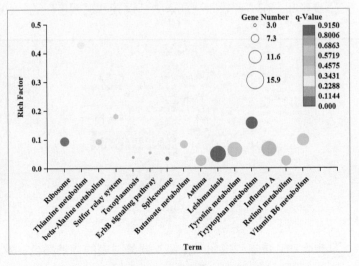

图 7-60　气泡+颜色映射图

7.2.1　制作气泡+颜色映射图

首先，将 Excel 表格中的数据导入到 Origin 软件中，然后，对表格中的数据进行一些调整，最后，使用"气泡+颜色映射图"命令生成相应的图表，具体操作方法如下。

步骤01 打开 Excel 表格，选择并复制其中的数据，如图 7-61 所示。

步骤02 在 Origin 软件的菜单栏中，单击"文件"|"新建"|"工作簿"命令，弹出"新工作簿"对话框，选择"OneXManyY"模板，如图 7-62 所示。

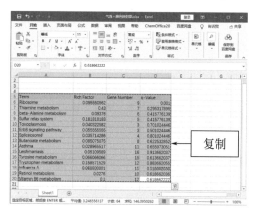

图 7-61　选择并复制数据

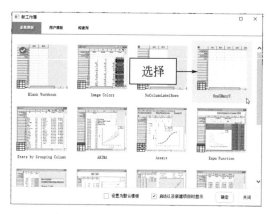

图 7-62　选择"OneXManyY"模板

步骤03 单击"确定"按钮，即可创建一个多列表格，如图 7-63 所示。

步骤04 在表格中粘贴数据，如图 7-64 所示。

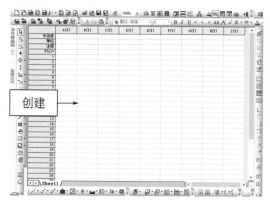

图 7-63　创建一个多列表格

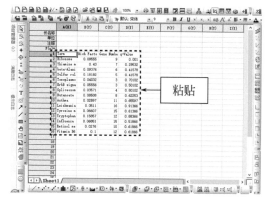

图 7-64　粘贴数据

专家指点

在撰写化学或生物类论文时，经常使用气泡图来表示化学上的化合物检出频率，或者生物上的基因数量等，气泡图不仅让信息的表达更直观，而且其样式也更有美感。

步骤05 ❶ 选择组别标签行，单击鼠标右键；❷ 在弹出的快捷菜单中选择"剪切"选项，如图 7-65 所示。

步骤06 ❶选择"长名称"行，单击鼠标右键；❷在弹出的快捷菜单中选择"粘贴"选项，如图7-66所示。

图7-65 选择"剪切"选项　　　　图7-66 选择"粘贴"选项

步骤07 执行操作后，即可粘贴组别标签，如图7-67所示。

步骤08 ❶选择第1行表格，单击鼠标右键；❷在弹出的快捷菜单中选择"删除"选项，如图7-68所示。

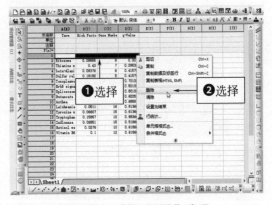

图7-67 粘贴组别标签　　　　图7-68 选择"删除"选项

步骤09 执行操作后，即可删除多余的空行，如图7-69所示。

步骤10 在表格中选中所有数据，如图7-70所示。

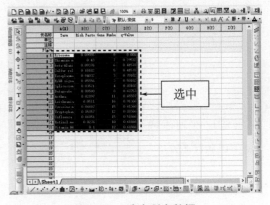

图7-69 删除多余的空行　　　　图7-70 选中所有数据

步骤 11 在菜单栏中，单击"绘图"|"基础 2D 图"|"气泡＋颜色映射图"命令，如图 7-71 所示。

步骤 12 执行操作后，即可创建气泡＋颜色映射图，效果如图 7-72 所示。

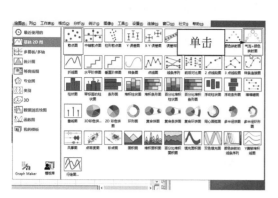

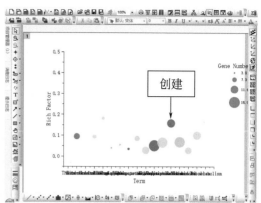

图 7-71　单击"气泡＋颜色映射图"命令

图 7-72　创建气泡＋颜色映射图

7.2.2　设置坐标轴的格式

下面主要对坐标轴的刻度线、标题和标签的基本格式进行设置，使图表中的信息更加清晰，具体操作方法如下。

步骤 01 在绘图区域中，使用鼠标左键双击 Y 坐标轴，弹出"Y 坐标轴-图层 1"对话框，单击"轴线和刻度线"标签，如图 7-73 所示。

步骤 02 切换至"轴线和刻度线"选项卡，在"次刻度"的"样式"列表框中选择"无"选项，如图 7-74 所示。

图 7-73　单击"轴线和刻度线"标签

图 7-74　选择"无"选项

步骤 03 ❶ 在左侧列表框中选择"下轴"选项；❷ 在"次刻度"选项区的"样式"列表框中选择"无"选项，如图 7-75 所示。

步骤 04 切换至"刻度"选项卡，设置"起始"为"0"，如图 7-76 所示。

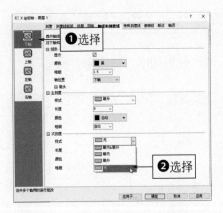

图 7-75　设置"下轴"的次刻度样式

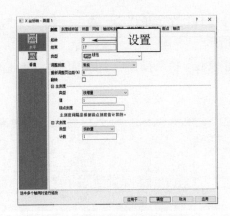

图 7-76　设置水平刻度选项

步骤05 ❶在左侧列表框中选择"垂直"选项；❷设置"起始"为"0"，如图7-77所示。

步骤06 单击"确定"按钮，对坐标轴进行调整，效果如图7-78所示。

图 7-77　设置垂直刻度选项

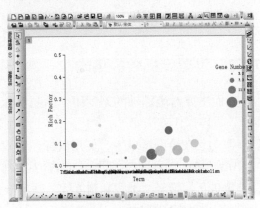

图 7-78　坐标轴调整效果

步骤07 ❶选择Y坐标轴的刻度线标签；❷设置"字体"为"Times New Roman"、"字体大小"为"20"；❸并单击"粗体"按钮**B**，如图7-79所示。

步骤08 ❶选择X坐标轴的刻度线标签；❷设置"字体"为"Times New Roman"、"字体大小"为"20"，如图7-80所示。

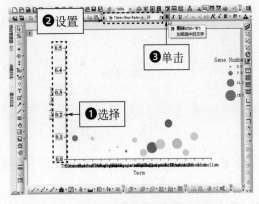

图 7-79　设置Y坐标轴的刻度线标签格式

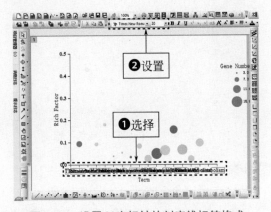

图 7-80　设置X坐标轴的刻度线标签格式

步骤09 使用鼠标左键双击 X 坐标轴的刻度线标签，弹出"X 坐标轴-图层1"对话框，在"刻度线标签"选项卡中单击"格式"按钮，如图 7-81 所示。

步骤10 展开"格式"选项区，❶选中"粗体"复选框；❷设置"旋转（度）"为"45"，如图 7-82 所示。

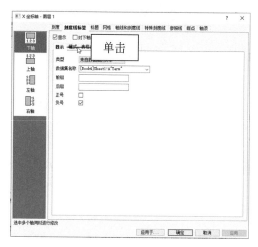

图 7-81　单击"格式"标签

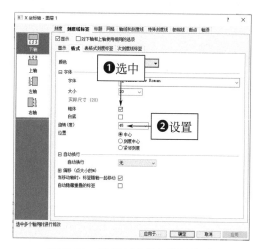

图 7-82　设置刻度线标签的格式

步骤11 单击"确定"按钮，即可旋转 X 坐标轴的刻度线标签，效果如图 7-83 所示。

步骤12 在绘图区域中，适当调整图表的大小和位置，如图 7-84 所示。

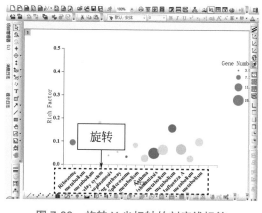

图 7-83　旋转 X 坐标轴的刻度线标签

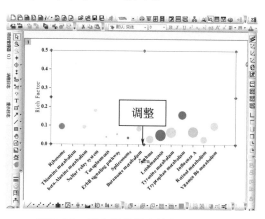

图 7-84　适当调整图表的大小和位置

专家指点

　　　　图表的坐标轴包含 X 轴和 Y 轴，多个数据列可以共同使用同一个坐标轴。X 轴通常呈水平显示，并位于图表的底部；Y 轴通常呈垂直显示，位于图表的左侧。

步骤13 ❶选择 Y 坐标轴的标题，单击鼠标右键；❷在弹出的快捷菜单中选择"属性"选项，如图 7-85 所示。

步骤14 弹出"文本对象-YL"对话框，设置"字体"为"Times New Roman"、"大小"为"20"；并单击"粗体"按钮 **B**，如图 7-86 所示。

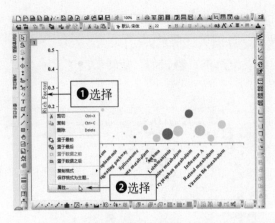

图 7-85　选择"属性"选项　　　　　图 7-86　"文本对象 -YL"对话框

步骤15　单击"确定"按钮，即可设置Y坐标轴的标题格式，效果如图 7-87 所示。

步骤16　将鼠标移至X坐标轴的标题上，❶在弹出的浮动面板中设置"字体"为"Times New Roman"、"字体大小"为"20"；❷并单击"加粗"按钮，如图 7-88 所示。

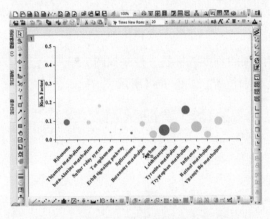

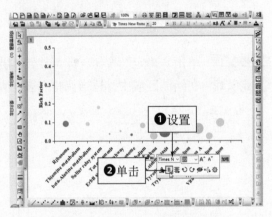

图 7-87　设置 Y 坐标轴的标题格式效果　　　　图 7-88　设置 X 坐标轴的标题格式

步骤17　将X坐标轴的标题向下拖曳至合适位置，如图 7-89 所示。

步骤18　将气泡标尺拖曳至合适位置，如图 7-90 所示。

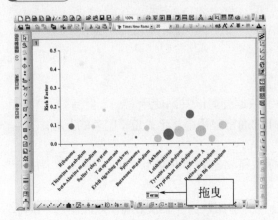

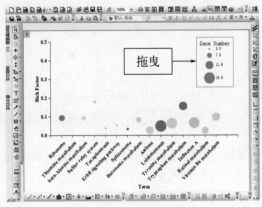

图 7-89　拖曳 X 坐标轴的标题　　　　图 7-90　拖曳气泡标尺

7.2.3　添加与设置颜色标尺

本实例图中的 q-Value 标签是通过颜色来映射的，因此还需要添加一个颜色标尺，下面介绍具体的操作方法。

步骤01 ❶单击左侧工具栏中的"添加颜色标尺"按钮 ，即可添加一个颜色标尺；❷适当调整颜色标尺的位置，如图 7-91 所示。

步骤02 ❶选择气泡标尺，单击鼠标右键；❷在弹出的快捷菜单中选择"属性"选项，如图 7-92 所示。

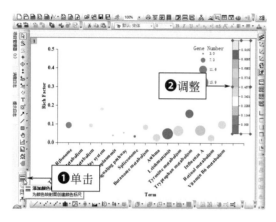

图 7-91　添加一个颜色标尺

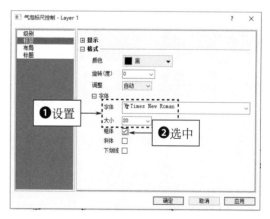

图 7-92　选择"属性"选项

步骤03 弹出"气泡标尺控制 -Layer 1"对话框，在"布局"选项卡中设置"气泡样式"为"黑边并且空心"、"边宽"为"200"，如图 7-93 所示。

步骤04 切换至"标签"选项卡，❶在"格式"选项区中设置"字体"为"Times New Roman"、"大小"为"20"；❷并选中"粗体"复选框，如图 7-94 所示。

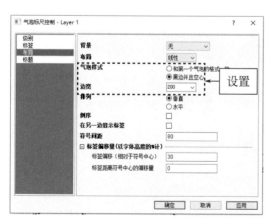

图 7-93　设置"布局"选项

图 7-94　设置"格式"选项

步骤05 切换至"标题"选项卡，❶设置"字体"为"Times New Roman"、"大小"为"20"；❷并选中"粗体"复选框，如图 7-95 所示。

步骤06 单击"确定"按钮，即可设置气泡标尺的格式，效果如图 7-96 所示。

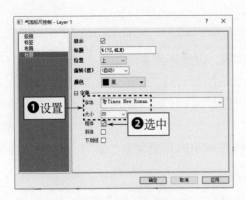

图 7-95　设置"标题"选项

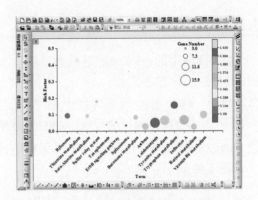

图 7-96　设置气泡标尺的格式效果

步骤07　❶选择颜色标尺，单击鼠标右键；❷在弹出的快捷菜单中选择"属性"选项，如图 7-97 所示。

步骤08　弹出"色阶控制-Layer 1"对话框，在"级别"选项卡中，同时选中"隐藏头级别"和"隐藏尾级别"复选框，如图 7-98 所示。

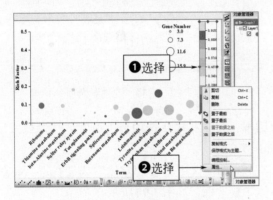

图 7-97　选择"属性"选项

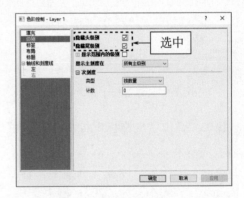

图 7-98　同时选中相应复选框

步骤09　切换至"标签"选项卡，❶在"格式"选项区中设置"字体"为"Times New Roman"、"大小"为"20"；❷并选中"粗体"复选框，如图 7-99 所示。

步骤10　切换至"标题"选项卡，❶选中"显示"复选框；❷设置"字体"为"Times New Roman"、"大小"为"20"；❸并选中"粗体"复选框，如图 7-100 所示。

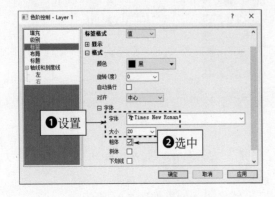

图 7-99　设置"标签"选项

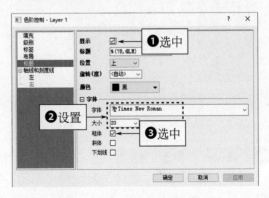

图 7-100　设置"标题"选项

步骤11 切换至"轴线和刻度线-左"选项卡,将"主刻度"和"次刻度"的"样式"都设置为"无",如图7-101所示。

步骤12 单击"确定"按钮,即可设置颜色标尺的格式,并适当调整各标尺的大小和位置,效果如图7-102所示。

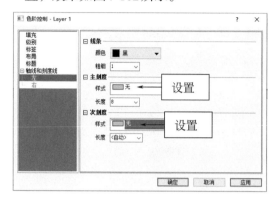

图 7-101 设置"轴线和刻度线-左"选项

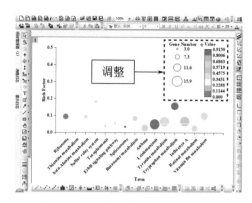

图 7-102 调整各标尺的大小和位置

专家指点

在图表中,数据列是指其中的一个或多个数据系列,比如气泡图中的一个气泡、柱状图中的一个柱形。

7.3 / 绘制案例3:3D条状图

Origin不仅操作简单、功能强大,而且还支持多种图表类型,其中不仅有非常精美的二维图表,而且还有十分酷炫的3D立体图表。本节主要介绍使用Origin制作3D条状图的操作方法,最终效果如图7-103所示。

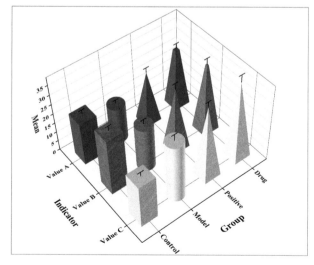

图 7-103 3D条状图

扫码看教学视频

7.3.1 设置数据表格

由于要实现三维图表效果，因此需要在普通二维坐标轴（X轴和Y轴）的基础上再增加一个Z轴，具体操作方法如下。

步骤01 在Origin软件菜单栏中，单击"文件"|"打开"命令，如图7-104所示。

步骤02 弹出"打开"对话框，选择相应的素材文件，如图7-105所示。

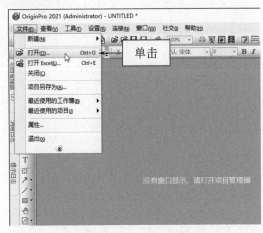

图 7-104 单击"打开"命令 　　　图 7-105 选择相应的素材文件

步骤03 单击"打开"按钮，即可打开相应表格，如图7-106所示。

步骤04 在表格中选择C（Y）列，如图7-107所示。

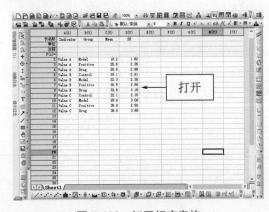

图 7-106 打开相应表格 　　　　　图 7-107 选择 C（Y）列

步骤05 单击鼠标右键，在弹出的快捷菜单中选择"设置为"|"Z"选项，如图7-108所示。

步骤06 执行操作后，即可将第3列表格设置为Z轴，如图7-109所示。

专家指点

用户在表格中使用鼠标左键双击列名称，弹出"列属性"对话框，切换至"属性"选项卡，在"选项"选项区的"绘图设定"列表框中选择Z选项，同样也可以将所选的列设置为Z轴。

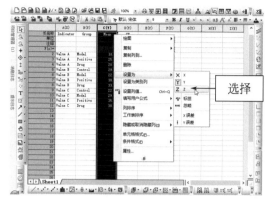

图 7-108 选择"Z"选项

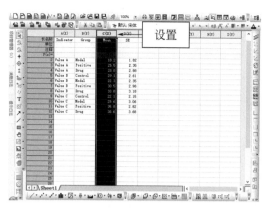

图 7-109 将第 3 列表格设置为 Z 轴

7.3.2 创建3D 条状图

首先,创建一个3D 条状图,然后,对其视角进行调整,使整个图表的信息得到更好的展现,具体操作方法如下。

步骤01 在表格中选择前3列的数据,如图7-110所示。

步骤02 单击"绘图"|"3D"|"3D 条状图"命令,如图7-111所示。

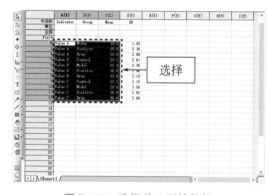

图 7-110 选择前 3 列的数据

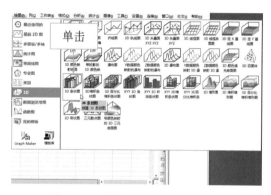

图 7-111 单击"3D 条状图"命令

步骤03 执行操作后,即可创建3D 条状图,如图7-112所示。

步骤04 选择图表后,即可显示操作图标,如图7-113所示。

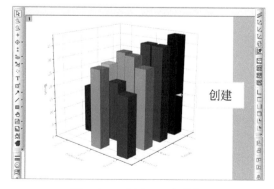

图 7-112 创建 3D 条状图

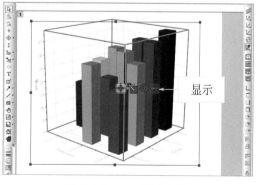

图 7-113 显示操作图标

步骤05 使用鼠标左键按住✛图标并拖曳，即可移动图表，如图7-114所示。

步骤06 ❶单击🔲图标；❷显示一个三维坐标轴，如图7-115所示。

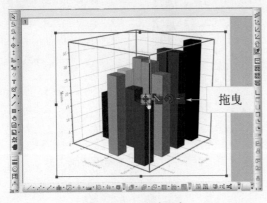

图 7-114　移动图表

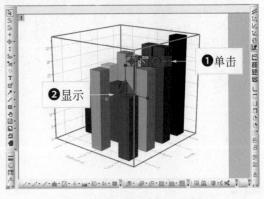

图 7-115　显示三维坐标轴

步骤07 在三维坐标轴上按住鼠标左键并向上下方向拖曳，即可放大或缩小图表，如图7-116所示。

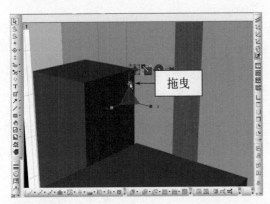

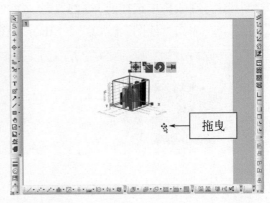

图 7-116　放大或缩小图表

步骤08 在三维坐标轴上按住鼠标左键并向左右方向拖曳，即可在改变角度的同时放大或缩小图表，如图7-117所示。

步骤09 ❶单击🔲图标；❷显示一个球体坐标轴，如图7-118所示。

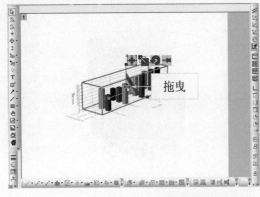

图 7-117　从不同方向放大或缩小图表

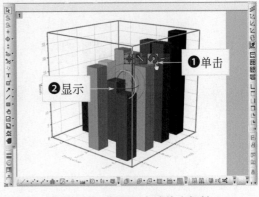

图 7-118　显示一个球体坐标轴

步骤10 在球体坐标轴内按住鼠标左键并拖曳,即可旋转图表,如图7-119所示。

步骤11 单击┅图标,即可调整操作图标的显示位置,如图7-120所示。

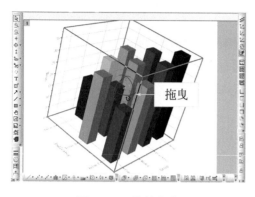

图 7-119　旋转图表

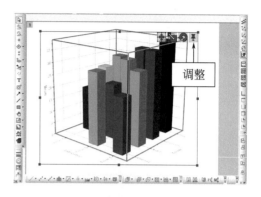

图 7-120　调整操作图标的显示位置

步骤12 本实例主要对图表的视角进行调整,单击◎图标,将鼠标光标移至Z轴线上,此时线条变成粉红色,如图7-121所示。

步骤13 在Z轴线上按住鼠标左键并拖曳,适当水平旋转3D图表,如图7-122所示。

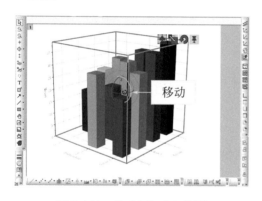

图 7-121　移动鼠标光标位置

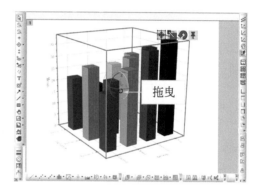

图 7-122　水平旋转 3D 图表

步骤14 在X轴线上按住鼠标左键并拖曳,适当向左下旋转3D图表,如图7-123所示。

步骤15 在Y轴线上按住鼠标左键并拖曳,适当向右下旋转3D图表,如图7-124所示。

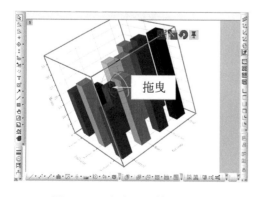

图 7-123　向左下旋转 3D 图表

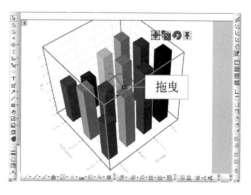

图 7-124　向右下旋转 3D 图表

7.3.3 填充指标的颜色

接下来需要对指标的颜色进行填充，即将A、B、C这3组指标填充为不同的颜色，具体操作方法如下。

步骤01 在绘图区域中，使用鼠标左键双击条状图，如图7-125所示。

步骤02 执行操作后，弹出"绘图细节-绘图属性"对话框，在"填充"选项区的"颜色"列表框中选择"Rainbow7"颜色组，如图7-126所示。

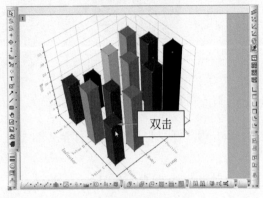

图 7-125　双击条状图

图 7-126　选择"Rainbow7"颜色组

专家指点

在"颜色"列表框中选择"更多"选项，可以在弹出的"颜色管理器"中从网页或文件导入更多的配色方案。

步骤03 在"颜色选项"选项区的"索引"列表框中选择Col（A）："Indicator"选项，如图7-127所示。

步骤04 单击"应用"按钮，即可分别为3个指标设置3种不同的颜色，效果如图7-128所示。

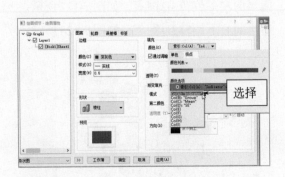

图 7-127　选择 Col（A）："Indicator"选项

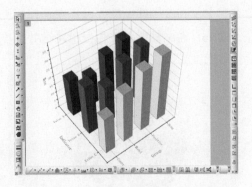

图 7-128　为指标设置不同的颜色效果

步骤05 在"边框"选项区的"颜色"列表框中选择"无"选项，如图7-129所示。

步骤06 单击"应用"按钮，即可去除边框效果，如图7-130所示。

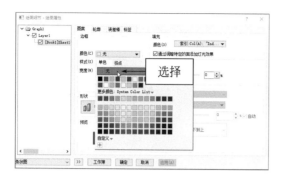

图 7-129　选择"无"选项

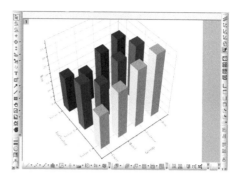

图 7-130　去除边框效果

步骤07 在"形状"选项区的"增量"列表框中选择相应的形状样式，如图 7-131 所示。

步骤08 在"使用列的值"列表框中选择 Col（B）："Group"选项，如图 7-132 所示。

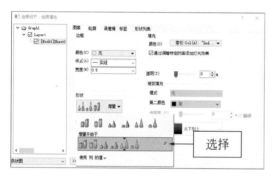

图 7-131　选择相应的形状样式

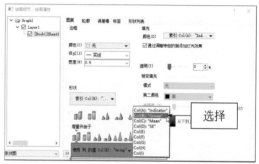

图 7-132　选择 Col（B）："Group"选项

步骤09 单击"应用"按钮，即可改变条状图的形状效果，如图 7-133 所示。

步骤10 返回"绘图细节-绘图属性"对话框，单击"误差棒"标签，如图 7-134 所示。

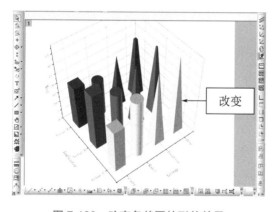

图 7-133　改变条状图的形状效果

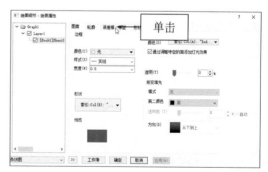

图 7-134　单击"误差棒"标签

步骤11 切换至"误差棒"选项卡，在"误差"选项区的"误差数据"列表框中选择 Col(D)："SE"选项，如图 7-135 所示。

步骤12 在"误差"选项区中，❶取消选中"负"复选框；❷在"线帽"列表框中选择"Y 线"选项，如图 7-136 所示。

图 7-135　选择 Col（D）: "SE"选项　　　　图 7-136　选择"Y 线"选项

步骤13　在"样式"选项区中，设置"颜色"为"黑"、"线条宽度"为"1.5"、"线帽宽度"为"20"，如图 7-137 所示。

步骤14　单击"确定"按钮，即可添加误差棒，如图 7-138 所示。

图 7-137　设置"样式"选项

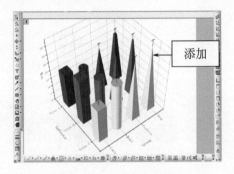

图 7-138　添加误差棒

7.3.4　设置网格样式

使用 Origin 提供的轴网格控件，可以非常方便地对网格样式和位置等进行调整，下面介绍具体的操作方法。

步骤01　在绘图区域中，使用鼠标左键双击 Z 坐标轴，如图 7-139 所示。

步骤02　弹出"Z坐标轴-图层1"对话框，单击"网格"标签，如图 7-140 所示。

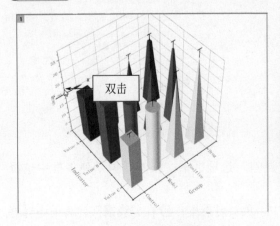

图 7-139　双击 Z 坐标轴

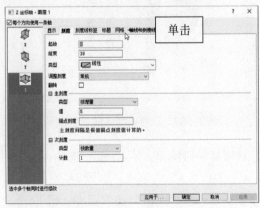

图 7-140　单击"网格"标签

步骤 03）切换至"网格"选项卡，在"主网格线"中设置"颜色"为"青"，如图 7-141 所示。

步骤 04）单击"应用"按钮，即可调整 Z 坐标轴的网格样式，效果如图 7-142 所示。

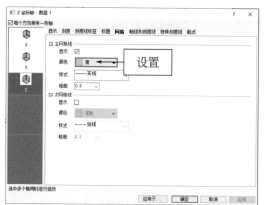

图 7-141　设置"主网格线"的颜色　　　　　　图 7-142　调整 Z 坐标轴的网格样式

步骤 05）❶在左侧列表框中选择 Y 选项；❷在"主网格线"中设置"颜色"为"紫罗兰"，如图 7-143 所示。

步骤 06）单击"应用"按钮，即可调整 Y 坐标轴的网格样式，效果如图 7-144 所示。

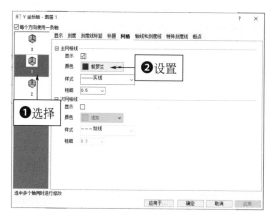

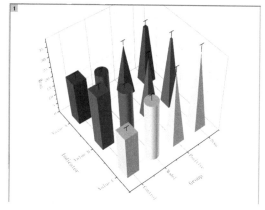

图 7-143　设置 Y 坐标轴的网格线颜色　　　　　图 7-144　调整 Y 坐标轴的网格样式

专家指点

主网格线是从主刻度线发出的直线，次网格线是从次刻度线发出的直线。选中"显示"复选框后，即可显示相应的网格线。

步骤 07）❶在左侧列表框中选择 X 选项；❷在"主网格线"中设置"颜色"为"蓝"，如图 7-145 所示。

步骤 08）单击"应用"按钮，即可调整 X 坐标轴的网格样式，效果如图 7-146 所示。

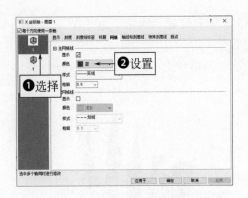

图 7-145　设置 X 坐标轴的网格线颜色

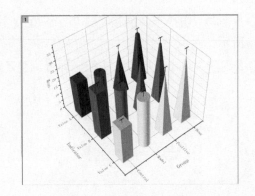

图 7-146　调整 X 坐标轴的网格样式

步骤09　切换至"轴线和刻度线"选项卡，在"次刻度"选项区中的"样式"列表框中选择"无"选项，如图 7-147 所示。

步骤10　❶在左侧列表框中选择 Y 选项；❷在"次刻度"选项区中设置"样式"为"无"，如图 7-148 所示。

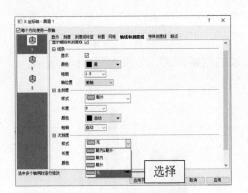

图 7-147　选择"无"选项

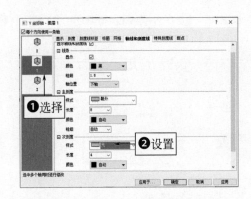

图 7-148　设置 Y 坐标轴的次刻度样式

步骤11　❶在左侧列表框中选择 Z 选项；❷在"次刻度"选项区中设置"样式"为"无"，如图 7-149 所示。

步骤12　单击"确定"按钮，即可隐藏各坐标轴的次刻度，效果如图 7-150 所示。

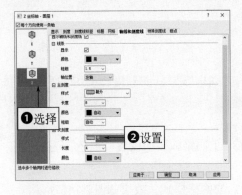

图 7-149　设置 Z 坐标轴的次刻度样式

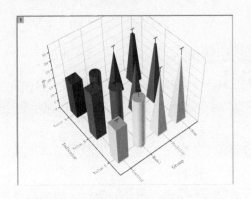

图 7-150　隐藏各坐标轴的次刻度

步骤 13 选中 3D 条状图，使用鼠标左键双击平面或边线，如图 7-151 所示。

步骤 14 弹出"绘图细节 - 绘图属性"对话框，单击"平面"标签，如图 7-152 所示。

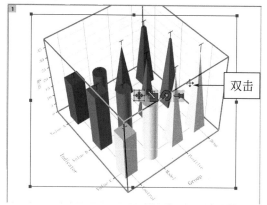

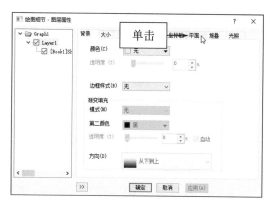

图 7-151　双击平面或边线

图 7-152　单击"平面"标签

步骤 15 切换至"平面"选项卡，设置 XY、YZ、ZX 的"颜色"均为"浅黄"、"透明"均为"80%"，如图 7-153 所示。

步骤 16 单击"确定"按钮，即可添加平面背景效果，如图 7-154 所示。

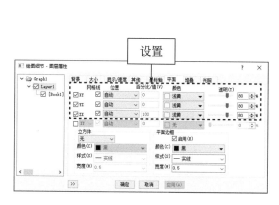

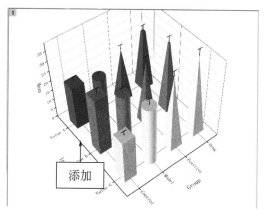

图 7-153　设置相应参数

图 7-154　添加平面背景效果

7.3.5　设置文字的格式

下面对图表中的各坐标轴标题和标签的格式进行设置，让文字信息更加清晰、明了，具体操作方法如下。

步骤 01 ❶选择 Y 坐标轴的刻度线标签；❷设置"字体"为"Times New Roman"、"字体大小"为"20"；❸并单击"粗体"按钮 **B**，如图 7-155 所示。

步骤 02 ❶选择 X 坐标轴的刻度线标签；❷设置"字体"为"Times New Roman"、"字体大小"为"20"；❸并单击"粗体"按钮 **B**，如图 7-156 所示。

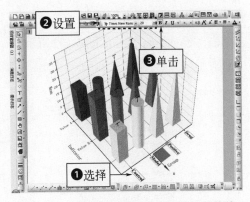

图 7-155　设置 Y 坐标轴的刻度线标签格式

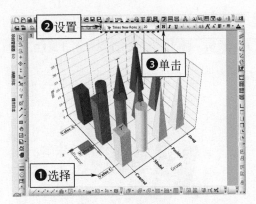

图 7-156　设置 X 坐标轴的刻度线标签格式

步骤03　❶选择 Z 坐标轴的刻度线标签；❷设置"字体"为"Times New Roman"、"字体大小"为"20"；❸并单击"粗体"按钮 **B**，如图 7-157 所示。

步骤04　按住【Ctrl】键的同时单击 X、Y、Z 坐标轴的标题，同时选中这 3 个标题文字，如图 7-158 所示。

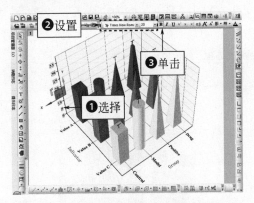

图 7-157　设置 Z 坐标轴的刻度线标签格式

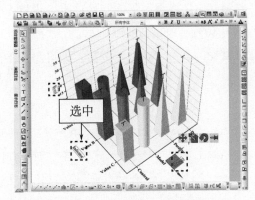

图 7-158　同时选中 3 个标题文字

步骤05　❶设置"字体"为"Times New Roman"、"字体大小"为"26"；❷并单击"粗体"按钮 **B**，如图 7-159 所示。

步骤06　执行操作后，即可完成字体格式的设置，效果如图 7-160 所示。

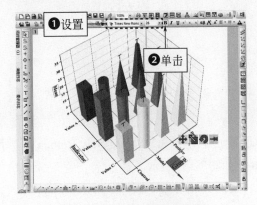

图 7-159　设置字体格式选项

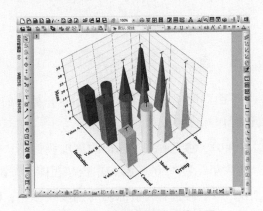

图 7-160　完成字体格式的设置

第8章

用 ChemOffice 绘制科研图形

　　ChemOffice 是一款超级实用的专业化学工作站软件，该软件集强大的应用功能于一身，提供了完整的化学结构绘制、模型分析、化学计算、化学数据库检索等工作站流程，很多论文期刊的指定格式都以 ChemOffice 为主，在国内外各种文献中也都能看到 ChemOffice 的身影。本章主要介绍使用 ChemOffice 绘制科研图形的操作方法。

本章
重点

➢ 绘制案例1：简单化学分子式
➢ 绘制案例2：苯环上色
➢ 绘制案例3：有机反应装置图

8.1 / 绘制案例1：简单化学分子式

ChemOffice中的ChemDraw组件给用户提供了非常丰富的绘图工具与绘图模板，其中比较常用的绘图工具都可以在主工具栏中找到，而用户绝大多数的绘图工作也都是通过主工具栏来完成的。本节主要介绍使用ChemDraw绘制简单化学分子式的方法，最终效果如图8-1所示。

扫码看教学视频

图 8-1　简单化学分子式

8.1.1　在ChemDraw中显示主工具栏

如果用户不小心关闭了ChemDraw的主工具栏，可以通过菜单命令或编辑工具栏区域等方法再重新打开，具体操作方法如下。

步骤01 在ChemDraw的菜单栏中，单击"File"｜"Open Sryle Sheets"｜"J.Het. Chem"命令，如图8-2所示。

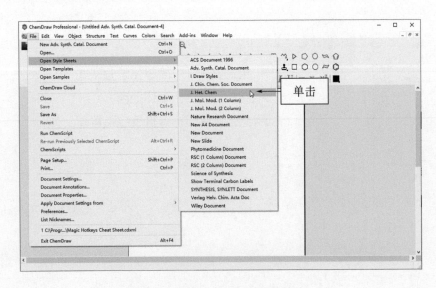

图 8-2　单击"J.Het.Chem"命令

步骤02 执行操作后，即可新建一个空白模板文件，如图8-3所示。

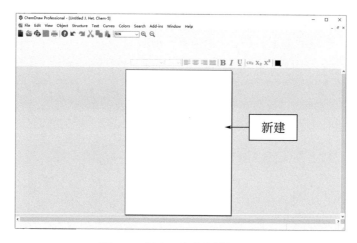

图 8-3　新建一个空白模板文件

步骤03 在菜单栏中，单击"View"｜"Show Main Toolbar"命令，如图 8-4 所示。

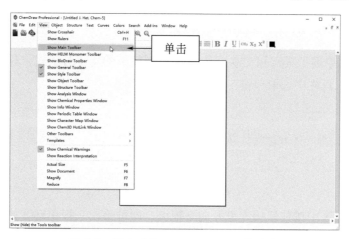

图 8-4　单击"Show Main Toolbar"命令

步骤04 执行操作后，即可显示主工具栏，如图 8-5 所示。

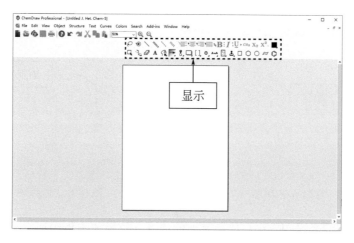

图 8-5　显示主工具栏

步骤05 用户也可以在主工具栏上单击鼠标右键，在弹出的快捷菜单中选择"Show Main Toolbar"选项，来显示主工具栏，如图8-6所示。

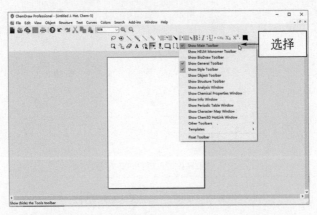

图 8-6　选择"Show Main Toolbar"选项

8.1.2　使用单键工具绘制基本化学分子式

下面主要使用单键工具 ＼ 和文本工具 **A** 来绘制简单的化学分子式，具体操作方法如下。

步骤01 在主工具栏中选取单键工具 ＼，如图8-7所示。

图 8-7　选取单键工具

步骤02 在编辑区中按住鼠标左键并向下拖曳，即可绘制一根单键，如图8-8所示。

步骤03 在单键的上端点处按住鼠标左键并向斜上方拖曳，即可绘制另一根单键，如图8-9所示。

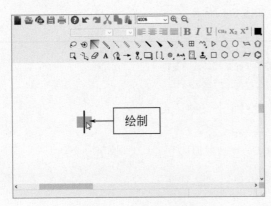

图 8-8　绘制一根单键

图 8-9　绘制另一根单键

步骤04 使用相同的操作方法，绘制其他的单键，效果如图8-10所示。

步骤05 在菜单栏中，单击"View"｜"Show Periodic Table Window"命令，如图8-11所示。

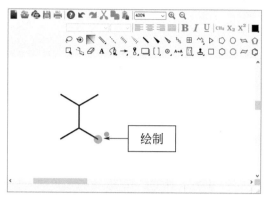

图 8-10　绘制其他的单键

图 8-11　单击"Show Periodic Table Window"命令

步骤06 执行操作后，即可弹出"Periodic Table"对话框，如图8-12所示。

步骤07 在分子式的相应位置处双击鼠标左键调出文本框，如图8-13所示。

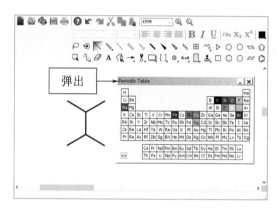

图 8-12　弹出 Periodic Table 对话框

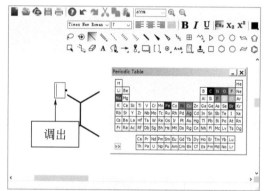

图 8-13　调出文本框

步骤08 ❶在"Periodic Table"对话框中单击"H"按钮；❷即可在文本框中输入相应的原子名称，如图8-14所示。

步骤09 使用相同的操作方法，输入其他的原子名称，如图8-15所示。

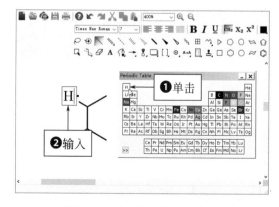

图 8-14　输入相应的原子名称

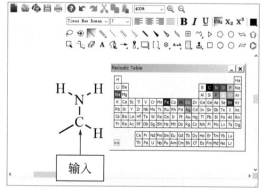

图 8-15　输入其他的原子名称

步骤10 在分子式的相应位置处双击鼠标左键调出文本框，如图8-16所示。

步骤11 使用键盘在文本框中输入字母"R"，如图8-17所示。

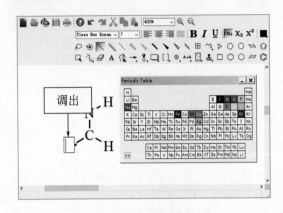

图 8-16　调出文本框

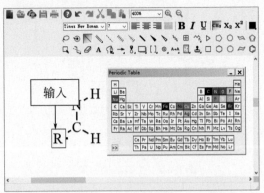

图 8-17　输入字母"R"

步骤12 在主工具栏中选取文本工具 **A**，如图8-18所示。

步骤13 在编辑区中的相应位置处单击，即可创建一个文本框，如图8-19所示。

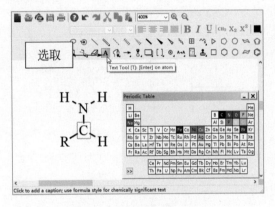

图 8-18　选取文本工具

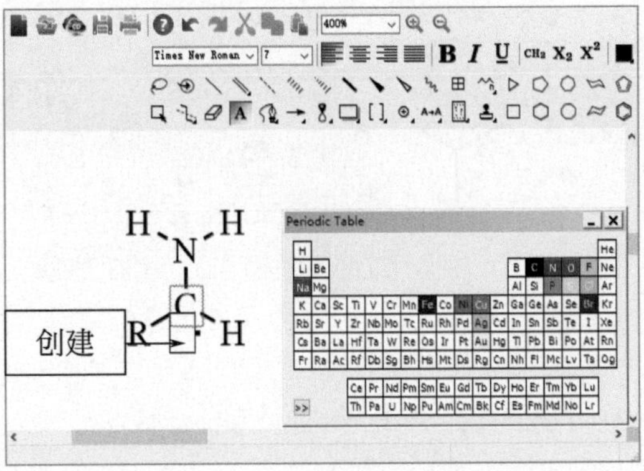

图 8-19　创建一个文本框

步骤14 在文本框中输入相应的原子名称，如图8-20所示。

步骤15 在主工具栏中选取矩形框选择工具，如图8-21所示。

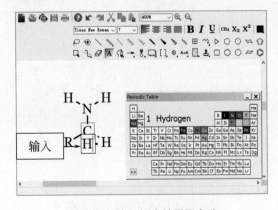

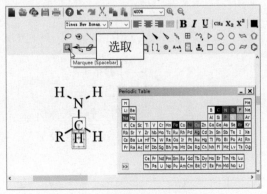

图 8-20　输入相应的原子名称

图 8-21　选取矩形框选择工具

步骤16 执行操作后，文本框变成选择状态，如图8-22所示。

步骤17 将文本框调整至合适位置处，如图8-23所示。

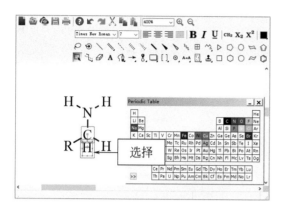

图8-22　文本框变成选择状态　　　　　图8-23　将文本框调整至合适位置处

8.1.3　使用箭头工具绘制带箭头的分子式

下面主要使用箭头工具 → 绘制带箭头的分子式结构，具体操作方法如下。

步骤01 在主工具栏中，选取箭头工具 →，如图8-24所示。

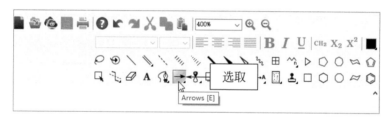

图8-24　选取箭头工具

步骤02 按住箭头工具 → 右下角的小箭头不放，在弹出的工具集中选择相应的箭头类型，如图8-25所示。

步骤03 在编辑区中的空白位置处按住鼠标左键并向右拖曳，即可绘制一个直线箭头图形，如图8-26所示。

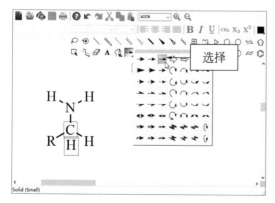

图8-25　选择相应的箭头类型

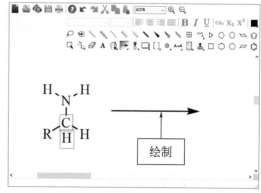

图8-26　绘制一个直线箭头图形

步骤04 在箭头工具集中，选择相应的曲线箭头类型，如图8-27所示。

步骤05 在直线箭头下方绘制一个曲线箭头图形，如图8-28所示。

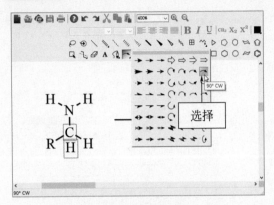

图 8-27　选择相应的曲线箭头类型

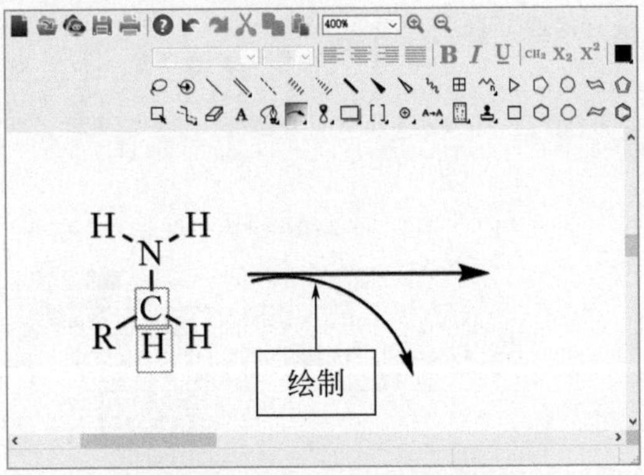

图 8-28　绘制一个曲线箭头图形

步骤06 拖曳曲线箭头末端的端点，适当调整其形状，如图8-29所示。

步骤07 使用矩形框选择工具，按住【Ctrl】键的同时拖曳文本框，即可复制相应的文字内容，如图8-30所示。

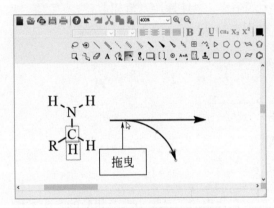

图 8-29　调整曲线箭头的形状

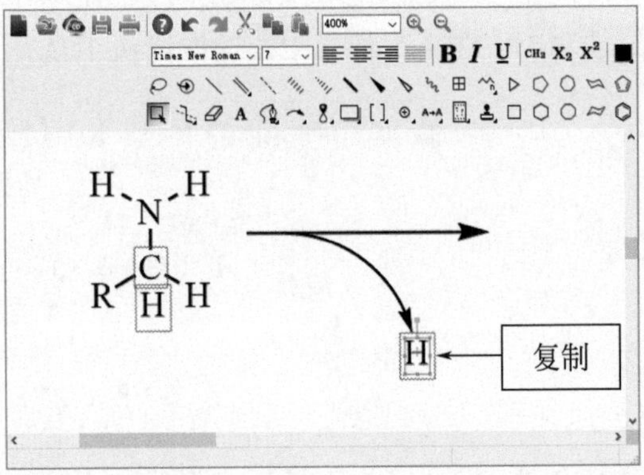

图 8-30　复制相应的文字内容

步骤08 ❶选取文本工具 **A**；❷修改其中的文字内容，如图8-31所示。

步骤09 在编辑区中，选择文本框中的相应数字，如图8-32所示。

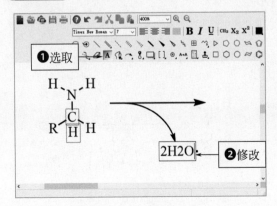

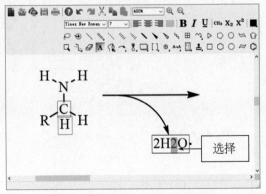

图 8-31　修改文字内容

图 8-32　选择文本框中的相应数字

步骤10 在格式栏中单击下标按钮 X_2，将相应数字设置为下标格式，如图8-33所示。

步骤11 按住【Ctrl】键的同时向上拖曳文本框，再次复制文本框，如图8-34所示。

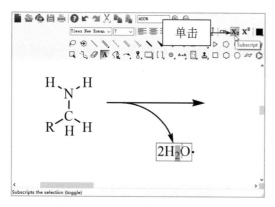

图 8-33　将数字设置为下标格式

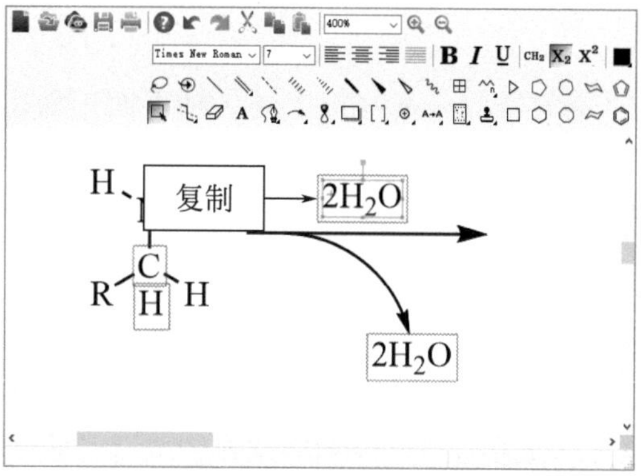

图 8-34　再次复制文本框

步骤12 ❶选取文本工具 **A**；❷修改其中的文字内容，如图8-35所示。

步骤13 使用矩形框选择工具框选所有的分子式，如图8-36所示。

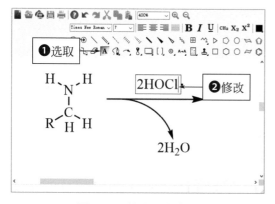

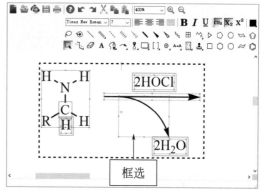

图 8-35　修改文字内容

图 8-36　框选所有的分子式

步骤14 单击 "Structure" ｜ "Clean UP Structure" 命令，如图8-37所示。

步骤15 执行操作后，即可对化学分子式的结构进行整理，效果如图8-38所示。

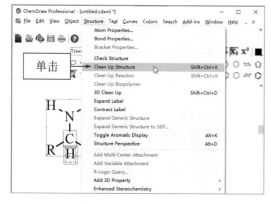

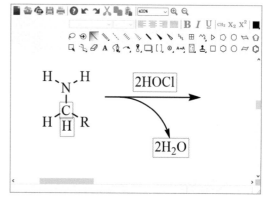

图 8-37　单击 "Clean UP Structure" 命令

图 8-38　对化学分子式的结构进行整理

8.2 / 绘制案例2：苯环上色

苯环（benzene ring）是一种平面正六边形的苯分子结构，每个顶点都是一个碳原子和一个氢原子的结合，因此苯环是一种碳氢有机化合物。本节主要介绍使用ChemDraw给苯环上色的操作方法，最终效果如图8-39所示。

扫码看教学视频

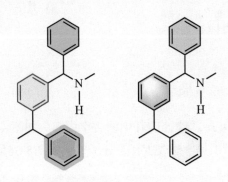

图 8-39　苯环上色

8.2.1　使用苯环工具绘制基本的苯环结构

下面主要使用苯环工具 ⬡ 绘制一个基本的苯环结构，具体操作方法如下。

🔄 **步骤01** 在主工具栏中，选取苯环工具 ⬡，如图8-40所示。

🔄 **步骤02** 在编辑区中单击，即可绘制苯环，如图8-41所示。

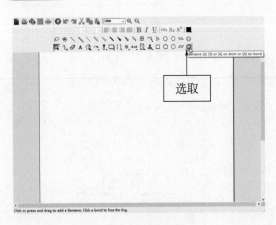

图 8-40　选取苯环工具

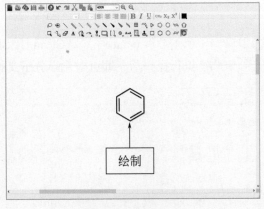

图 8-41　绘制苯环

🔄 **步骤03** ❶在主工具栏中选取单键工具 ╲；❷在苯环的下端点上绘制一根实线单键，如图8-42所示。

🔄 **步骤04** 使用相同的操作方法，绘制出其他的单键部分，如图8-43所示。

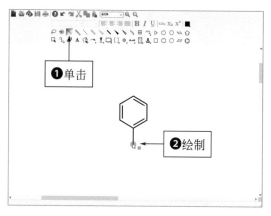

图 8-42　绘制一根实线单键

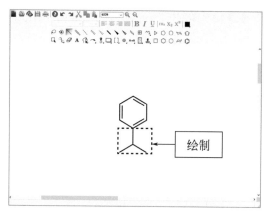

图 8-43　绘制出其他的单键部分

步骤05 使用苯环工具 ⬡ 在相应位置处再次绘制一个苯环，如图 8-44 所示。

步骤06 使用单键工具 ╲ 在苯环的下方绘制多根单键，如图 8-45 所示。

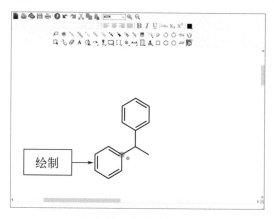

图 8-44　绘制一个苯环

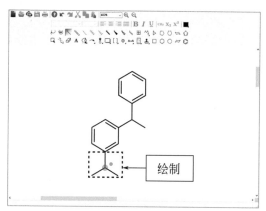

图 8-45　绘制多根单键

步骤07 使用苯环工具 ⬡ 在相应位置处再次绘制一个苯环，如图 8-46 所示。

步骤08 使用单键工具 ╲ 在相应位置处绘制一根单键，如图 8-47 所示。

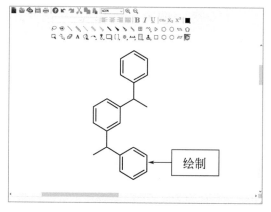

图 8-46　绘制一个苯环

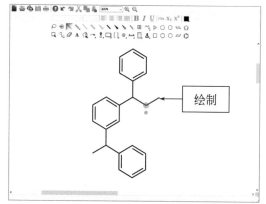

图 8-47　绘制一根单键

步骤09 在分子式的相应位置处双击鼠标左键调出文本框，如图 8-48 所示。

步骤10 单击"View"｜"Show Periodic Table Window"命令，弹出"Periodic Table"对话框，如图8-49所示。

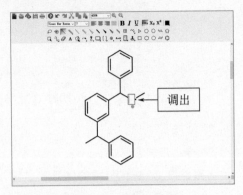

图 8-48 调出文本框

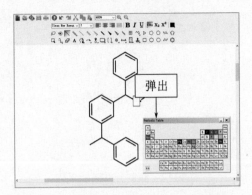

图 8-49 弹出"Periodic Table"对话框

步骤11 ❶在"Periodic Table"对话框中单击"N"按钮；❷输入相应的原子名称，如图8-50所示。

步骤12 使用单键工具＼在"N"下方绘制一根单键，如图8-51所示。

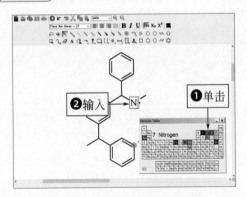

图 8-50 输入相应的原子名称

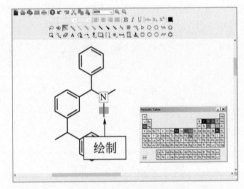

图 8-51 绘制一根单键

步骤13 在分子式的相应位置处双击鼠标左键调出文本框，如图8-52所示。

步骤14 ❶在"Periodic Table"对话框中单击"H"按钮；❷输入相应的原子名称，如图8-53所示。

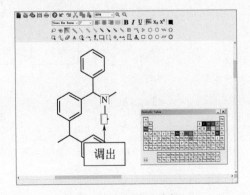

图 8-52 调出文本框

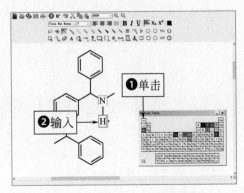

图 8-53 输入相应的原子名称

专家指点

需要注意的是，使用Clean UP Structure命令整理分子式的结构时，一个特定的环，只有在所有组成的键都被选中时才会被整理。

8.2.2　利用上色功能给苯环添加单色效果

下面主要利用ChemDraw的上色功能给苯环添加单色效果，具体操作方法如下。

步骤01 ❶在主工具栏中选取矩形框选择工具▢；❷框选最上方的苯环，如图8-54所示。

步骤02 执行操作后，即可选中相应苯环，如图8-55所示。

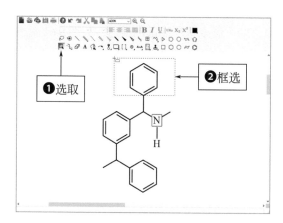

图 8-54　框选最上方的苯环

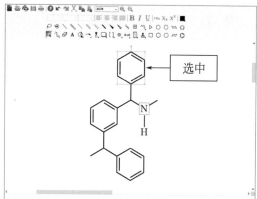

图 8-55　选中相应苯环

步骤03 在所选的苯环上单击鼠标右键，在弹出的快捷菜单中选择"Colors"|"Ring Fill Colors"|"Color # 6"选项，如图8-56所示。

步骤04 执行操作后，即可给选中的苯环添加相应的颜色，效果如图8-57所示。

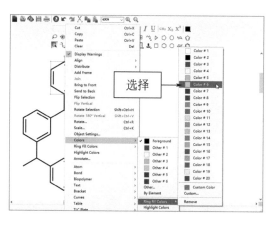
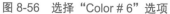

图 8-56　选择"Color # 6"选项

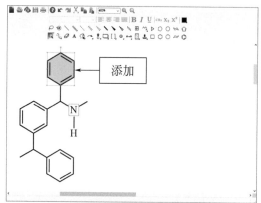

图 8-57　添加相应的颜色

步骤05 使用矩形框选择工具▢选中中间的苯环，如图8-58所示。

步骤06 在菜单栏中，单击"View"|"Other Toolbars"|"Colors"命令，如图8-59所示。

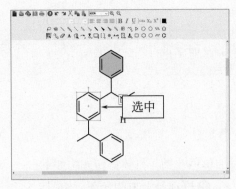

图 8-58　选中中间的苯环

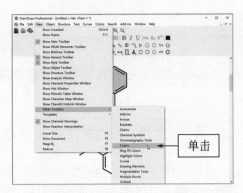

图 8-59　单击"Colors"命令

步骤07　执行操作后，弹出"Colors"对话框，如图8-60所示。

步骤08　在"Colors"对话框中单击红色图标█，即可修改苯环的键的颜色，如图8-61所示。

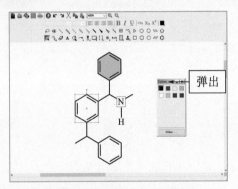

图 8-60　弹出"Colors"对话框

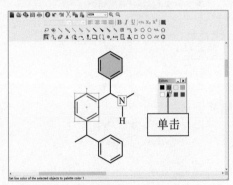

图 8-61　修改苯环的键的颜色

步骤09　在菜单栏中，单击"View"｜"Other Toolbars"｜"Ring Fill Colors"命令，如图 8-62 所示。

步骤10　执行操作后，即可弹出"Ring Fill Colors"对话框，如图8-63所示。

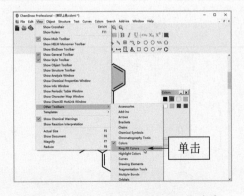

图 8-62　单击"Ring Fill Colors"命令

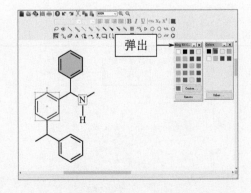

图 8-63　弹出"Ring Fill Colors"对话框

步骤11　在"Ring Fill Colors"对话框中单击黄色图标▢，即可给选中的苯环添加相应的颜色，效果如图8-64所示。

步骤12　使用矩形框选择工具▢选中下方的苯环，如图8-65所示。

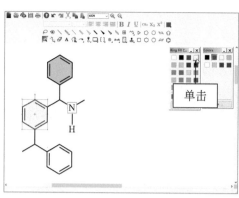

图 8-64　添加相应的颜色

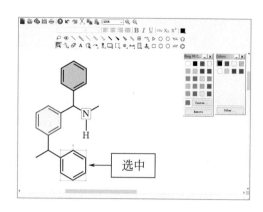

图 8-65　选中下方的苯环

步骤13　在"Ring Fill Colors"对话框中单击粉红色图标 ，即可给选中的苯环添加相应的颜色，效果如图8-66所示。

步骤14　在菜单栏中，单击"View"｜"Other Toolbars"｜"Highlight Colors"命令，如图8-67所示。

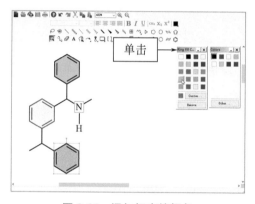

图 8-66　添加相应的颜色

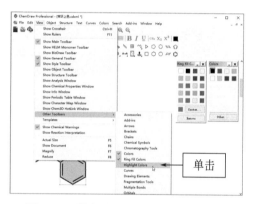

图 8-67　单击"Highlight Colors"命令

步骤15　执行操作后，弹出"Highlight Colors"对话框，如图8-68所示。

步骤16　在"Highlight Colors"对话框中单击浅绿色图标 ■，即可给选中的苯环添加突出显示的颜色，效果如图8-69所示。

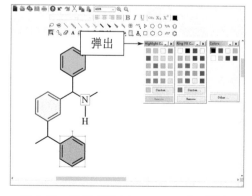

图 8-68　弹出"Highlight Colors"对话框

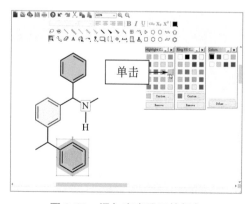

图 8-69　添加突出显示的颜色

8.2.3　利用填充功能给苯环添加渐变色效果

下面主要使用钢笔工具和填充功能给苯环添加渐变背景色效果，具体操作方法如下。

步骤01 使用矩形框选择工具选择所有的苯环结构，如图8-70所示。

步骤02 按住【Ctrl】键的同时向右拖曳苯环结构，即可复制苯环结构，如图8-71所示。

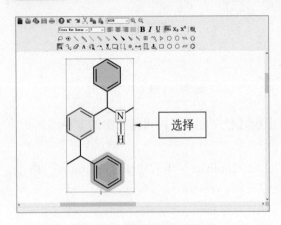

图 8-70　选择所有的苯环结构

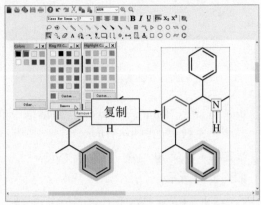

图 8-71　复制苯环结构

步骤03 在"Ring Fill Colors"对话框中单击"Remove"按钮，即可去除苯环结构中的填充色，如图8-72所示。

步骤04 在"Highlight Colors"对话框中单击"Remove"按钮，即可去除苯环结构中突出显示的颜色，如图8-73所示。

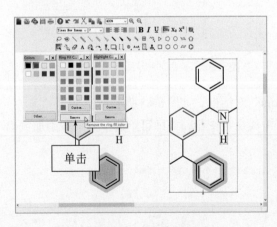

图 8-72　去除填充色

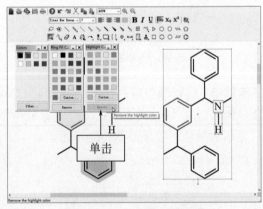

图 8-73　去除突出显示的颜色

步骤05 在"Colors"对话框中单击黑色图标■，即可将苯环结构中的所有键都设置为黑色，如图8-74所示。

步骤06 在主工具栏中，选取钢笔工具，如图8-75所示。

步骤07 将鼠标光标移至苯环的上端点位置处并单击，如图8-76所示。

步骤08 依次在苯环的各个端点上单击，绘制一个多边形路径，如图8-77所示。

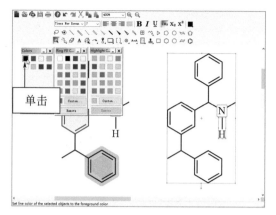

图 8-74　将所有键都设置为黑色

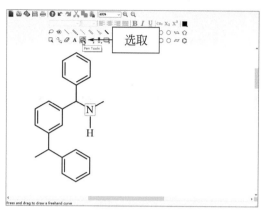

图 8-75　选取钢笔工具

图 8-76　单击苯环的上端点

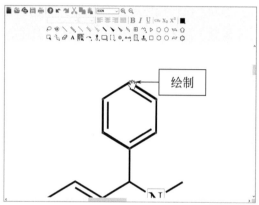

图 8-77　绘制一个多边形路径

步骤 09　在路径上单击鼠标右键，在弹出的快捷菜单中选择 "Filled" 选项，如图 8-78 所示。

步骤 10　执行操作后，即可填充多边形路径，如图 8-79 所示。

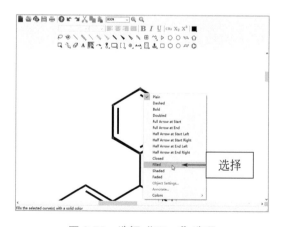

图 8-78　选择 "Filled" 选项

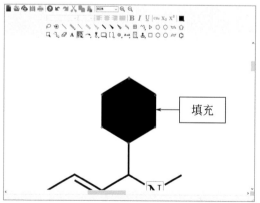

图 8-79　填充多边形路径

步骤 11　使用矩形框选择工具 适当调整多边形路径的位置，如图 8-80 所示。

步骤 12　在菜单栏中，单击 "Colors" ｜ "Other # 3" 命令，如图 8-81 所示。

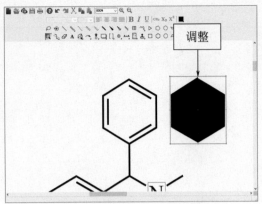

图 8-80　调整多边形路径的位置

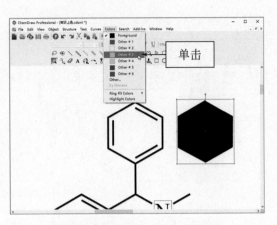

图 8-81　单击"Other # 3"命令

步骤13 执行操作后，即可改变多边形路径的颜色，如图8-82所示。

步骤14 在多边形路径内单击鼠标右键，在弹出的快捷菜单中选择"Faded"选项，如图8-83所示。

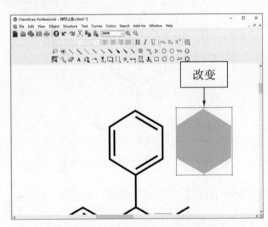

图 8-82　改变多边形路径的颜色

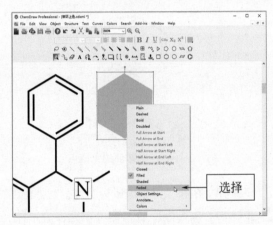

图 8-83　选择"Faded"选项

步骤15 执行操作后，即可制作褪色效果，如图8-84所示。

步骤16 此时如果直接将多边形路径拖曳到苯环上，则会覆盖苯环结构，如图8-85所示。

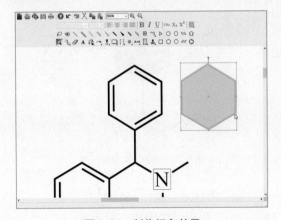

图 8-84　制作褪色效果

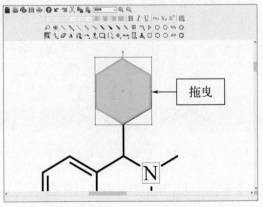

图 8-85　将多边形路径拖曳到苯环上

步骤 17　撤销操作，❶选择苯环，单击鼠标右键；❷在弹出的快捷菜单中选择 "Bring to Front" 选项，如图 8-86 所示。

步骤 18　执行操作后，即可将苯环置顶显示，此时再将多边形路径拖曳到苯环上，可显示颜色效果，如图 8-87 所示。

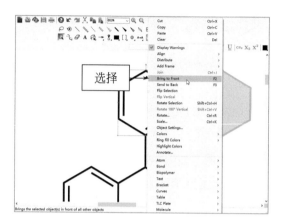

图 8-86　选择 "Bring to Front" 选项　　　　图 8-87　显示颜色效果

步骤 19　在编辑区中，复制一个多边形路径，如图 8-88 所示。

步骤 20　在复制的多边形路径内单击鼠标右键，在弹出的快捷菜单中选择 "Shaded" 选项，如图 8-89 所示。

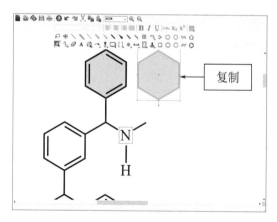
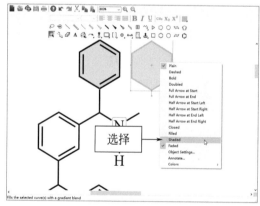

图 8-88　复制一个多边形路径　　　　图 8-89　选择 "Shaded" 选项

专家指点

在编辑区中选中需要调整大小的图形，将鼠标光标移至选择框右下角处，可看到一个拖拉箭头图标，此时拖曳该箭头即可调整图形的大小。

步骤 21　执行操作后，即可将多边形路径设置为渐变填充效果，如图 8-90 所示。

步骤 22　在复制的多边形路径内单击鼠标右键，在弹出的快捷菜单中选择 "Colors" ｜ "Other # 4" 选项，如图 8-91 所示。

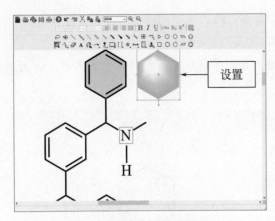

图 8-90　设置为渐变填充效果

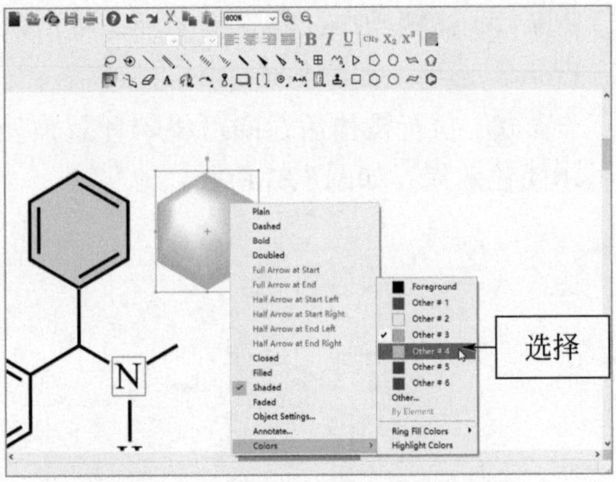

图 8-91　选择"Other # 4"选项

步骤23　执行操作后，即可改变多边形路径的渐变颜色，如图 8-92 所示。

步骤24　将中间的苯环置顶显示，并将多边形路径拖曳至苯环上，为其添加渐变背景效果，如图 8-93 所示。

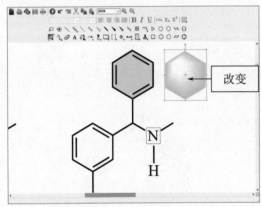

图 8-92　改变多边形路径的渐变颜色

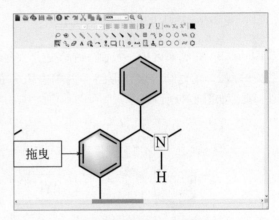

图 8-93　添加渐变背景效果

步骤25　在编辑区中，再次复制一个多边形路径，如图 8-94 所示。

步骤26　在复制的多边形路径内单击鼠标右键，在弹出的快捷菜单中选择"Colors"｜"Other"选项，如图 8-95 所示。

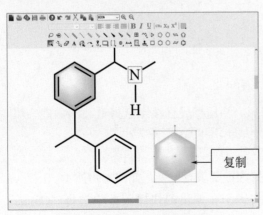

图 8-94　复制一个多边形路径

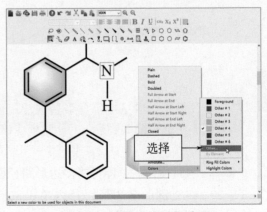

图 8-95　选择"Other"选项

步骤27 弹出"颜色"对话框，单击"规定自定义颜色"按钮，如图 8-96 所示。

步骤28 调出自定义颜色参数区，❶设置 RGU 参数值分别为"255、255、128"；❷单击"添加到自定义颜色"按钮，如图 8-97 所示。

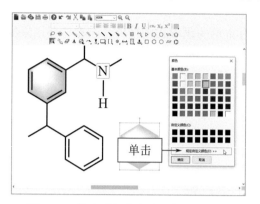
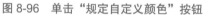

图 8-96　单击"规定自定义颜色"按钮

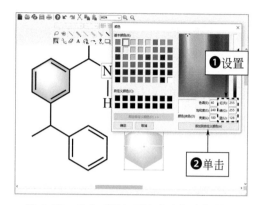

图 8-97　单击"添加到自定义颜色"按钮

步骤29 在"自定义颜色"选项区中选择添加的自定义颜色，如图 8-98 所示。

步骤30 在"颜色"对话框中，单击"确定"按钮，如图 8-99 所示。

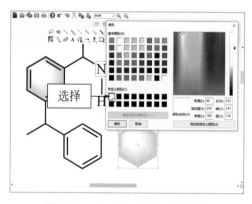

图 8-98　选择添加的自定义颜色

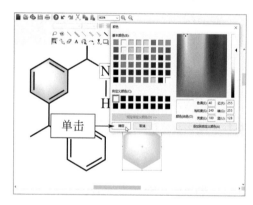

图 8-99　单击"确定"按钮

步骤31 执行操作后，即可改变渐变填充效果，如图 8-100 所示。

步骤32 将底部的苯环置顶显示，并将多边形路径拖曳至苯环上，为其添加渐变背景效果，如图 8-101 所示。

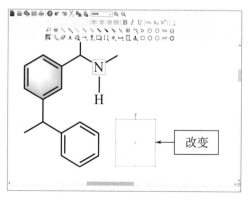

图 8-100　改变渐变填充效果

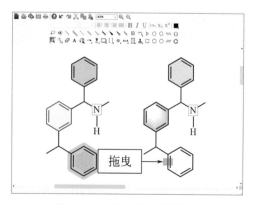

图 8-101　添加渐变背景效果

8.3 ╱ 绘制案例3：有机反应装置图

在化学绘图软件ChemDraw的模板中，除了有常见的化学式图形外，还有一些用来绘制实验设备的图形模版，极大地扩展了化学实验的应用领域。本实例主要介绍有机反应装置图的绘制，这本是一项非常复杂且繁琐的工作，但ChemDraw却将这项工作变得极其简单，实例最终效果如图8-102所示。

扫码看教学视频

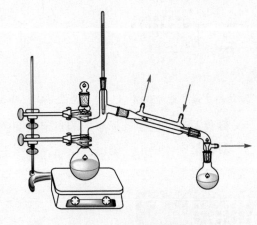

图 8-102　有机反应装置图

8.3.1　使用模板工具添加常用的实验仪器

下面主要使用模板工具 🛠 将绘制有机反应装置图需要的实验仪器图形全部添加到编辑区中，具体操作方法如下。

🔵步骤01　在主工具栏中，选取模板工具 🛠，如图8-103所示。

🔵步骤02　按住模板工具 🛠 右下角的小箭头不放，在弹出的工具集中选择"Clipware, part1"选项，如图8-104所示。

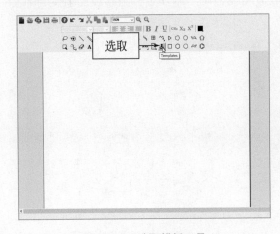

图 8-103　选取模板工具

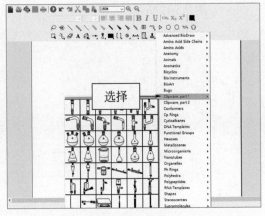

图 8-104　选择"Clipware, part1"选项

步骤 03 用鼠标左键按住"Clipware，part1"工具箱的标题栏，即可调出该工具箱，如图 8-105 所示。

步骤 04 在"Clipware，part1"工具箱中，选取加热台模板，如图 8-106 所示。

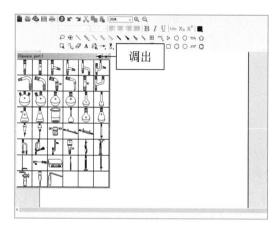

图 8-105　调出"Clipware，part1"工具箱

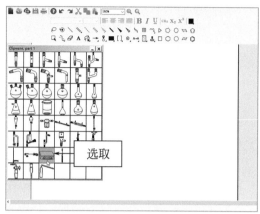

图 8-106　选取加热台模板

步骤 05 在编辑区中的空白位置处单击，即可绘制一个加热台图形，如图 8-107 所示。

步骤 06 在"Clipware，part1"工具箱中，选取一个蒸馏头模板，如图 8-108 所示。

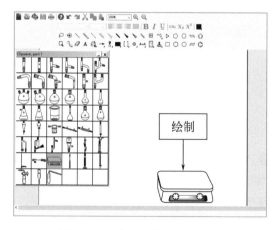

图 8-107　绘制一个加热台图形

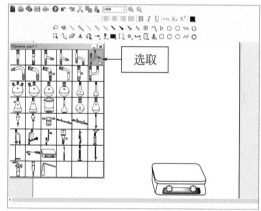

图 8-108　选取一个蒸馏头图形

专家指点

　　　　使用矩形框选择工具 选中需要调整位置的图形，将鼠标光标移至选择框中，此时会出现一个手型图标 ，按住鼠标左键并拖曳，即可移动图形的位置。

步骤 07 在编辑区中的空白位置处单击，即可绘制一个蒸馏头图形，如图 8-109 所示。

步骤 08 在"Clipware，part1"工具箱中，❶选取铁架台模板 ；❷在编辑区中的空白位置处单击绘制一个铁架台图形，如图 8-110 所示。

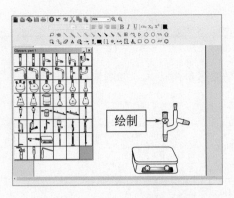

图 8-109　绘制一个蒸馏头图形

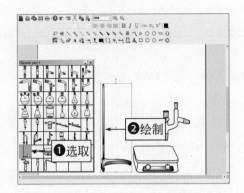

图 8-110　绘制一个铁架台图形

🔧 **步骤09** 在 "Clipware, part1" 工具箱中，❶选取蒸馏瓶模板🔘；❷在编辑区中的空白位置处单击绘制一个蒸馏瓶图形，如图 8-111 所示。

🔧 **步骤10** 在 "Clipware, part1" 工具箱中，❶选取接收瓶模板🔘；❷在编辑区中的空白位置处单击绘制一个接收瓶图形，如图 8-112 所示。

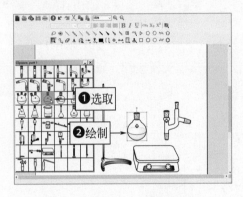

图 8-111　绘制一个蒸馏瓶图形

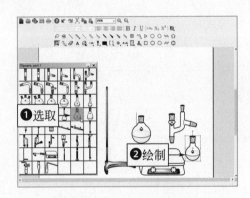

图 8-112　绘制一个接收瓶图形

🔧 **步骤11** 在 "Clipware, part1" 工具箱中，❶选取真空接引管模板🔘；❷在编辑区中的空白位置处单击绘制一个真空接引管图形，如图 8-113 所示。

🔧 **步骤12** 在 "Clipware, part1" 工具箱中，❶选取铁夹模板🔘；❷在编辑区中的空白位置处单击绘制两个铁夹图形，如图 8-114 所示。

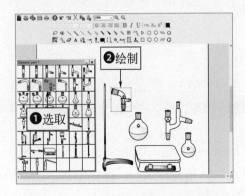

图 8-113　绘制一个真空接引管图形

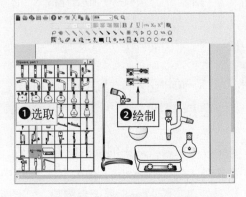

图 8-114　绘制两个铁夹图形

步骤 13 按住模板工具 🔧 右下角的小箭头不放，❶ 在弹出的工具集中选择 "Clipware，part2" 选项；❷ 用鼠标左键按住 "Clipware，part2" 工具箱的标题栏不放，如图 8-115 所示。

步骤 14 执行操作后，即可调出 "Clipware，part2" 工具箱，如图 8-116 所示。

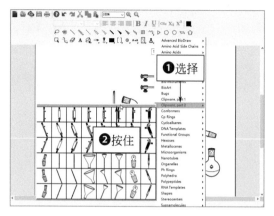

图 8-115　选择 "Clipware，part2" 选项

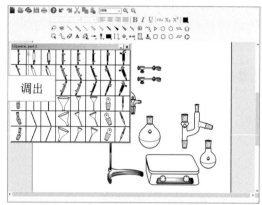

图 8-116　调出 "Clipware，part2" 工具箱

步骤 15 在 "Clipware，part2" 工具箱中，❶ 选取冷凝管模板 🔧；❷ 在编辑区中的空白位置处单击绘制一个冷凝管图形，如图 8-117 所示。

步骤 16 在 "Clipware，part2" 工具箱中，❶ 选取塞子模板 🔧；❷ 在编辑区中的空白位置处单击绘制一个塞子图形，如图 8-118 所示。

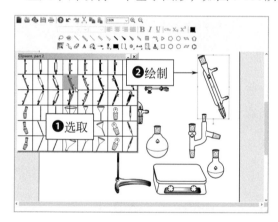

图 8-117　绘制一个冷凝管图形

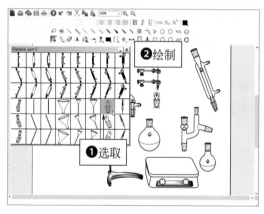

图 8-118　绘制一个塞子图形

专家指点

使用矩形框选择工具 🔧 选中需要调整方向的图形，选择框的上方会出现一个旋转柄 ↻，按住鼠标左键并拖曳旋转，即可调整图形的方向。

步骤 17 在 "Clipware，part2" 工具箱中，❶ 选取温度计模板 🔧；❷ 在编辑区中的空白位置处单击绘制一个温度计图形，如图 8-119 所示。

步骤 18 执行操作后，关闭 "Clipware，part2" 工具箱，即可完成各种实验仪器图形的绘制，如图 8-120 所示。

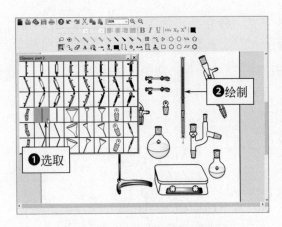

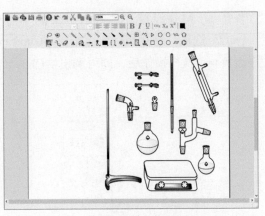

图 8-119 绘制一个温度计图形　　　　图 8-120 完成各种实验仪器图形的绘制

8.3.2 使用矩形框选择工具调整实验仪器的位置

下面主要使用矩形框选择工具▢仔细调整各实验仪器图形的位置，使它们处于最佳的位置处，具体操作方法如下。

步骤01 在主工具栏中选取矩形框选择工具▢，如图 8-121 所示。

图 8-121 选取矩形框选择工具

步骤02 在编辑区中选择加热台图形，适当调整其位置，如图 8-122 所示。

步骤03 在编辑区中选择铁架台图形，适当调整其位置，如图 8-123 所示。

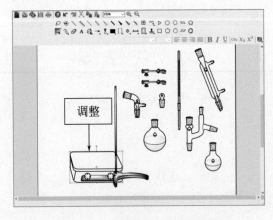

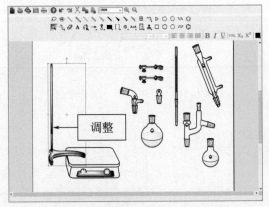

图 8-122 调整加热台图形的位置　　　　图 8-123 调整铁架台图形的位置

步骤04 在铁架台图形上单击鼠标右键，在弹出的快捷菜单中选择"Send to Back"选项，如图 8-124 所示。

步骤05 执行操作后，即可将铁架台图形置于底层显示，如图 8-125 所示。

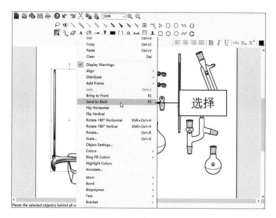

图 8-124　选择"Send to Back"选项

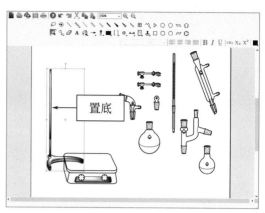

图 8-125　将铁架台图形置于底层

步骤06 在编辑区中选择蒸馏瓶图形，适当调整其位置，如图8-126所示。

步骤07 在编辑区中选择蒸馏头图形，适当调整其位置，如图8-127所示。

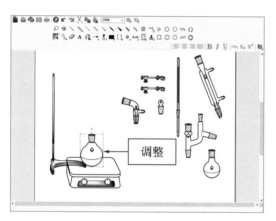

图 8-126　调整蒸馏瓶图形的位置

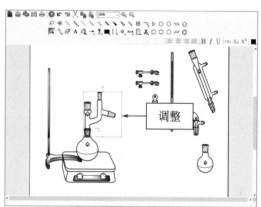

图 8-127　调整蒸馏头图形的位置

步骤08 在编辑区中，适当调整蒸馏头图形的大小，如图8-128所示。

步骤09 在编辑区中选择温度计图形，适当调整其位置，如图8-129所示。

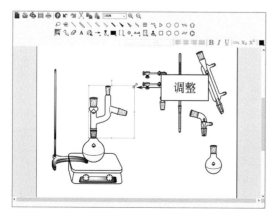

图 8-128　调整蒸馏头图形的大小

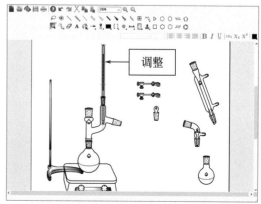

图 8-129　调整温度计图形的位置

步骤10 在编辑区中，适当调整温度计图形的大小，如图8-130所示。

步骤11 在编辑区中选择塞子图形，适当调整其位置，如图8-131所示。

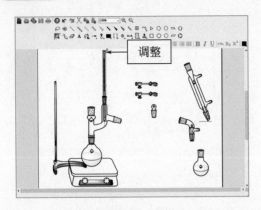 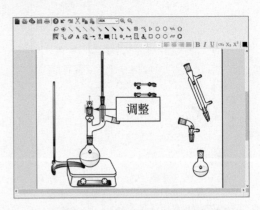

图 8-130　调整温度计图形的大小　　　　图 8-131　调整塞子图形的位置

步骤12 在编辑区中，适当调整塞子图形的大小，如图8-132所示。

步骤13 在编辑区中选择冷凝管图形，适当调整其位置，如图8-133所示。

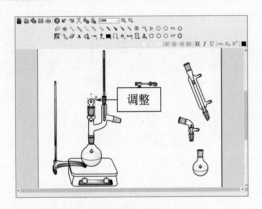 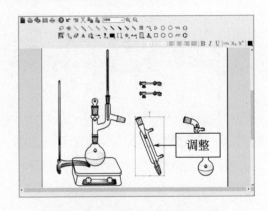

图 8-132　调整塞子图形的大小　　　　图 8-133　调整冷凝管图形的位置

步骤14 将鼠标光标移至选择框上方的控制柄上，光标变成旋转图标↻，如图8-134所示。

步骤15 按住鼠标左键并向左拖曳，适当旋转冷凝管图形，如图8-135所示。

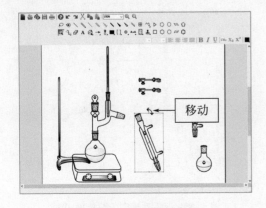 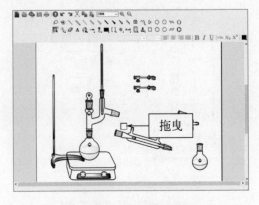

图 8-134　移动鼠标光标　　　　图 8-135　旋转冷凝管图形

步骤16 调整冷凝管图形的位置，使其接口处对准蒸馏头，如果角度不对可以再次进行旋转调整，效果如图8-136所示。

步骤17 在编辑区中选择真空接引管图形，适当调整其位置，如图8-137所示。

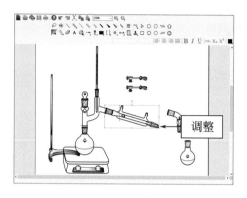

图 8-136　调整冷凝管图形的位置

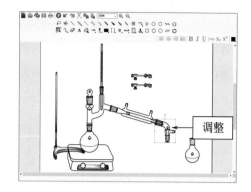

图 8-137　调整真空接引管图形的位置

步骤18 在编辑区中选择接收瓶图形，适当调整其位置，如图8-138所示。

步骤19 在编辑区中选择铁夹图形，适当调整其位置，如图8-139所示。

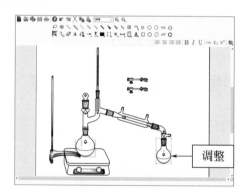

图 8-138　调整接收瓶图形的位置

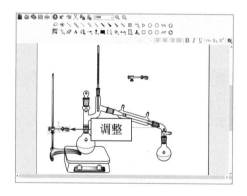

图 8-139　调整铁夹图形的位置

步骤20 在编辑区中，适当调整铁夹图形的大小，如图8-140所示。

步骤21 使用相同的操作方法，调整另一个铁夹图形的位置和大小，如图8-141所示。

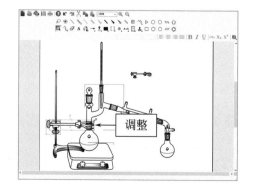

图 8-140　调整铁夹图形的大小

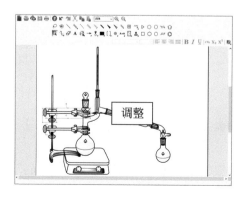

图 8-141　调整另一个铁夹图形

8.3.3 对图片进行排版和添加颜色等美化处理

各种细枝末节的仪器连接或摆放问题，会导致图片不够美观，因此还需要对图片进行美化处理，如改变图形排列顺序，以及给溶液添加颜色等，下面介绍具体的操作方法。

步骤01 在主工具栏中，选取相应的箭头工具 ↴，如图 8-142 所示。

步骤02 在编辑区中，绘制一个箭头图形，如图8-143所示。

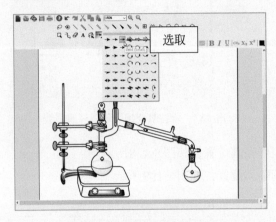

图 8-142 选取相应的箭头工具

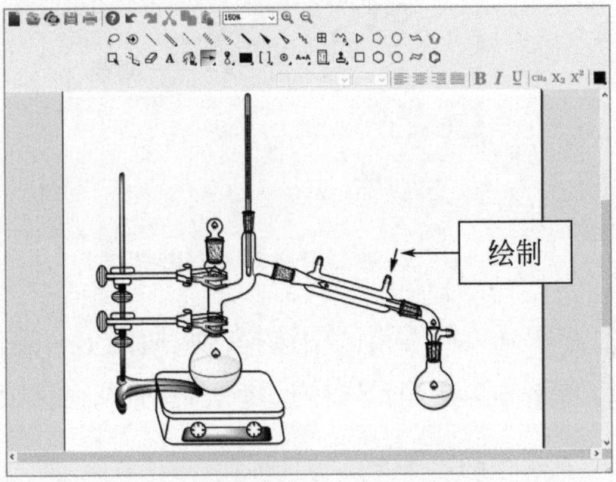

图 8-143 绘制一个箭头图形

步骤03 在箭头图形的末端按住鼠标左键并向上拖曳，即可调整箭头的线条长度，如图 8-144 所示。

步骤04 使用相同的操作方法，在其他位置处绘制多个箭头图形，如图 8-145 所示。

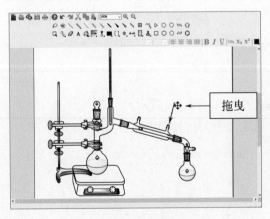

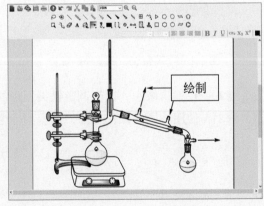

图 8-144 调整箭头的线条长度

图 8-145 绘制多个箭头图形

步骤05 按住【Shift】键的同时单击两个斜向箭头，同时选中这两个箭头，如图 8-146 所示。

步骤06 ❶单击格式栏中的"Colors"按钮■；❷在弹出的调色板中单击红色图标■，如图8-147所示。

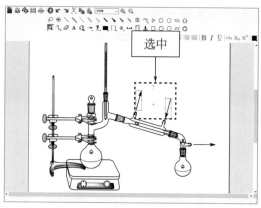
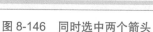

图 8-146　同时选中两个箭头

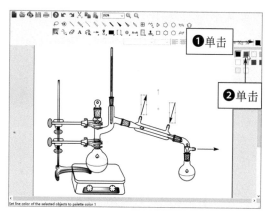

图 8-147　单击红色图标

步骤07　执行操作后，即可将两个斜向箭头的颜色设置为红色，效果如图 8-148 所示。

步骤08　使用同样的操作方法，将右侧水平箭头设置为蓝色，效果如图 8-149 所示。

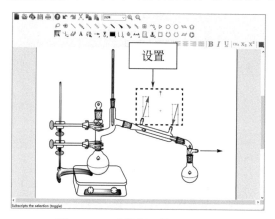

图 8-148　设置斜向箭头的颜色

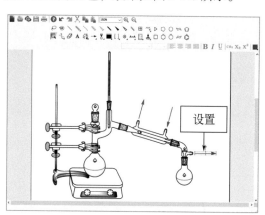

图 8-149　设置水平箭头的颜色

步骤09　在编辑区中，单独选中蒸馏瓶中的溶液图形部分，如图 8-150 所示。

步骤10　在溶液图形上单击鼠标右键，在弹出的快捷菜单中选择 "Colors" | "Other # 3" 选项，如图 8-151 所示。

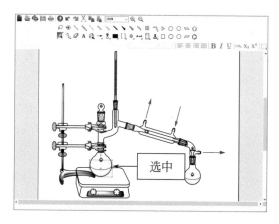

图 8-150　选中溶液图形部分

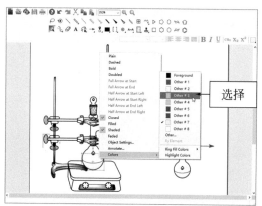

图 8-151　选择 "Other # 3" 选项

步骤11 执行操作后，即可设置蒸馏瓶中溶液的颜色效果，如图8-152所示。

步骤12 在编辑区中，单独选中接收瓶中的溶液图形部分，如图8-153所示。

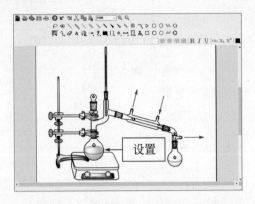

图 8-152 设置蒸馏瓶中溶液的颜色效果

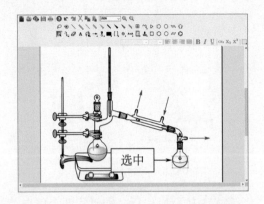

图 8-153 选中接收瓶中的溶液图形部分

步骤13 在菜单栏中，单击"Colors" | "Other # 4"命令，如图8-154所示。

步骤14 执行操作后，即可设置接收瓶中溶液的颜色效果，如图8-155所示。

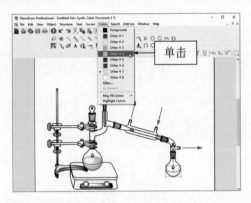

图 8-154 单击"Other # 4"命令

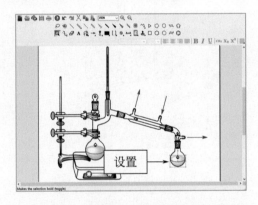

图 8-155 设置接收瓶中溶液的颜色效果

步骤15 在主工具栏中的绘图元素工具集中，选取矩形工具 ■，如图8-156所示。

步骤16 在加热台上绘制一个大小合适的矩形图形，如图8-157所示。

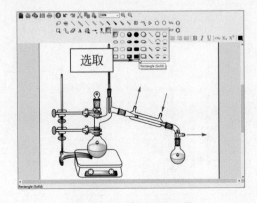

图 8-156 选取矩形工具

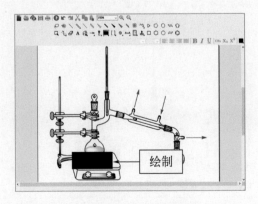

图 8-157 绘制一个矩形图形

步骤17 在矩形图形上单击鼠标右键，在弹出的快捷菜单中选择"Colors"|"Other # 7"选项，如图8-158所示。

步骤18 执行操作后，即可将矩形图形设置为白色，如图8-159所示。

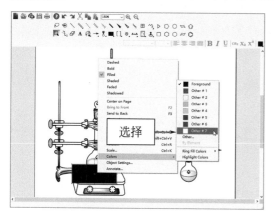

图8-158 选择"Other # 7"选项　　　　图8-159 将矩形图形设置为白色

步骤19 在矩形图形上单击鼠标右键，在弹出的快捷菜单中选择"Send to Back"选项，如图8-160所示。

步骤20 执行操作后，即可将矩形图形置于底层显示，效果如图8-161所示。

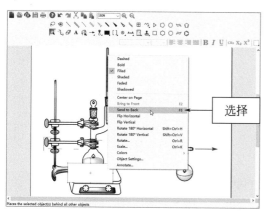
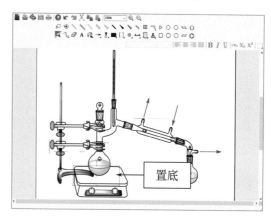

图8-160 选择"Send to Back"选项　　　　图8-161 将矩形图形置于底层显示

专家指点

　　　ChemDraw为用户提供了非常丰富的模板库，用户可以单击"View"|"Templates"命令进入模板库菜单，选择需要的模板进行绘图。另外，用户还可以单击"File"菜单下的"Open Templates"命令，再单击下面的"New Templates"子命令来建立模板窗口。

步骤21 在编辑区中，选择铁架台图形，如图8-162所示。

步骤22 在铁架台图形上单击鼠标右键，在弹出的快捷菜单中选择"Send to Back"选项，如图8-163所示。

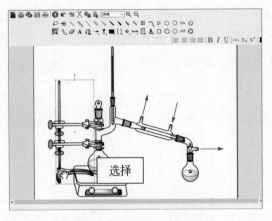

图 8-162 选择铁架台图形

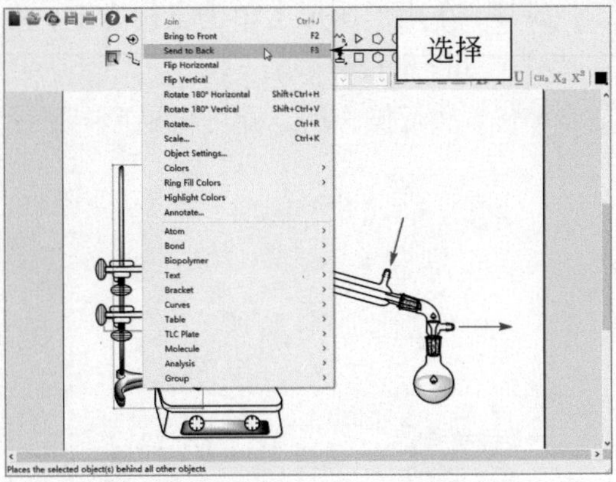

图 8-163 选择 "Send to Back" 选项

步骤23 执行操作后，即可将铁架台图形置于底层显示，效果如图 8-164 所示。

步骤24 使用矩形框选择工具 □ 选择编辑区中的所有图形，如图 8-165 所示。

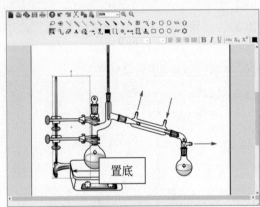

图 8-164 将铁架台图形置于底层显示

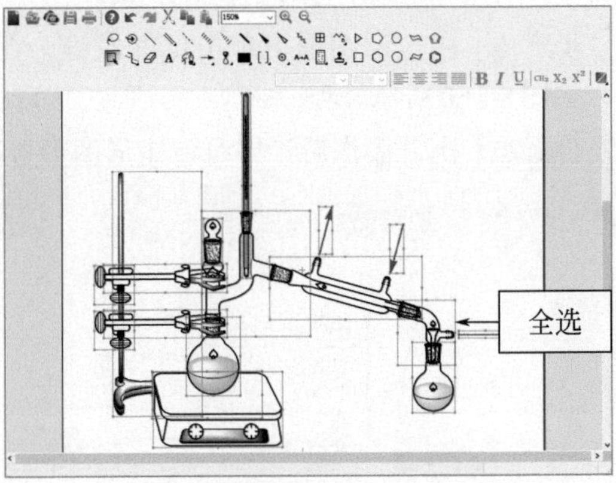

图 8-165 选择编辑区中的所有图形

步骤25 在菜单栏中，单击 "Object" | "Group" 命令，如图 8-166 所示。

步骤26 执行操作后，即可将所选图形进行组合处理，效果如图 8-167 所示。

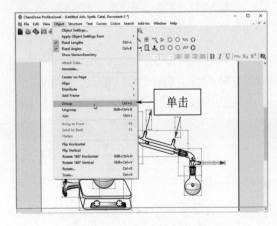

图 8-166 单击 "Group" 命令

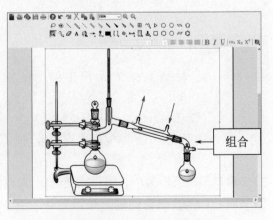

图 8-167 将所选图形进行组合处理

第9章

用 GraphPad Prism 绘制学术图表

GraphPad Prism 是一款非常好用且功能强大的科研医学生物数据处理绘图软件，同时也是一款多功能的统计工具，它是专为科学家而设计的。本章主要向读者介绍使用 GraphPad Prism 绘制学术图表的操作方法。

本章
重点

➢ 绘制案例 1：显著性差异
➢ 绘制案例 2：样条曲线
➢ 绘制案例 3：小提琴图和葡萄串图

9.1 ／ 绘制案例1：显著性差异

显著性差异（significant difference）是统计学（Statistics）中的一个专业名词，用于对实验结果的数据差异性进行评价。一般情况下，实验结果达到0.05水平或0.01水平，即可认为该结果具备显著性差异特征。本节主要介绍使用GraphPad Prism计算并绘制显著性差异图表的操作方法，最终效果如图9-1所示。

扫码看教学视频

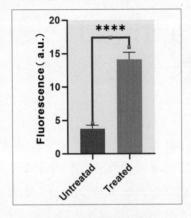

图 9-1　显著性差异图表

9.1.1　创建列条形图

首先通过Excel导入数据，然后创建一个基本的列条形图，具体操作方法如下。

🔸 **步骤01** 启动GraphPad Prism软件，在欢迎界面的"新表＆图"选项区中选择"列"选项，如图9-2所示。

🔸 **步骤02** 切换至"列"选项卡，保持默认设置，单击"创建"按钮，如图9-3所示。

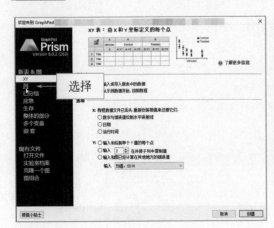

图 9-2　选择"列"选项

图 9-3　单击"创建"按钮

专家指点

GraphPad Prism 与 Excel 等科学制图软件的主要区别在于，它的数据表是结构化、格式化的，用户在创建新的数据表时，可以从以下 8 种表类型中进行选择，如 XY 表格（XY tables）、纵列表（Column tables）、分组纵列表（Grouped tables）、列联表（Contingencytables）、生存表（Survivaltables）、百分数表（Parts ofwhole tables）、多变量表（Multiplevariable tables）和巢式表（Nestedtables）。用户可以选择合适的图表，让数据分析变得更加简单。

本实例就是一种纵列表，在数据表格中只有 Y 列且没有分组，这也可以看成是每组只有 1 列，并没有 X 列，X 坐标仅用作分类数据，数据是由 Y 列的列名来决定的。

步骤03 执行操作后，即可创建"列"图表，如图 9-4 所示。

步骤04 打开 Excel 表格，选择并复制其中的数据，如图 9-5 所示。

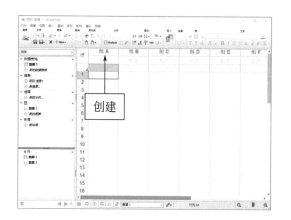

图 9-4 创建"列"图表

图 9-5 复制数据

步骤05 返回 GraphPad Prism 软件窗口，在表格中粘贴数据，如图 9-6 所示。

步骤06 在左侧导航栏中，选择"图"选项区中的"数据 1"选项，如图 9-7 所示。

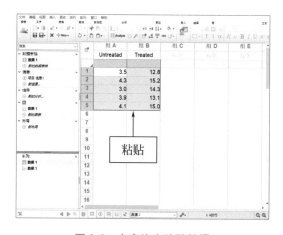

图 9-6 在表格中粘贴数据

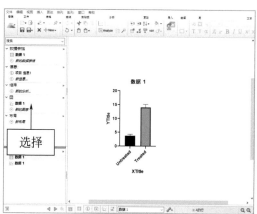

图 9-7 选择"数据 1"选项

步骤07 弹出"更改图表类型"对话框，选择"列条形图"类型，如图9-8所示。

步骤08 单击"确定"按钮，即可创建列条形图，如图9-9所示。

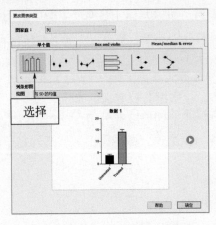

图 9-8 选择"列条形图"类型

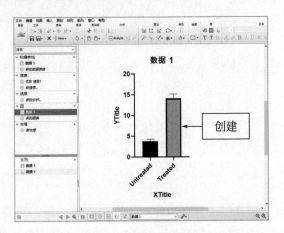

图 9-9 创建列条形图

9.1.2 调整配色样式

下面主要对图表的配色样式进行调整，使其变得更加清晰、美观，具体操作方法如下。

步骤01 在绘图区域中，选择图表标题文字"数据1"，如图9-10所示。

步骤02 按【Delete】键，删除图表标题，效果如图9-11所示。

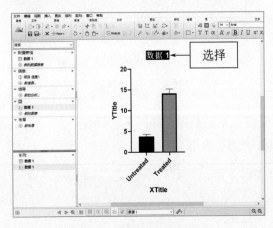

图 9-10 选择图表标题文字

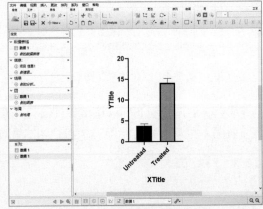

图 9-11 删除图表标题

专家指点

GraphPad Prism不仅可以创建组织有序的数据表，而且还可以将数据与结果、图形和布局的每个部分都紧密关联在一起。另外，GraphPad Prism能够帮助用户完整地记录工作，如用浮动的笔记给实验做注解、突出显示想要查看的工作表、更改所选数据值或数据结果的背景颜色，或者在信息表中记录实验细节等。

步骤 03 使用相同的操作方法，删除图表底部的文字，如图 9-12 所示。

步骤 04 单击纵坐标标题，使其处于可编辑状态，如图 9-13 所示。

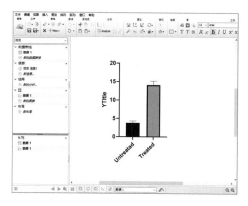

图 9-12　删除图表底部的文字

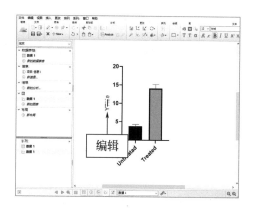

图 9-13　使纵坐标标题处于可编辑状态

步骤 05 输入新的纵坐标标题 "Fluorescence（a.u.）"，如图 9-14 所示。

步骤 06 单击空白位置，即可确认纵坐标标题的输入，如图 9-15 所示。

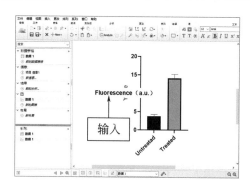

图 9-14　输入新的纵坐标标题

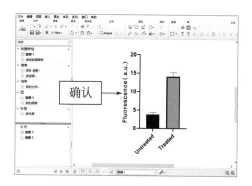

图 9-15　确认纵坐标标题的输入

步骤 07 ❶在 "更改" 选项板中单击 "更改颜色" 按钮 🔵▼；❷在弹出的列表框中选择 "更多配色方案" 选项，如图 9-16 所示。

步骤 08 执行操作后，弹出 "配色方案" 对话框，如图 9-17 所示。

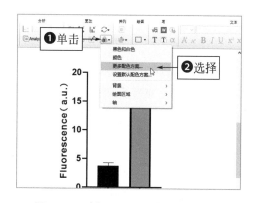

图 9-16　选择 "更多配色方案" 选项

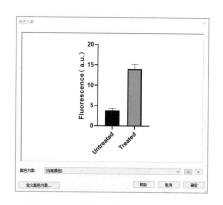

图 9-17　弹出 "配色方案" 对话框

步骤09 在"配色方案"列表框中选择"Candy bright"选项，如图9-18所示。

步骤10 执行操作后，即可预览该配色方案效果，如图9-19所示。

图9-18 选择"Candy bright"选项

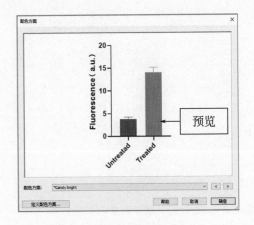

图9-19 预览配色方案效果

步骤11 单击"确定"按钮，即可应用该配色方案，效果如图9-20所示。

步骤12 在绘图区域中，使用鼠标左键双击误差线，如图9-21所示。

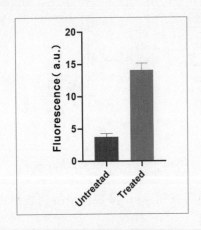

图9-20 应用配色方案效果

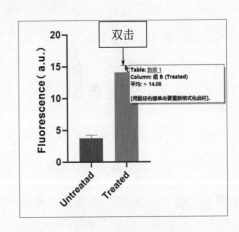

图9-21 双击误差线

专家指点

　　创建Graphpad prism项目后，在窗口左侧的导航栏中可以看到Prism项目有5个部分，分别为数据表格、信息、结果、图和布局。本实例所用的主要窗口就是图，当用户在数据表格中输入相应数据后，选择"图"选项，Graphpad prism会自动创建一个图表，用户可以自定义调整图表的任何部分。

步骤13 执行操作后，弹出"格式化图"对话框，在"数据集"列表框中选择"Change ALL data sets"选项，如图9-22所示。

步骤14 在"误差线"选项区中，单击"颜色"选项右侧的颜色条图标 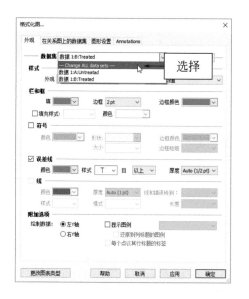，如图9-23所示。

图9-22　选择"Change ALL data sets"选项　　　图9-23　单击颜色条图标

步骤15 在弹出的调色板中选择"G1（黑色）"选项，如图9-24所示。

步骤16 在"目"列表框中选择"两者"选项，如图9-25所示。

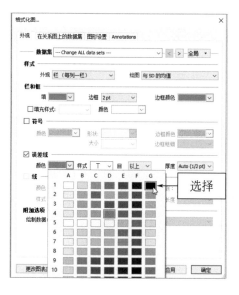

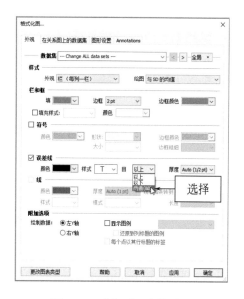

图9-24　选择"G1"选项　　　　　　　　　图9-25　选择"两者"选项

步骤17 单击"确定"按钮，即可修改图表样式，效果如图9-26所示。

步骤18 ❶在"更改"选项板中单击"更改颜色"按钮；❷在弹出的列表框中选择"绘图区域"|"A7（浅绿色）"选项，如图9-27所示。

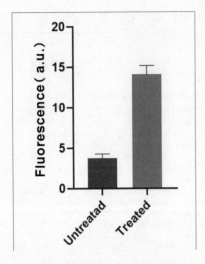

图 9-26　修改图表样式效果

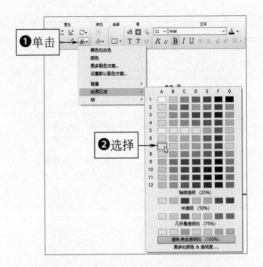

图 9-27　选择"A7（浅绿色）"选项

步骤19 执行操作后，即可修改绘图区域的颜色，效果如图9-28所示。

步骤20 在"更改"选项板中单击"更改颜色"按钮 🎨▾，在弹出的列表框中选择"轴"｜"F12（深红色）"选项，即可修改轴的颜色，效果如图9-29所示。

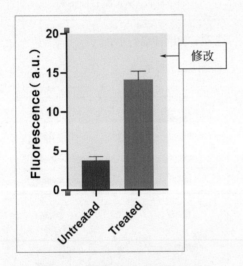

图 9-28　修改绘图区域的颜色效果

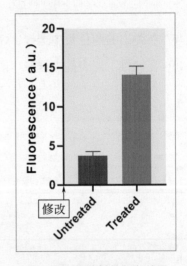

图 9-29　修改轴的颜色效果

9.1.3　分析显著性差异

下面主要利用GraphPad Prism的"分析数据"功能，来检验该组数据的显著性差异结果，并在图表中描述出来，具体操作方法如下。

步骤01 在窗口左侧的导航栏中，在"数据表格"选项区中选择"数据1"选项，如图9-30所示。

步骤02 切换至"数据表格"窗口，在"分析"选项板中单击"Analyze"按钮，如图9-31所示。

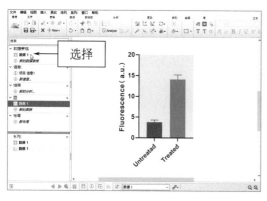

图 9-30 选择 "数据 1" 选项

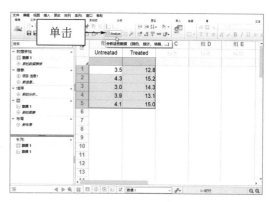

图 9-31 单击 "Analyze" 按钮

步骤 03 执行操作后，弹出 "分析数据" 对话框，❶ 在左侧列表框中的 "列分析" 菜单中选择 "t tests（ and nonpar ametric tests ）" 选项；❷ 在右侧列表框中选中要分析的数据集，如图 9-32 所示。

步骤 04 单击 "确定" 按钮，弹出 "参数：t 检验（和非参数检验）" 对话框，保持默认设置即可，如图 9-33 所示。

图 9-32 选中要分析的数据集

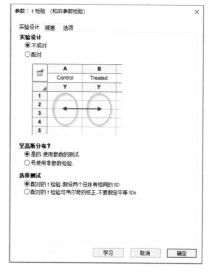

图 9-33 保持默认设置

专家指点

t 检验也称为学生 t 检验（ Student's t test ），是一种比较常见的统计推断检验方法，主要用于样本含量较小且方差未知的正态分布，通过 t 分布理论来推论差异发生的概率，从而比较两个平均数的差异是否显著。

t 检验最常见的 4 个用途包括单样本均值检验（ One-sample t-test ）、两独立样本均值检验（ Independent two-sample t-test ）、配对样本均值检验（ Dependent t-test for paired samples ）和回归系数的显著性检验（ t-test for regression coefficient significance ）。

步骤05 单击"确定"按钮，即可生成相应的分析数据，如图9-34所示。

步骤06 首先查看F检验的数据，即样品类的相对误差分析，从本实例的数据结果中可以看到没有显著性差异，也就是说样品类是可信的，如图9-35所示。

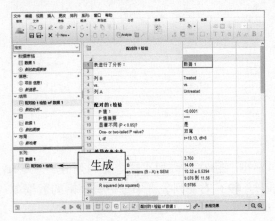

图 9-34　生成相应的分析数据

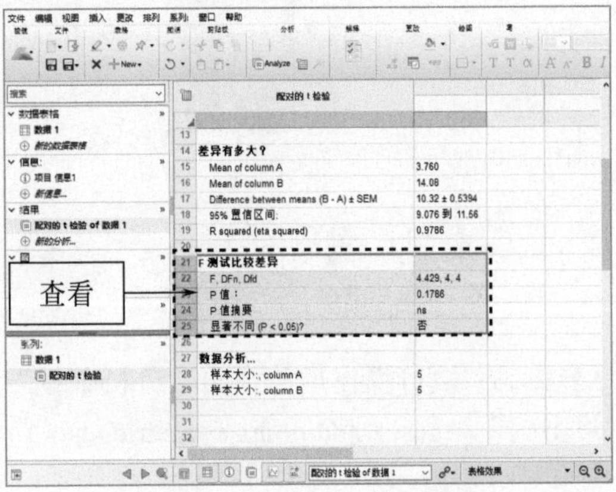

图 9-35　查看 F 检验的数据

步骤07 接下来查看t检验结果，可以看到t检验中是有显著性差异的，同时P值<0.0001，属于4星级别，如图9-36所示。

步骤08 在窗口左侧的导航栏中，在"图"选项区中选择"数据1"选项，返回"图"窗口，如图9-37所示。

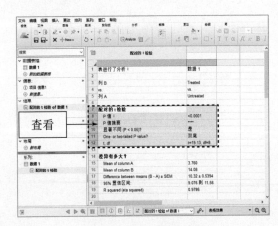

图 9-36　查看 t 检验结果

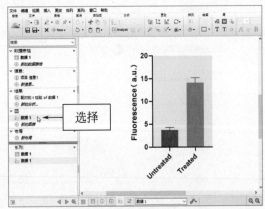

图 9-37　选择"数据 1"选项

专家指点

在论文中作结论时，必须准确描述显著性差异的方向性，如显著大于或显著小于某个数值，常用的描述方法如下。

● P值 ≥ 0.05，表示差异性不显著。

● 0.01<P值<0.05，表示差异性显著。

● P值 ≤ 0.01，表示差异性极显著。

步骤09 ❶在"绘图"选项板中单击"选择绘图工具"按钮▼；❷在弹出的工具箱中选取相应的带有文本的行工具 ⌐，如图9-38所示。

步骤10 在绘图区域中的相应位置按住鼠标左键并拖曳，绘制带有文本的连接线，如图9-39所示。

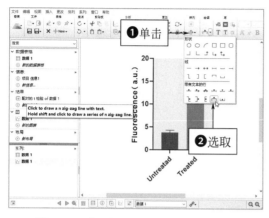

图 9-38　选取相应的带有文本的行工具

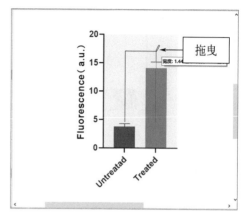

图 9-39　绘制带有文本的连接线

步骤11 松开鼠标左键后，在弹出的ns列表框中选择***选项，如图9-40所示。

步骤12 执行操作后，即可显示显著性差异的星级，这里再增加一颗星，效果如图9-41所示。

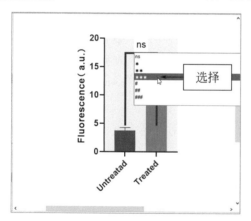

图 9-40　选择 *** 选项

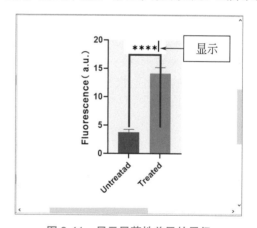

图 9-41　显示显著性差异的星级

专家指点

　　　　t检验与F检验的定义不同，前面已经介绍了t检验的定义，而F检验（F-test）又称联合假设检验（joint hypotheses test）、方差比率检验、方差齐性检验等，是一种在零假设（null hypothesis，H0）下统计值服从F-分布的检验方式。

　　　　另外，t检验与F检验的检验理论和处理样本组数也不同。t检验采用的是t分布理论，通常需要两个处理样本；F检验则是基于统计值服从F-分布的检验理论，通常用于3组以上的样本。

科研论文配图设计与制作一本通

步骤 13 选择连接线右侧的端点，按住鼠标左键的同时向上拖曳，如图9-42所示。

步骤 14 至合适位置后，松开鼠标左键，即可调整其长度，效果如图9-43所示。

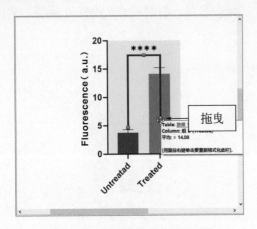 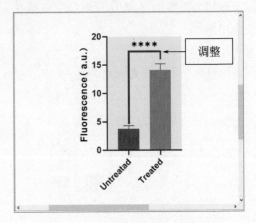

图 9-42　拖曳连接线右侧的端点　　　　　　图 9-43　调整右侧连接线的长度

9.2 ╱ 绘制案例2：样条曲线

样条曲线（Spline Curves）是通过一组特定的控制点而产生的一条光滑曲线，这些点能够控制曲线的大致形状，具有连续、曲率变化均匀等特点，或用于数字化绘图的设计，或用于构造物体的表面形状。本节主要介绍使用GraphPad Prism绘制样条曲线的操作方法，最终效果如图9-44所示。

扫码看教学视频

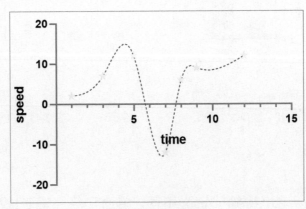

图 9-44　样条曲线

9.2.1 创建XY图表

在XY图表中，各个点的X坐标和Y坐标分别对应表格中的X列和Y列的数据。其中，X只有1列，而Y可以是1列也可以是多列。下面介绍创建XY图表的操作方法。

🔵 **步骤01** 启动 GraphPad Prism 软件，在菜单栏中单击"文件"|"新建"|"新项目文件"命令，如图9-45所示。

🔵 **步骤02** 进入欢迎界面，❶在"新表＆图"选项区中选择"XY"选项；❷在右侧的"选项"选项区中分别选中"X"和"Y"单选按钮，如图9-46所示。

图 9-45 单击"新项目文件"命令

图 9-46 选中"X"和"Y"单选按钮

🔵 **步骤03** 单击"创建"按钮，即可创建一个XY表格，如图9-47所示。

🔵 **步骤04** 在X列和Y列中分别输入相应的数据，如图9-48所示。

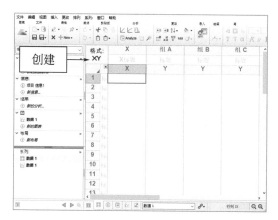

图 9-47 创建一个 XY 表格

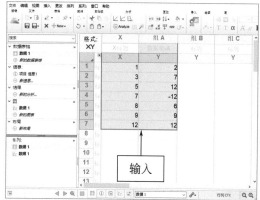

图 9-48 输入相应的数据

专家指点

GraphPad Prism 数据表的格式，决定了用户可以制作什么样的图表，以及可以进行什么样的分析。为数据选择正确的表类型非常重要，用户必须花些时间把这件事做好。

每个文件不限于制作一个数据表，用户可以将整个项目存储在一个文件中，然后根据需要创建任意数量的数据表。例如，XY表中的每个点都由X和Y值定义，这种数据通常用于线性或非线性回归拟合。

步骤05 在左侧导航栏中，选择"图"选项区中的"数据1"选项，如图9-49所示。

步骤06 弹出"更改图表类型"对话框，选择"点＆连接线"类型，如图9-50所示。

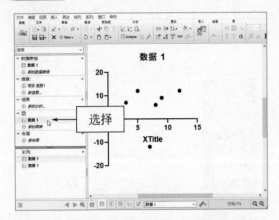

图 9-49　选择"数据1"选项　　　　　图 9-50　选择"点＆连接线"类型

步骤07 单击"确定"按钮，即可创建相应类型的XY图表，如图9-51所示。

步骤08 选择图表标题文字"数据1"，按【Delete】键删除图表标题，如图9-52所示。

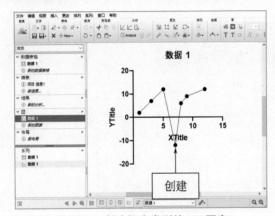
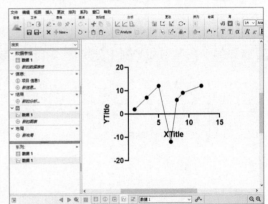

图 9-51　创建相应类型的 XY 图表　　　　　图 9-52　删除图表标题

步骤09 在绘图区域中，修改纵坐标标题为"speed"，如图9-53所示。

步骤10 在绘图区域中，修改横坐标标题为"time"，如图9-54所示。

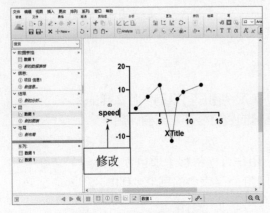
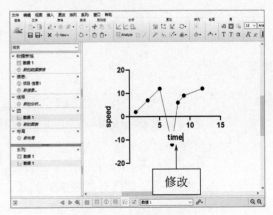

图 9-53　修改纵坐标标题　　　　　图 9-54　修改横坐标标题

9.2.2　创建样条曲线

GraphPad Prism中没有直接设置样条曲线的功能，用户需要手动进行调整，可通过其他功能来变相达到效果，下面介绍具体的操作方法。

步骤01 在绘图区域中，使用鼠标左键双击连接曲线，如图9-55所示。

步骤02 执行操作后，弹出"格式化图"对话框，在"显示连接曲线"选项区的"样式"列表框中选择相应的样式，如图9-56所示。

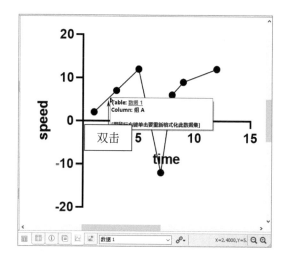

图 9-55　双击连接线条　　　　　　图 9-56　选择相应的样式

步骤03 单击"确定"按钮，即可改变连接曲线的样式，效果如图9-57所示。

步骤04 框选绘图区域中的所有图表元素，如图9-58所示。

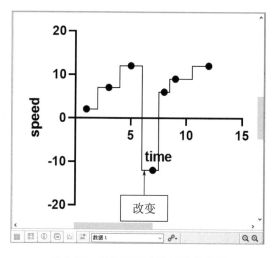

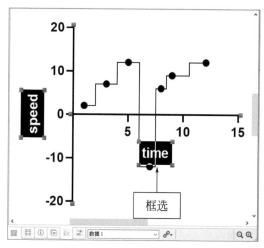

图 9-57　改变连接曲线的样式效果　　　　　　图 9-58　框选所有图表元素

步骤05 在"分析"选项板中，单击"Analyze"按钮，如图9-59所示。

步骤06 弹出"分析数据"对话框，在左侧列表框中的"XY分析"菜单中选择"拟合样条/LOWESS"选项，如图9-60所示。

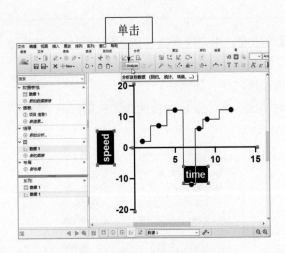

图 9-59　单击"Analyze"按钮

图 9-60　选择"拟合样条/LOWESS"选项

步骤07　单击"确定"按钮，弹出"参数：适合样条/LOWESS"对话框，在"方法以创建曲线"选项区中，❶选中"立方样条.曲线贯穿每一点."单选按钮；❷在"输出"选项区中设置"段数"为"50"，如图9-61所示。

步骤08　单击"确定"按钮，即可创建样条曲线，如图9-62所示。

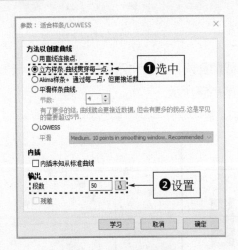

图 9-61　设置相应参数

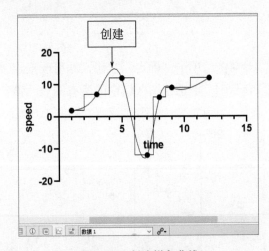

图 9-62　创建样条曲线

9.2.3　设置样条曲线

创建样条曲线后，用户可以隐藏原来的连接曲线，并对图表的样式进行修改，让图表更加美观，下面介绍具体的操作方法。

步骤01　在绘图区域中，使用鼠标左键双击连接曲线，如图9-63所示。

步骤02　执行操作后，弹出"格式化图"对话框，取消选中"显示连接曲线"复选框，如图9-64所示。

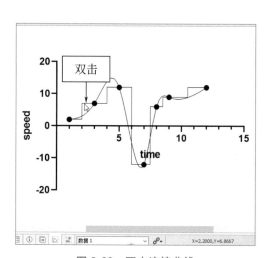

图 9-63　双击连接曲线

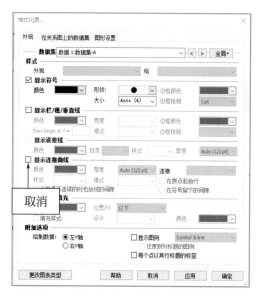

图 9-64　取消选中"显示连接曲线"复选框

步骤03 单击"应用"按钮，即可隐藏连接曲线，效果如图9-65所示。

步骤04 在"格式化图"对话框的"显示符号"选项区中，在"颜色"调色板中选择"D5（黄色）"选项，如图9-66所示。

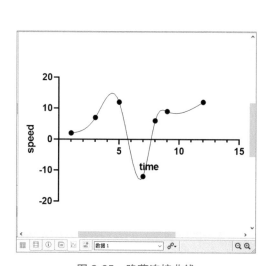

图 9-65　隐藏连接曲线

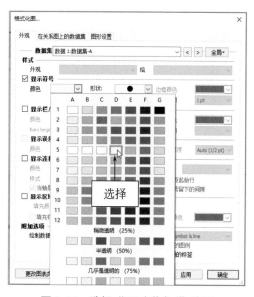

图 9-66　选择"D5（黄色）"选项

专家指点

在 GraphPad Prism 中，用户可以通过页面布局将多个图形、数据、结果表、文本、图表和导入的图像组合在一个页面上。单击"表格"选项板中的"新建"按钮 ➕New▾，在弹出的列表框中选择"新布局"选项，或在左侧导航栏中选择"新布局"选项，即可弹出"创建新布局"对话框。

步骤05 在"形状"列表框中选择五角星形状 ★，如图9-67所示。

步骤06 在"大小"列表框中选择5选项，如图9-68所示。

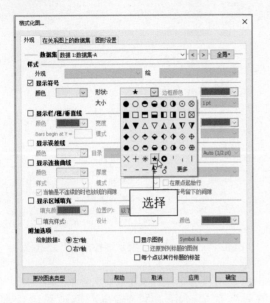

图 9-67 选择五角星形状

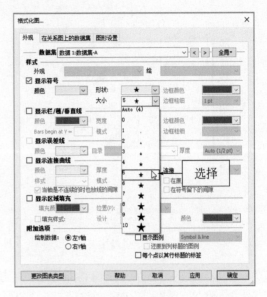

图 9-68 选择 5 选项

步骤07 单击"应用"按钮，即可修改符号的样式，效果如图9-69所示。

步骤08 在"格式化图"对话框的"数据集"列表框中选择"样条of数据1:数据集-A"选项，如图9-70所示。

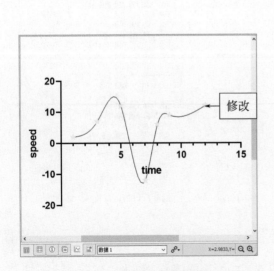

图 9-69 修改符号的样式效果

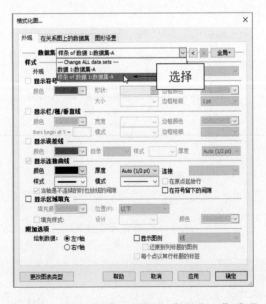

图 9-70 选择"样条 of 数据 1: 数据集 -A"选项

步骤09 在"格式化图"对话框的"显示连接曲线"选项区中，在"颜色"调色板中选择"E3（红色）"选项，如图9-71所示。

步骤10 在"厚度"列表框中，选择"1pt"选项，如图9-72所示。

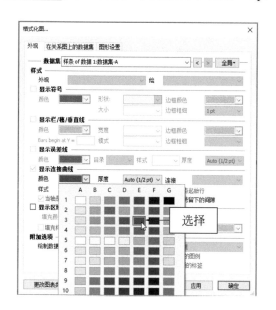

图 9-71　选择"E3（红色）"选项

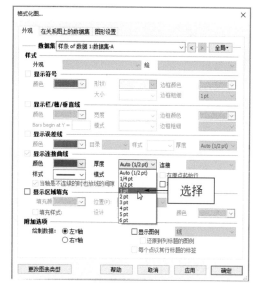

图 9-72　选择"1pt"选项

步骤11 在"模式"列表框中，选择相应的虚线类型，如图9-73所示。

步骤12 单击"确定"按钮，即可修改样条曲线的样式，效果如图9-74所示。

图 9-73　选择相应的虚线类型

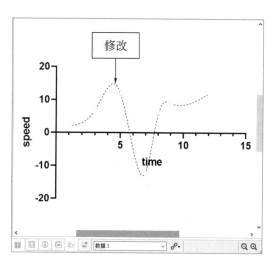

图 9-74　修改样条曲线的样式效果

步骤13 在绘图区域中，选择图表的纵坐标轴，如图9-75所示。

步骤14 单击鼠标右键，在弹出的快捷菜单中选择"轴颜色"|"B9（浅蓝色）"选项，如图9-76所示。

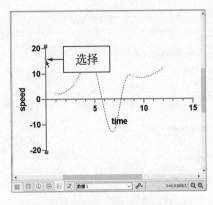

图 9-75　选择图表的纵坐标轴

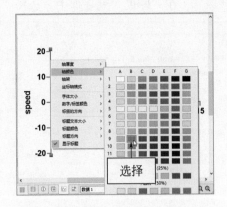

图 9-76　选择"B9（浅蓝色）"选项

步骤15　执行操作后，即可修改图表的轴颜色，效果如图9-77所示。

步骤16　在纵坐标轴上单击鼠标右键，在弹出快捷菜单中选择"字体大小"|"10"选项，如图9-78所示。

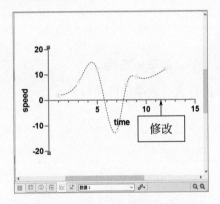

图 9-77　修改图表的轴颜色效果

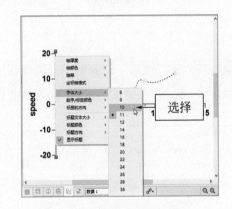

图 9-78　选择"10"选项

步骤17　执行操作后，即可修改纵坐标轴上的字体大小，效果如图9-79所示。

步骤18　使用相同的操作方法，修改横坐标轴上的字体大小，效果如图9-80所示。

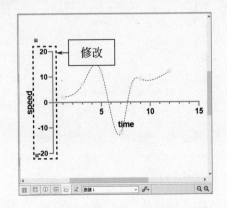

图 9-79　修改纵坐标轴上的字体大小效果

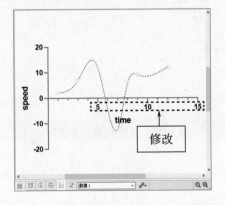

图 9-80　修改横坐标轴上的字体大小效果

9.3 ╱ 绘制案例3：小提琴图和葡萄串图

小提琴图（Violin Plot）主要用于显示数据分布及其概率密度，而葡萄串图的本质则是一种散点图（Scatter Diagram），通常用于跨类别聚合数据的比较。本节主要介绍使用 GraphPad Prism 绘制小提琴图和葡萄串图的操作方法，最终效果如图9-81所示。

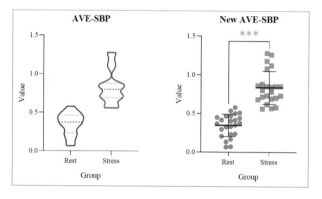

扫码看教学视频

图 9-81　小提琴图和葡萄串图

9.3.1　创建小提琴图

小提琴图融合了箱形图和密度图的特征，可以用来显示数据的分布形状。下面介绍创建小提琴图的操作方法。

步骤01　启动 GraphPad Prism 软件，❶在欢迎界面的"新表＆图"选项区中选择"列"选项；❷单击"创建"按钮，如图9-82所示。

步骤02　执行操作后，即可创建"列"图表，如图9-83所示。

图 9-82　单击"创建"按钮

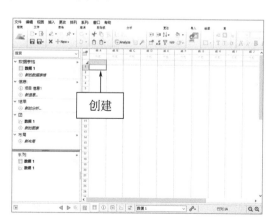

图 9-83　创建"列"图表

步骤03　打开 Excel 表格，选择并复制其中的数据，如图9-84所示。

步骤04　返回 GraphPad Prism 软件窗口，在表格中粘贴数据，如图9-85所示。

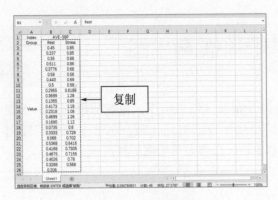

图 9-84 复制数据

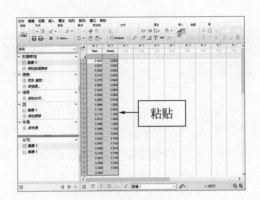

图 9-85 在表格中粘贴数据

步骤05 在左侧导航栏中，使用鼠标左键双击"数据表格"选项区中的"数据1"选项，使其变成可编辑状态，如图9-86所示。

步骤06 在其中输入新的数据表格名称"AVE-SBP"，如图9-87所示。

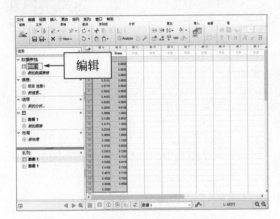

图 9-86 数据表格名称变成可编辑状态

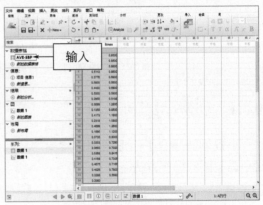

图 9-87 输入新的数据表格名称

步骤07 在左侧导航栏中，在"图"选项区中选择相应的数据表格，如图9-88所示。

步骤08 弹出"更改图表类型"对话框，在"Box and violin"选项卡中选择"Violin plot"图表类型，如图9-89所示。

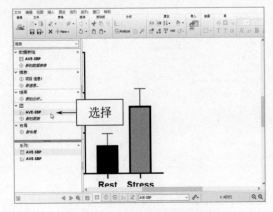

图 9-88 选择相应的数据表格

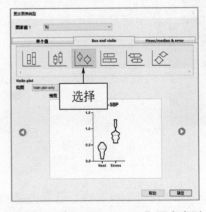

图 9-89 选择"Violin plot"图表类型

步骤09 单击"确定"按钮，即可创建 Violin plot 图，如图 9-90 所示。

步骤10 选择纵坐标轴标题，将其修改为"Value"，如图 9-91 所示。

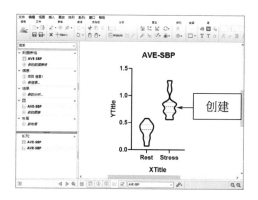

图 9-90　创建 Violin plot 图

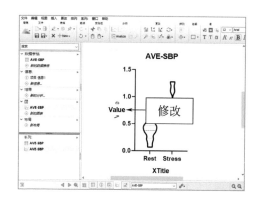

图 9-91　修改纵坐标轴标题

步骤11 选择横坐标轴标题，将其修改为"Group"，如图 9-92 所示。

步骤12 选择横坐标轴，适当调整其长度，将其拉长一些，如图 9-93 所示。

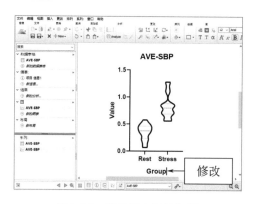

图 9-92　修改横坐标轴标题

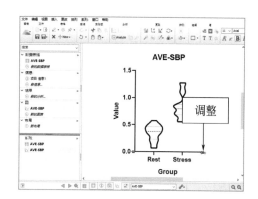

图 9-93　将横坐标轴适当拉长

专家指点

　　GraphPad Prism 的某些分析会自动创建新图形。例如，如果用户选择制作残差图作为线性或非线性回归的一部分，则会创建一个新图。再例如，对于大多数 ANOVA（一般指方差分析）后的多重比较，用户可以选择制作一个新图表，显示组均值之间差异的置信区间。

9.3.2　设置小提琴图样式

　　小提琴图可以显示一个或多个分类变量的不同级别的定量数据分布情况，用户可以通过观察来比较这些分布。下面介绍设置小提琴图样式的操作方法。

步骤01 ❶在"更改"选项板中单击"更改颜色"按钮 ●▼；❷在弹出的列表框中选择"更多配色方案"选项，如图 9-94 所示。

步骤02 弹出"配色方案"对话框，设置"配色方案"为*Colors，如图9-95所示。

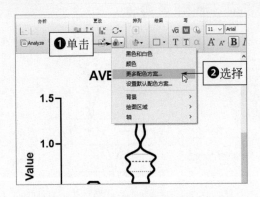

图 9-94 选择"更多配色方案"选项

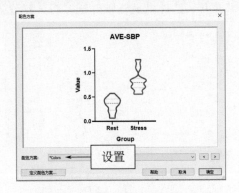

图 9-95 设置"配色方案"选项

步骤03 单击"确定"按钮，应用配色方案，效果如图9-96所示。

步骤04 在绘图区域中，使用鼠标左键双击蓝色的小提琴图框线，如图9-97所示。

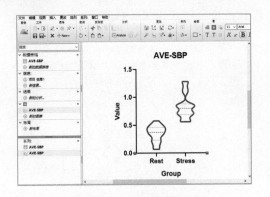

图 9-96 应用配色方案效果

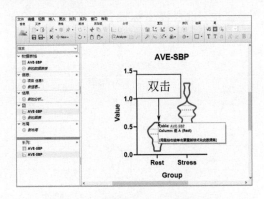

图 9-97 双击蓝色的小提琴图框线

步骤05 弹出"格式化图"对话框，在"数据集"列表框中选择"Change ALL data sets"选项，如图9-98所示。

步骤06 在"Violin plot"选项区中，在"填"调色板中选择半透明（50%）的灰色，如图9-99所示。

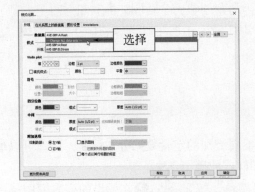

图 9-98 选择"Change ALL data sets"选项

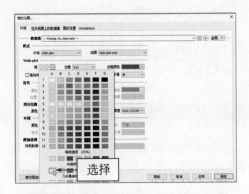

图 9-99 选择半透明（50%）的灰色

步骤07 在"边框"列表框中，选择"1pt"选项，如图9-100所示。

步骤08 在"四分位数"选项区中，在"颜色"调色板中选择"G1（黑色）"选项，如图9-101所示。

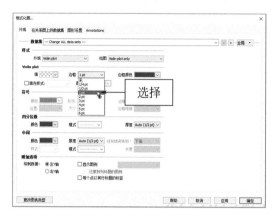

图 9-100　选择"1pt"选项

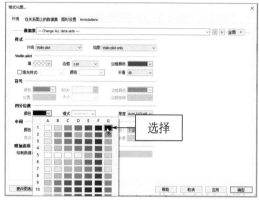

图 9-101　选择"G1（黑色）"选项

步骤09 在"中间"选项区中，在"颜色"调色板中选择"G1（黑色）"选项，如图9-102所示。

步骤10 单击"确定"按钮，即可修改小提琴图的样式效果，如图9-103所示。

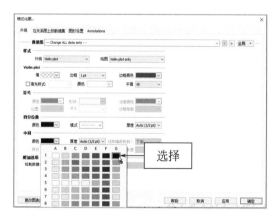

图 9-102　选择"G1（黑色）"选项

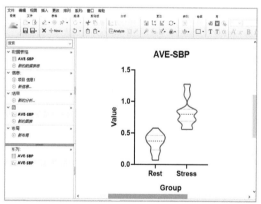

图 9-103　修改小提琴图的样式效果

9.3.3　设置坐标轴样式效果

下面主要利用"坐标轴格式"对话框，对坐标轴和图形标题的样式进行调整，让整个图表中的信息看起来更加主次分明，具体操作方法如下。

步骤01 在绘图区域中，使用鼠标左键双击任意一根坐标轴，如图9-104所示。

步骤02 弹出"坐标轴格式"对话框，单击"框架和起源"标签，如图9-105所示。

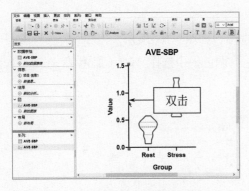

图 9-104　双击任意一根坐标轴

图 9-105　单击"框架和起源"标签

步骤03 执行操作后，切换至"框架和起源"选项卡，在"轴和颜色"选项区中的"厚度的轴"列表框中选择"1/2pt"选项，如图 9-106 所示。

步骤04 切换至"Titles&Fonts"选项卡，在"图形标题"选项区中单击"字体"按钮，如图 9-107 所示。

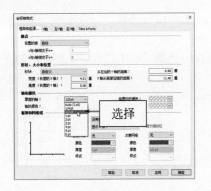

图 9-106　选择"1/2pt"选项

图 9-107　单击"字体"按钮

步骤05 弹出"字体"对话框，设置"字体"为"Times New Roman"、"字形"为"常规"、"大小"为"小四"，如图 9-108 所示。

步骤06 单击"确定"按钮返回"坐标轴格式"对话框，单击"应用"按钮，如图 9-109 所示。

图 9-108　设置相应"字体"选项

图 9-109　单击"应用"按钮

步骤07 执行操作后，即可改变图形标题的字体效果，如图9-110所示。

步骤08 单击"显示X轴标题"复选框右侧的"字体"按钮，如图9-111所示。

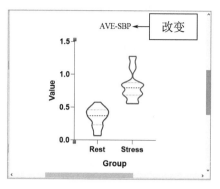

图9-110　改变图形标题的字体效果

图9-111　单击"字体"按钮

步骤09 弹出"字体"对话框，设置"字体"为"Times New Roman"、"字形"为"常规"、"大小"为"五号"，如图9-112所示。

步骤10 单击"确定"按钮返回"坐标轴格式"对话框，单击"应用"按钮，即可改变X轴标题的字体效果，如图9-113所示。

图9-112　设置X轴标题的字体

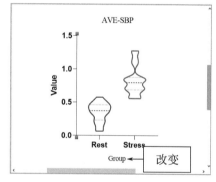

图9-113　改变X轴标题的字体效果

步骤11 使用相同的操作方法，设置Y轴标题的字体效果，如图9-114所示。

步骤12 在"编号和标签"选项区中，单击"X轴"右侧的"字体"按钮，如图9-115所示。

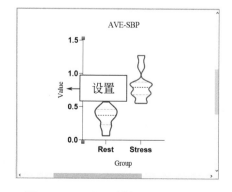

图9-114　设置Y轴标题的字体效果

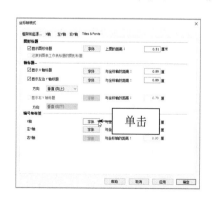

图9-115　单击"字体"按钮

步骤13 弹出"字体"对话框,设置"字体"为"Times New Roman"、"字形"为"常规"、"大小"为"小五",如图9-116所示。

步骤14 单击"确定"按钮返回"坐标轴格式"对话框,单击"应用"按钮,即可改变X轴标签的字体效果,如图9-117所示。

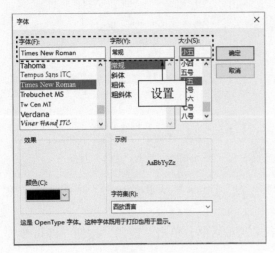

图 9-116　设置 X 轴标签的字体　　　　　图 9-117　改变 X 轴标签的字体效果

步骤15 使用相同的操作方法,设置Y轴标签的字体效果,如图9-118所示。

步骤16 在"坐标轴格式"对话框,单击"确定"按钮,应用所有的字体设置,并为图表标题添加加粗显示效果,如图9-119所示。

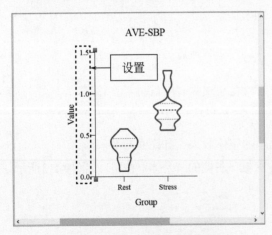
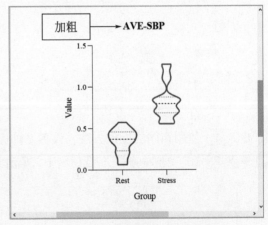

图 9-118　设置 Y 轴标签的字体效果　　　　图 9-119　为标题添加加粗显示效果

9.3.4　创建葡萄串图

葡萄串图通常用于显示和比较数值,下面介绍创建葡萄串图的操作方法。

步骤01 ❶在左侧导航栏中选择相应图表;❷在"表格"选项板中单击New按钮 ➕New▾ ;❸在弹出的列表框中选择"重复的电流表"选项,如图9-120所示。

步骤02 执行操作后,即可复制图表,如图9-121所示。

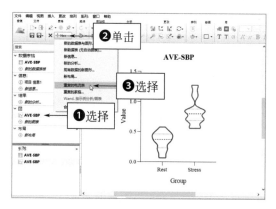

图 9-120　选择"重复的电流表"选项

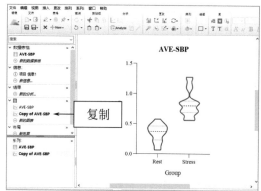

图 9-121　复制图表

步骤03　将复制的图表重命名为"New AVE-SBP"，并修改图表标题，如图9-122所示。

步骤04　在"更改"选项板中，单击"选择不同类型的图"按钮📊，如图9-123所示。

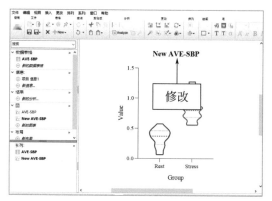

图 9-122　修改图表标题

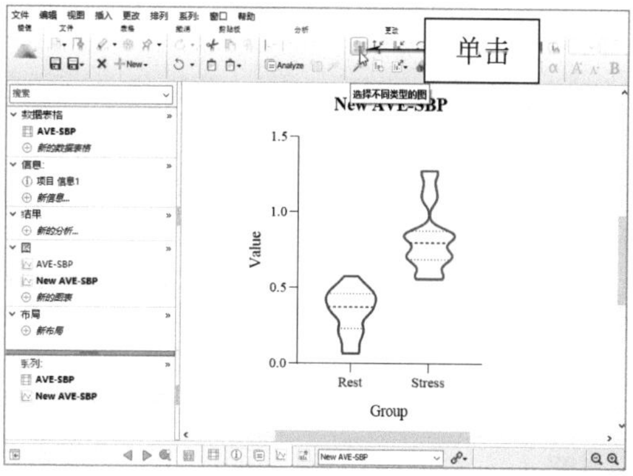

图 9-123　单击"选择不同类型的图"按钮

步骤05　弹出"更改图表类型"对话框，在"单个值"选项卡中选择"散点图"类型，如图9-124所示。

步骤06　单击"确定"按钮，即可更改图表类型，效果如图9-125所示。

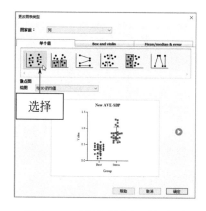

图 9-124　选择"散点图"类型

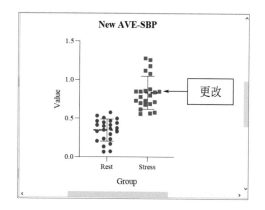

图 9-125　更改图表类型

步骤07 在绘图区域中，使用鼠标左键双击散点符号，如图9-126所示。

步骤08 弹出"格式化图"对话框，在"符号"选项区中的"颜色"调色板中，单击"更多的颜色＆透明度……"按钮，如图9-127所示。

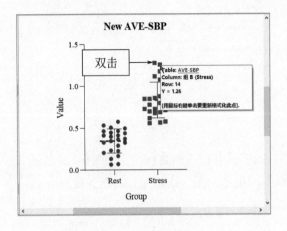

图9-126 双击散点符号

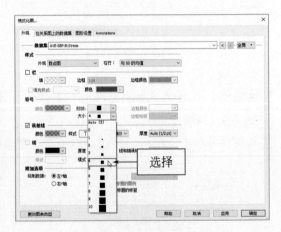

图9-127 单击"更多的颜色＆透明度……"按钮

步骤09 弹出"选择颜色"对话框，❶拖曳"透明度"滑块，设置其参数为"60%"；❷单击"确定"按钮，如图9-128所示。

步骤10 在"大小"列表框中，选择"4"选项，如图9-129所示。

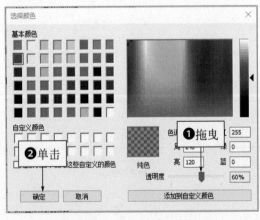

图9-128 设置"透明度"参数

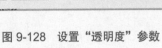

图9-129 选择"4"选项

步骤11 在"误差线"选项区中的"颜色"调色板中，选择"G1（黑色）"选项，如图9-130所示。

步骤12 在"模式"列表框中，选择实线类型，如图9-131所示。

步骤13 单击"应用"按钮，调整图表效果，如图9-132所示。

步骤14 在"数据集"列表框中，选择"AVE-SBP:A:Rest"选项，如图9-133所示。

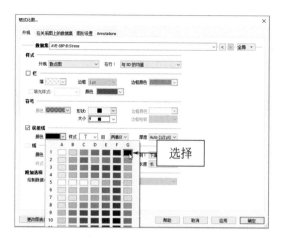

图 9-130　选择"G1（黑色）"选项

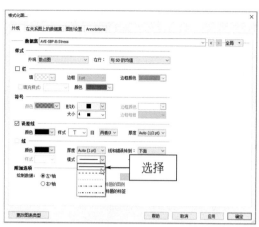

图 9-131　选择实线类型

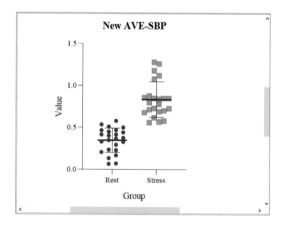

图 9-132　调整图表效果

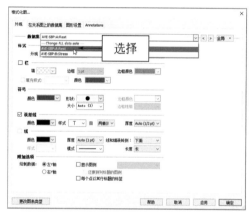

图 9-133　选择"AVE-SBP:A:Rest"选项

步骤15）在"符号"选项区中，设置"颜色"的"透明度"为"60%"，单击"应用"按钮，效果如图9-134所示。

步骤16）在"大小"列表框中，选择"4"选项，如图9-135所示。

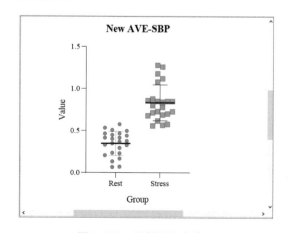

图 9-134　设置透明度效果

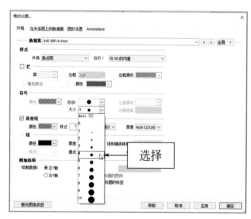

图 9-135　选择"4"选项

步骤17 在"误差线"选项区中，❶设置"颜色"为"G1（黑色）"；❷在"模式"列表框中选择实线类型，如图9-136所示。

步骤18 单击"确定"按钮，即可改变图表的样式，效果如图9-137所示。

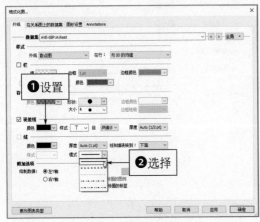

图 9-136 设置误差线样式

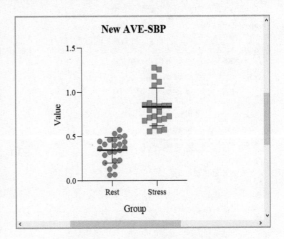

图 9-137 改变图表的样式效果

9.3.5 执行独立样本t检验

下面主要介绍执行独立样本t检验，查看显著性水平P值的具体操作方法。

步骤01 在左侧导航栏中，在"数据表格"选项区中选择相应的数据表格，如图9-138所示。

步骤02 在"分析"选项板中，单击"Analyze"按钮，如图9-139所示。

图 9-138 选择相应的数据表格

图 9-139 单击"Analyze"按钮

步骤03 弹出"分析数据"对话框，保持默认设置即可，单击"确定"按钮，如图9-140所示。

步骤04 弹出"参数：t检验（和非参数检验）"对话框，保持默认设置即可，单击"确定"按钮，如图9-141所示。

步骤05 执行操作后，即可显示配对的t检验数据结果，可以看到差异性极显著，如图9-142所示。

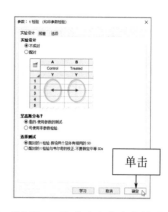

图 9-140　"分析数据"对话框　　　　图 9-141　"参数：t 检验（和非参数检验）"对话框

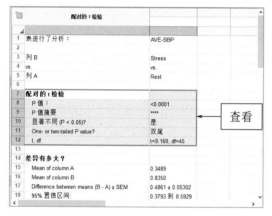

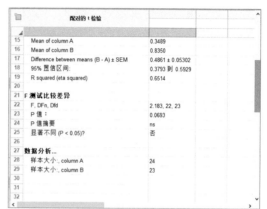

图 9-142　显示配对的 t 检验数据结果

步骤06　在左侧导航栏中，在"图"选项区中选择"New AVE-SBP"选项，如图 9-143 所示。

步骤07　在"绘图"选项板中，❶单击"选择绘图工具"按钮 ；❷在弹出的工具箱中选取相应的带有文本的行工具 ，如图 9-144 所示。

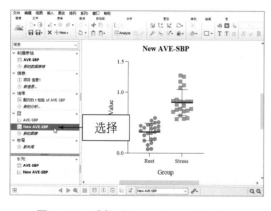

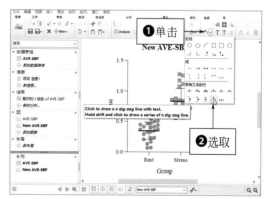

图 9-143　选择"New AVE-SBP"选项　　　　图 9-144　选取相应的带有文本的行工具

步骤08　在绘图区中，添加连接线与统计差异星级，如图 9-145 所示。

步骤09　在绘图区中，适当调整右侧的连接线长度，如图 9-146 所示。

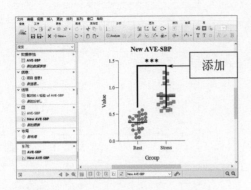

图 9-145　添加连接线与统计差异星级

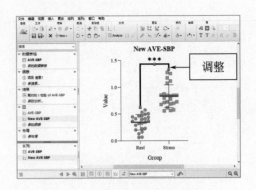

图 9-146　调整右侧的连接线长度

步骤10 ❶选择星级符号；❷在"文本"选项板中单击"选择文本颜色"按钮 ▼；❸在弹出的调色板中选择"D7（绿色）"选项，如图9-147所示。

步骤11 执行操作后，即可修改星级符号的颜色，效果如图9-148所示。

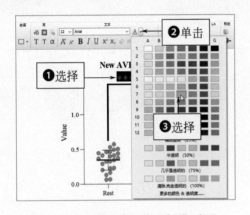

图 9-147　选择"D7（绿色）"选项

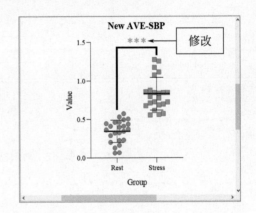

图 9-148　修改星级符号的颜色

步骤12 使用鼠标左键双击连接线，弹出"对象格式"对话框，在"线条、箭头 & 弧"选项区中设置"厚度"为"1/2pt"，如图9-149所示。

步骤13 单击"确定"按钮，即可修改连接线的厚度，效果如图9-150所示。

图 9-149　设置"厚度"参数

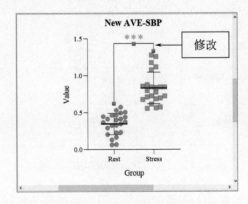

图 9-150　修改连接线的厚度效果

9.3.6　组合布局并导出图表

下面主要利用 GraphPad Prism 的"布局"功能，把做好的两个图表组合到一起，然后将其导出为 PNG 格式的图像文件，具体操作方法如下。

专家指点

将图形添加到布局的最简单方法就是用鼠标左键双击图形占位符，然后在弹出的"在布局中放置图形"对话框中选择一个图形。需要注意的是，用户可以从任意项目中选择图表。从另一个打开的项目中选择图形特别容易，但如果用户从另一个未打开的项目中选取图形，在选择该项目文件后，GraphPad Prism 将会自动打开该项目文件。

步骤01　在左侧导航栏中，❶在"布局"选项区中选择"新布局"选项；❷在弹出的"创建新布局"对话框中设置"方向"为"横向"，如图 9-151 所示。

步骤02　单击"确定"按钮，即可新建一个"布局1"窗口，并自动添加了两个占位符，如图 9-152 所示。

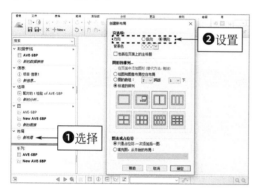

图 9-151　"创建新布局"对话框

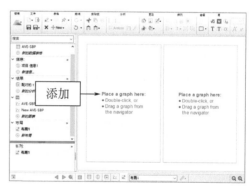

图 9-152　添加两个占位符

步骤03　在左侧导航栏中，使用鼠标左键按住 AVE-SBP 图并将其拖曳至左侧的占位符中，如图 9-153 所示。

步骤04　松开鼠标左键，即可添加 AVE-SBP 图表，如图 9-154 所示。

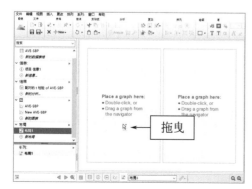

图 9-153　拖曳 AVE-SBP 图

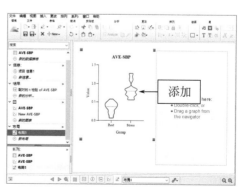

图 9-154　添加 AVE-SBP图表

步骤05 使用相同的操作方法，在另一个占位符中添加图表，效果如图9-155所示。

步骤06 在"排列"选项板中，单击"中心页面的所有内容"按钮，如图9-156所示。

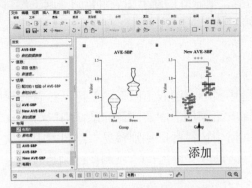

图 9-155 在另一个占位符中添加图表

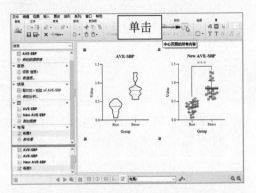

图 9-156 单击"中心页面的所有内容"按钮

步骤07 执行操作后，即可让页面中的元素居中排列，效果如图9-157所示。

步骤08 在菜单栏中，单击"文件"|"导出"命令，如图9-158所示。

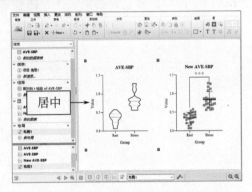

图 9-157 让页面中的元素居中排列

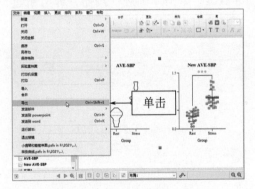

图 9-158 单击"导出"命令

步骤09 弹出"导出 布局"对话框，设置"文件格式"为"PNG可移植网络图形"、"背景色"为"白色"、"分辨率"为"600"，如图9-159所示。

步骤10 在"导出到"选项区中，单击"选择"按钮，设置相应的保存位置，单击"确定"按钮即可导出PNG文件，如图9-160所示。

图 9-159 "导出 布局"对话框

图 9-160 导出 PNG 文件

3

第三篇
案例实战篇

第 10 章

封面和插图的制作与美化

在设计科研论文或期刊的封面和插图时，用户不仅要对画面进行提前构思，同时还要重视细节的设计，做到有主有次、有轻有重、有缓有急、有节奏和旋律。本章将通过两个案例分别介绍科研领域的期刊封面和论文插图的制作与美化技巧，来帮助大家熟悉相关软件的操作技能。

> 期刊封面案例：分子生物学论文
> 论文插图案例：染色体和DNA

10.1 ／ 期刊封面案例：分子生物学论文

期刊封面与电影海报的效果非常相似，不但要有一定的视觉冲击力，同时还要突出科研内容的主题。炫酷美观的期刊封面更能吸引编辑和读者的眼球，让他们更有兴趣去阅读作者的文章。本节将通过一个案例来介绍科研期刊封面的设计和美化技巧，主要操作软件为Photoshop，最终效果如图10-1所示。

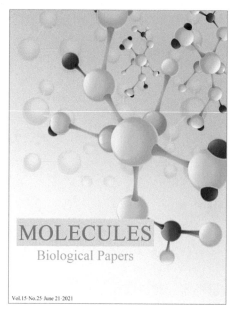

图 10-1　科研期刊封面（分子生物学论文）

扫码看教学视频

10.1.1　使用渐变工具制作封面背景效果

下面主要使用渐变工具 ■，制作出科研期刊封面的背景效果，具体操作方法如下。

步骤01 单击"文件"|"新建"命令，弹出"新建文档"对话框，设置相应选项，如图10-2所示。

步骤02 单击"创建"按钮，新建一个空白图像文件，如图10-3所示。

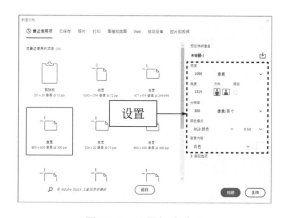

图 10-2　设置相应选项

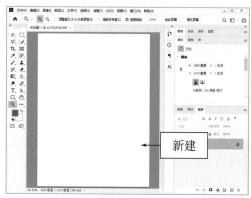

图 10-3　新建空白图像文件

步骤03 展开"图层"面板，❶单击"创建新图层"按钮⊞；❷新建一个"图层1"图层，如图10-4所示。

步骤04 ❶选取工具箱中的渐变工具▇；❷在工具属性栏中单击"点按可编辑渐变"按钮▭，如图10-5所示。

图 10-4　新建"图层1"图层

图 10-5　单击"点按可编辑渐变"按钮

步骤05 弹出"渐变编辑器"对话框，在渐变条上使用鼠标左键双击左侧的色标，如图10-6所示。

步骤06 弹出"拾色器（色标颜色）"对话框，设置RGB参数值均为"255"，如图10-7所示。

图 10-6　双击左侧的色标

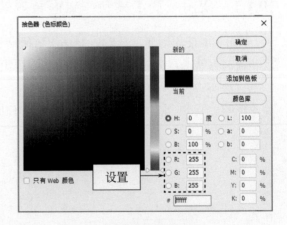

图 10-7　设置 RGB 参数值（1）

步骤07 单击"确定"按钮返回"渐变编辑器"对话框，在渐变条上使用鼠标左键双击右侧的色标，弹出"拾色器（色标颜色）"对话框，设置RGB参数值分别为"169、200、227"，如图10-8所示。

步骤08 单击"确定"按钮返回"渐变编辑器"对话框，即可设置渐变颜色，如图10-9所示。

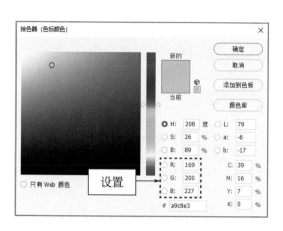

图 10-8　设置 RGB 参数值（2）

图 10-9　设置渐变颜色

步骤09　单击"确定"按钮，在图像编辑区中运用渐变工具█按住鼠标左键的同时，从画面左下角向右上角拖曳，如图 10-10 所示。

步骤10　执行操作后，即可填充渐变色，效果如图 10-11 所示。

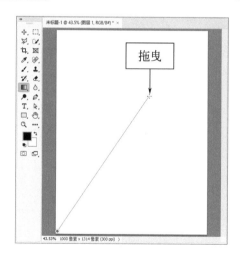

图 10-10　按住鼠标左键并拖曳

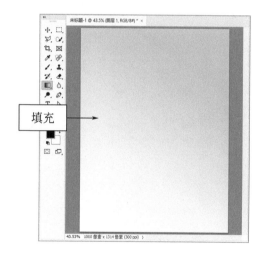

图 10-11　填充渐变色

10.1.2　使用"变换"命令处理分子素材

下面主要使用"变换"命令来处理画面中的分子素材，具体操作方法如下。

步骤01　打开"分子素材 1.png"素材图像，使用移动工具✛将其拖曳至背景图像编辑窗口中的合适位置处，效果如图 10-12 所示。

步骤02　在菜单栏中，单击"编辑"|"变换"|"缩放"命令，如图 10-13 所示。

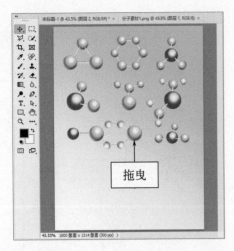

图 10-12　拖曳分子素材

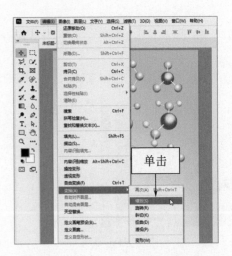

图 10-13　单击"缩放"命令

步骤03　执行操作后，调出变换控制框，适当调整图像的大小，效果如图 10-14 所示。

步骤04　按【Enter】键确认变换操作，设置"图层2"图层的"不透明度"为"10%"，效果如图 10-15 所示。

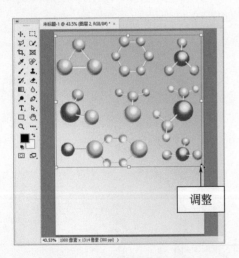

图 10-14　调整图像的大小

图 10-15　设置不透明度效果

步骤05　打开"分子素材2.png"素材图像，使用移动工具 ➕ 将其拖曳至背景图像编辑窗口中的合适位置处，如图 10-16 所示。

步骤06　按【Ctrl+T】组合键调出变换控制框，适当调整图像的大小、位置和角度，如图 10-17 所示。

步骤07　按【Enter】键确认变换操作，复制分子素材，并适当调整其大小、位置和角度，如图 10-18 所示。

步骤08　再次复制分子素材，并适当调整其大小、位置和角度，如图 10-19 所示。

步骤09　使用"变换"命令继续对各分子素材的大小、位置和角度进行调整，效果如图 10-20 所示。

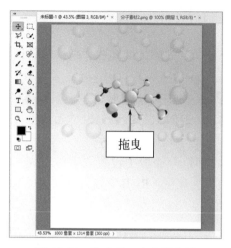

图 10-16　拖曳另一个分子素材

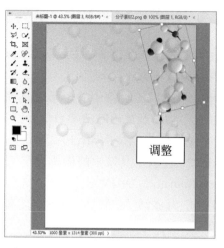

图 10-17　调整图像的大小、位置和角度

图 10-18　复制并调整分子素材

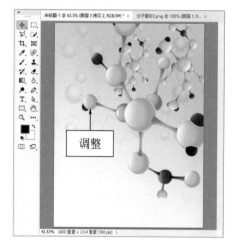

图 10-19　再次复制并调整分子素材

（步骤10）设置"图层3拷贝2"图层的"不透明度"为"80%"，降低相应图像的透明度，效果如图10-21所示。

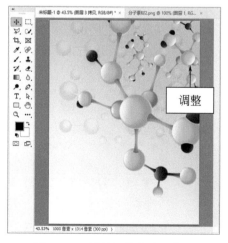

图 10-20　继续调整各分子素材

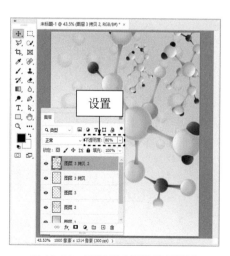

图 10-21　降低相应图像的透明度

10.1.3 使用横排文字工具输入封面文案

下面主要使用横排文字工具 **T**,在封面上输入各种文案内容,如标题、副标题和日期等,具体操作方法如下。

🔵 **步骤01** 选取工具箱中的矩形工具 □,在工具属性栏中选择"形状"工具模式,设置"填充"为粉红色(RGB参数值分别为"249、211、212")、"描边"为"无颜色",绘制一个矩形形状,效果如图10-22所示。

🔵 **步骤02** 选取工具箱中的横排文字工具 **T**,在"字符"面板中设置"字体"为"Times New Roman"、"字体大小"为"23.5点"、"颜色"为蓝色(RGB参数值分别为"3、150、251"),并激活"仿粗体"图标 **T**,如图10-23所示。

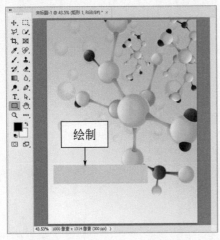

图 10-22 绘制一个矩形形状

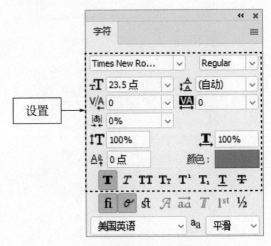

图 10-23 设置字体格式

🔵 **步骤03** 在矩形形状上输入相应文字"MOLECULES",作为封面的标题文案,效果如图10-24所示。

🔵 **步骤04** 使用横排文字工具 **T**,确认文字的插入点,在"字符"面板中设置"字体"为"Times New Roman"、"字体大小"为"15点"、"颜色"为蓝色(RGB参数值分别为"3、150、251"),如图10-25所示。

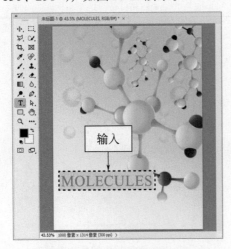

图 10-24 输入封面标题文案

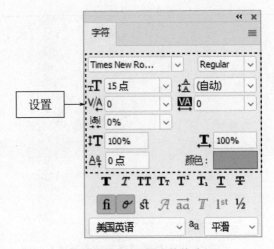

图 10-25 设置字体格式

步骤05 在矩形形状下方输入相应文字"Biological Papers",作为封面的副标题文案,效果如图 10-26 所示。

步骤06 ❶使用横排文字工具 **T**,在画面左下角输入相应的日期文字"Vol.15·No.25·June 21·2021";❷在"字符"面板中设置"字体"为"Times New Roman"、"字体大小"为"6点"、"颜色"为黑色(RGB 参数值均为"0"),效果如图 10-27 所示。

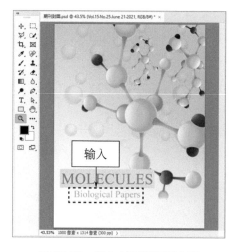

图 10-26　输入封面副标题文案

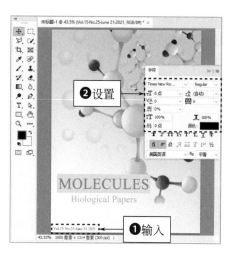

图 10-27　输入相应的日期文字

10.2 ╱论文插图案例:染色体和DNA

　　科研论文中的插图主要用来加强文章内容的表达能力,通常包括流程图、摘要图、示意图、TOC、数据图表等。插图与封面图的主要区别在于,封面图更注重美观度,而插图则更注重表达机制。本节将通过一个案例来介绍科研论文插图的绘制技巧,主要操作软件为Illustrator,最终效果如图 10-28 所示。

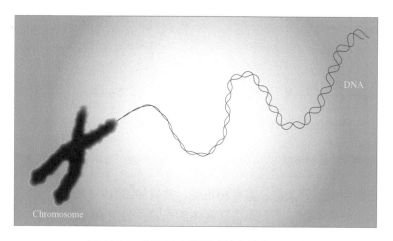

扫码看教学视频

图 10-28　科研论文插图(染色体和 DNA)

10.2.1　使用椭圆工具绘制染色体主体

下面主要使用椭圆工具◯和矩形工具▣，绘制出染色体的主体图形效果，具体操作方法如下。

步骤01 启动Illustrator软件，在欢迎界面的"创建新文件"选项区中选择"网页-大"模板，如图10-29所示。

步骤02 执行操作后，即可新建一个相应大小的空白文档，如图10-30所示。

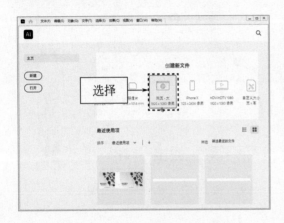

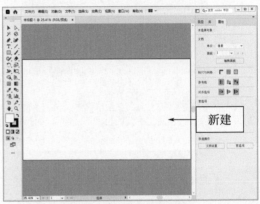

图 10-29　选择"网页-大"模板　　　　图 10-30　新建空白文档

步骤03 选取工具箱中的矩形工具▣，在图形编辑窗口中绘制一个矩形形状，如图10-31所示。

步骤04 按住圆环图标◉并拖曳，将矩形转换为圆角矩形，如图10-32所示。

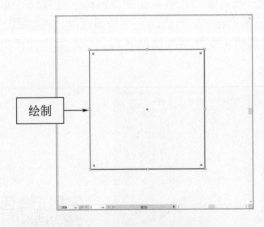

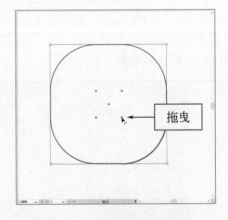

图 10-31　绘制一个矩形形状　　　　图 10-32　将矩形转换为圆角矩形

步骤05 适当调整圆角矩形的大小、宽度和角度，效果如图10-33所示。

步骤06 使用椭圆工具◯绘制一个大小合适的正圆形状，如图10-34所示。

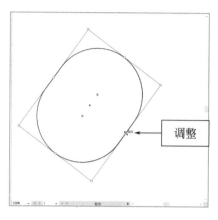

图 10-33　调整圆角矩形

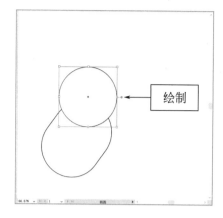

图 10-34　绘制一个正圆形状

步骤07　使用相同的操作方法，继续绘制两排大小不一的正圆形状，效果如图 10-35 所示。

步骤08　对各个图形的大小和角度进行适当调整，将其作为染色体的一条长臂，如图 10-36 所示。

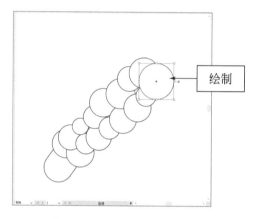

图 10-35　绘制多个正圆形状

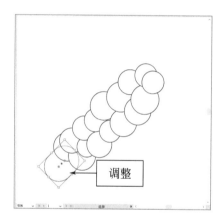

图 10-36　适当调整各个图形

专家指点

　　使用工具箱中的整形工具，可以在当前选择的图形或路径中添加锚点或调整锚点的位置，达到改变图形形状的目的。整形工具主要用来调整和改变路径的形状。当鼠标指针呈形状时，单击鼠标左键可以添加锚点；当鼠标指针呈形状时，则可以拖曳路径。另外，若用户选择的路径为开放路径时，可以直接使用整形工具对添加的锚点进行拖曳，并改变路径的形状；若选择的路径为闭合路径时，则需要使用相关的路径编辑工具，才能对所添加的锚点单独进行编辑。

步骤09　选中所有的图形，按【Ctrl+G】组合键进行编组，如图 10-37 所示。

步骤10　复制一份编组后的图形，并适当调整其角度和位置，如图 10-38 所示。

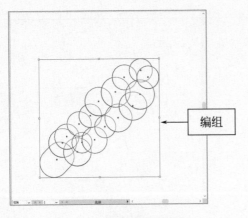

图 10-37　编组所有的图形

图 10-38　调整图形的角度和位置

步骤11 再次复制一份编组后的图形，并适当调整其大小、角度和位置，作为染色体的一条短臂，如图10-39所示。

步骤12 复制短臂图形，并适当调整其大小、角度和位置，完成染色体主体图形的绘制，如图10-40所示。

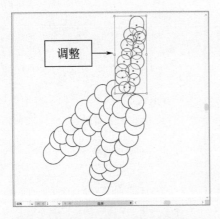

图 10-39　制作染色体的短臂效果

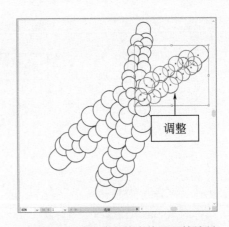

图 10-40　完成染色体主体图形的绘制

10.2.2　填充颜色并制作内部发光效果

下面主要使用"联集"功能和"内发光"命令，给染色体图形填充颜色并制作边缘内部发光效果，具体操作方法如下。

步骤01 ❶选中所有的图形，单击鼠标右键；❷在弹出的快捷菜单中选择"取消编组"选项，如图10-41所示。

步骤02 执行操作后，即可取消编组，此时可以单独选中其中的某个图形，如图10-42所示。

步骤03 调出"路径查找器"面板，单击"联集"按钮■，如图10-43所示。

步骤04 执行操作后，即可创建一个复合形状，如图10-44所示。

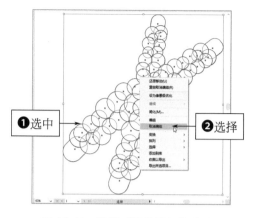

图 10-41　选择"取消编组"选项

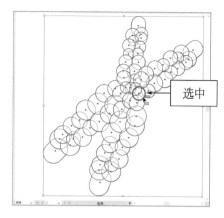

图 10-42　取消编组

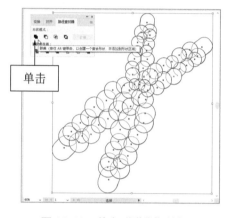

图 10-43　单击"联集"按钮

图 10-44　创建一个复合形状

> 步骤 05　在"属性"面板的"外观"选项区中，❶单击"填色"按钮；❷在弹出的面板中选择一种紫色（RGB 参数值分别为"102、45、145"），如图 10-45 所示。

> 步骤 06　执行操作后，即可给复合形状填充颜色，效果如图 10-46 所示。

图 10-45　选择一种紫色

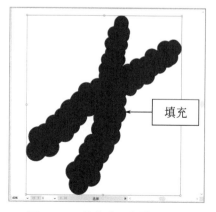

图 10-46　给复合形状填充颜色

> 步骤 07　在菜单栏中，单击"效果"|"风格化"|"内发光"命令，如图 10-47 所示。

> 步骤 08　弹出"内发光"对话框，设置"模糊"为"25px"，如图 10-48 所示。

图 10-47　单击"内发光"命令

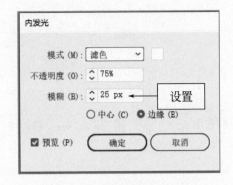

图 10-48　设置"模糊"参数

步骤09　单击"确定"按钮，即可添加"内发光"效果，如图10-49所示。

步骤10　在图形编辑区中，适当调整染色体图形的大小，效果如图10-50所示。

图 10-49　添加"内发光"效果

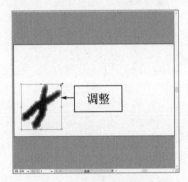

图 10-50　调整染色体图形的大小

10.2.3　制作双波浪线艺术画笔效果

下面主要使用"波纹效果"命令和"画笔"面板，绘制一个双波浪线图形并将其转换为艺术画笔，具体操作方法如下。

步骤01　在图形编辑区中的空白位置处，使用直线段工具 ∕ 绘制一条宽度为1500px的直线，如图10-51所示。

步骤02　在菜单栏中，单击"效果"|"扭曲和变换"|"波纹效果"命令，如图10-52所示。

图 10-51　绘制一条直线

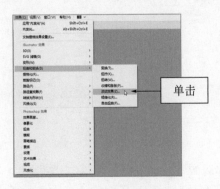

图 10-52　单击"波纹效果"命令

"扭曲与变换"效果组中包含了7种效果，可以快速改变矢量对象的形状。这些效果不会永久改变对象的基本几何形状，用户可以随时修改或删除效果。

步骤 03 弹出"波纹效果"对话框，设置"大小"为"30px"、"每段的隆起数"为"36"、"点"为"平滑"，如图10-53所示。

步骤 04 单击"确定"按钮，即可为直线添加"波纹效果"效果，如图10-54所示。

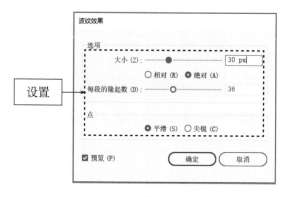

图 10-53　设置"波纹效果"选项

图 10-54　添加"波纹效果"效果

步骤 05 单击"对象"|"扩展外观"命令，将直线转换为一条实实在在的波浪线，效果如图10-55所示。

步骤 06 复制一条波浪线，并适当调整其位置，让位置稍微错开一下，效果如图10-56所示。

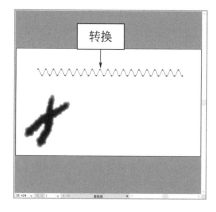

图 10-55　将直线转换为波浪线

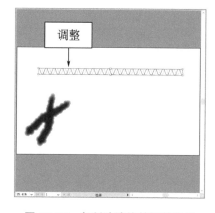

图 10-56　复制波浪线并调整位置

移动是Illustrator中最基本的操作技能之一，使用选择工具▶选取对象后，按下【←】、【↓】、【→】、【↑】键，可以将所选对象沿相应方向移动1个点的距离。如果同时按住方向键和【Shift】键，则可以移动10个点的距离。

步骤 07 同时选中两条波浪线，按【Ctrl+G】组合键进行编组，如图 10-57 所示。

步骤 08 展开"画笔"面板，将波浪线拖曳至"画笔"面板中，如图 10-58 所示。

图 10-57　将两条波浪线编组

图 10-58　拖曳波浪线至"画笔"面板

步骤 09 弹出"新建画笔"对话框，选中"艺术画笔"单选按钮，如图 10-59 所示。

步骤 10 单击"确定"按钮，弹出"艺术画笔选项"对话框，保持默认设置，单击"确定"按钮，如图 10-60 所示。

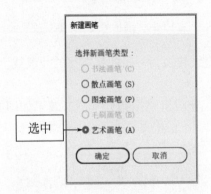

图 10-59　选中"艺术画笔"单选按钮

图 10-60　单击"确定"按钮

步骤 11 执行操作后，即可创建一个艺术画笔，如图 10-61 所示。

步骤 12 在图形编辑区中，删除相应的波浪线图形，如图 10-62 所示。

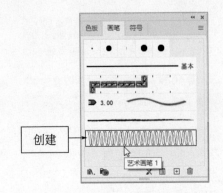

图 10-61　创建一个艺术画笔

图 10-62　删除相应的波浪线图形

10.2.4　使用宽度工具修饰DNA图形

下面主要使用铅笔工具 ✐ 和艺术画笔绘制出DNA图形效果，并运用宽度工具 ⚭ 对其进行修饰，同时设置相应的描边颜色，具体操作方法如下。

步骤01 使用铅笔工具 ✐ 绘制一条比较飘逸的曲线，用户可以多试几次以达到满意的效果，如图10-63所示。

步骤02 使用直接选择工具 ▷ 适当调整曲线上的锚点，如图10-64所示。

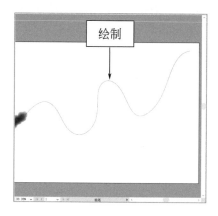

图 10-63　绘制一条曲线

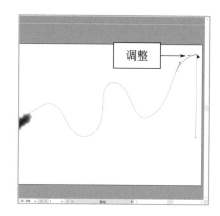

图 10-64　调整曲线上的锚点

步骤03 ❶选择曲线图形；❷单击"画笔"面板中的相应艺术画笔，即可应用艺术画笔效果，如图10-65所示。

步骤04 选取工具箱中的宽度工具 ⚭，如图10-66所示。

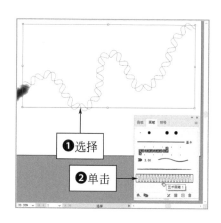

图 10-65　应用艺术画笔效果

图 10-66　选取宽度工具

步骤05 使用宽度工具 ⚭ 按住曲线左侧边缘的锚点并向内拖曳，如图10-67所示。

步骤06 执行操作后，即可使曲线形成左边窄右边宽的变形效果，如图10-68所示。

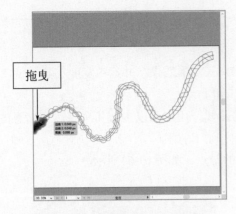

图 10-67　拖曳曲线左侧的锚点

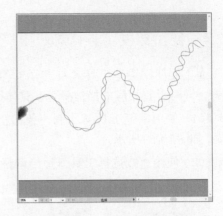

图 10-68　曲线的变形效果

步骤07　单击"对象"|"扩展外观"命令，将艺术画笔转换为实实在在的线条，效果如图 10-69 所示。

步骤08　❶ 选择染色体图形，单击鼠标右键；❷ 在弹出的快捷菜单中选择"排列"|"置于顶层"选项，如图 10-70 所示。

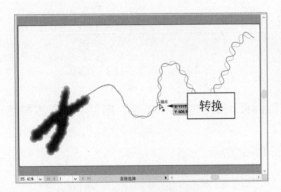

图 10-69　扩展外观效果

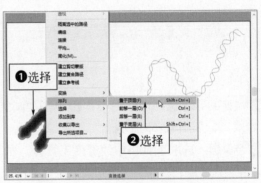

图 10-70　选择"置于顶层"选项

步骤09　执行操作后，即可将染色体图形置于顶层显示，效果如图 10-71 所示。

步骤10　选择 DNA 图形，将其取消编组，效果如图 10-72 所示。

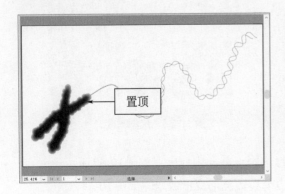

图 10-71　将染色体图形置于顶层显示

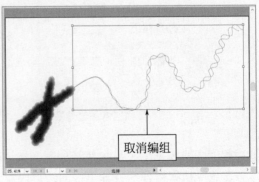

图 10-72　取消 DNA 图形的编组

步骤11　❶选择DNA图形中的一条波浪线；❷设置"描边"为紫色（RGB参数值分别为"102、45、145"）、描边宽度为"2pt"，效果如图10-73所示。

步骤12　❶选择DNA图形中的另一条波浪线；❷设置"描边"为洋红（RGB参数值分别为"255、0、255"）、描边宽度为"2pt"，即可完成DNA图形的绘制，效果如图10-74所示。

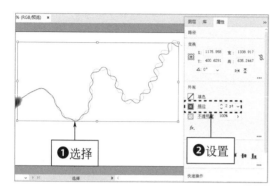

图 10-73　设置描边效果　　　　　　　　　　图 10-74　完成 DNA 图形的绘制

10.2.5　绘制插图背景并添加文字标注

下面主要使用矩形工具▭、"渐变"面板和文字工具**T**，绘制插图的背景效果，并添加相应的文字标注，具体操作方法如下。

步骤01　选取工具箱中的矩形工具▭，在图形编辑窗口中绘制一个矩形形状，并设置"填色"为"白色，黑色"渐变色、"描边"为"无"，效果如图10-75所示。

步骤02　展开"渐变"面板，单击"径向渐变"按钮，如图10-76所示。

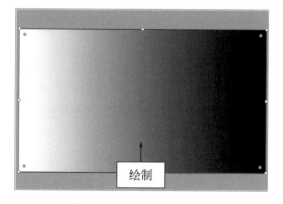
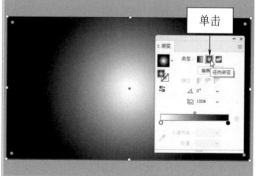

图 10-75　绘制一个矩形形状　　　　　　　　图 10-76　单击"径向渐变"按钮

专家指点

在"渐变"面板中的某一渐变滑块上双击鼠标左键，在弹出的调色板中设置渐变填充的"不透明度"和该滑块在渐变条上的位置，即可改变图形的渐变填充效果。

步骤03 在渐变条上，❶使用鼠标左键双击右侧的渐变滑块◎；❷在弹出的调色板中设置RGB参数值分别为"52、181、238"，如图10-77所示。

步骤04 拖曳渐变条上方的◆滑块，设置"位置"为"65%"，如图10-78所示。

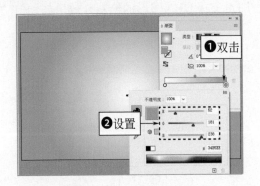

图 10-77　设置渐变颜色

图 10-78　设置渐变的位置

步骤05 关闭"渐变"面板，即可为矩形填充渐变色，效果如图10-79所示。

步骤06 ❶选择矩形图形，单击鼠标右键；❷在弹出的快捷菜单中选择"排列"|"置于底层"选项，如图10-80所示。

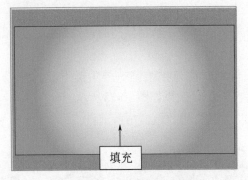

图 10-79　为矩形填充渐变色

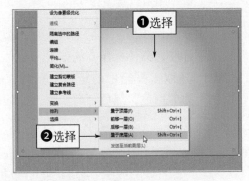

图 10-80　选择"置于底层"选项

步骤07 执行操作后，即可将矩形置于底层显示，作为画面背景，效果如图10-81所示。

步骤08 选取工具箱中的文字工具**T**，在染色体图形的下方输入相应文字"Chromoso me"，如图10-82所示。

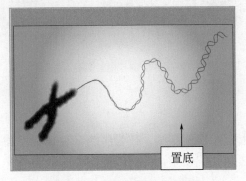

图 10-81　将矩形置于底层显示

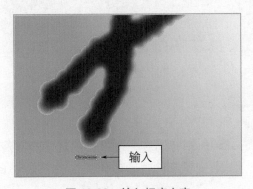

图 10-82　输入相应文字

步骤09　单击"窗口"|"文字"|"字符"命令，弹出"字符"面板，设置"字体系列"为"Times New Roman"、"字体大小"为"50pt"，如图10-83所示。

步骤10　执行操作后，即可调整文字效果，如图10-84所示。

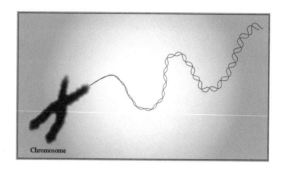

图 10-83　设置字体格式　　　　　　　　　　　图 10-84　调整文字效果

步骤11　使用相同的操作方法，输入其他的文字效果，如图10-85所示。

步骤12　在"属性"面板中，设置所有文字的"填色"均为黄色（RGB参数值分别为"255、255、0"），效果如图10-86所示。

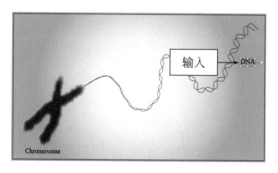

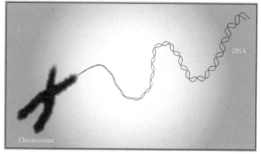

图 10-85　输入其他的文字效果　　　　　　　　图 10-86　调整文字颜色效果